プログラミング
Elm
エルム

安全でメンテナンスしやすい
フロントエンドアプリケーション開発入門

Jeremy Fairbank [著]

ヤギのさくらちゃん [訳]

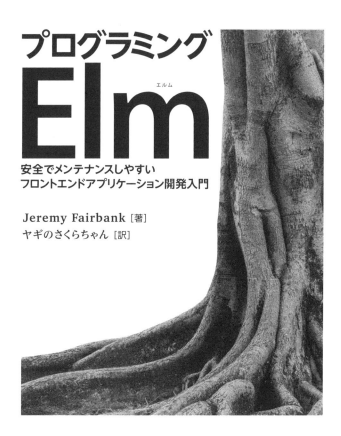

マイナビ

cover image: PhilipYb Studio / Shutterstock.com

Programming Elm

Build Safe and Maintainable Front-End Applications

●ソースコードのダウンロード
公式サイト（英語）　https://pragprog.com/titles/jfelm/programming-elm/
コードダウンロード（英語）　https://media.pragprog.com/titles/jfelm/code/jfelm-code.zip
※サイトの運営・管理はすべて原著出版社と著者が行っています。
●本書の正誤に関するサポート情報を以下のサイトで提供していきます。
https://book.mynavi.jp/supportsite/detail/9784839970048.html

・本書は執筆時の情報に基づいて執筆されています。本書に登場する製品やソフトウェア、サービスのバージョン、画面、機能、URL、製品のスペックなどの情報は、すべてその原稿執筆時点でのものです。執筆以降に変更されている可能性がありますので、ご了承ください。
・本書に記載された内容は、情報の提供のみを目的としております。したがって、本書を用いての運用はすべてお客様自身の責任と判断において行ってください。
・本書の制作にあたっては正確な記述につとめましたが、著者や出版社のいずれも、本書の内容に関してなんらかの保証をするものではなく、内容に関するいかなる運用結果についてもいっさいの責任を負いません。あらかじめご了承ください。
・本書に記載されている会社名・製品名等は、一般に各社の登録商標または商標です。本文中では©、®、™ 等の表示は省略しています。

まえがき

　この本を手にとったあなたは、表紙を見て「最先端の園芸の本かな？」と思ったかもしれません。美味しいトマトの栽培方法なら私にも教えることができますが、本書はそのようなトマトやニレの木（Elm）に関する園芸の本ではありません。本書で扱うElm とは、ウェブアプリケーションのフロントエンド部分を堅牢に開発するための、静的型付け関数型プログラミング言語です。アプリケーションをウェブへ簡単にデプロイできるように、Elm は最小限の JavaScript へとコンパイルされます。

　もしもあなたがフロントエンド開発において、JavaScript フレームワークの氾濫にうんざりしていたり、もっと柔軟でメンテナンスしやすいアプリケーションを構築したいと思っていたりするなら、ぜひ Elm を学びましょう。Elm を全く知らない人でさえも、本書を読めば複雑なシングルページアプリケーションを作れるようになれます。

なぜ Elm を使うべきなのか

　さて、アプリケーションを作る際に Elm を選択するフロントエンド開発者がどんどん増えています。それは次のような利点があるからです。

- **実行例外が実用上起きません**
  Elm のコンパイラーがあらかじめ問題を発見してくれるので、アプリケーションを実行する前に開発者がエラーに対処することができます。そのため、ユーザが実行時例外に遭遇することがありません。
- **null や undefined にまつわるエラーが起きません**
  Elm では null の可能性があることを汎用的な型を使って表現します。この型を足がかりに、null になりうる箇所すべてにおいて安全に対処できているかコンパイラーが保証してくれるのです。
- **まだフレームワーク戦争で消耗してるの？**
  これまではアプリケーションを構築するたびに、さまざまなフレームワークやライブラリを自分で選び、それらを自分でいちいち組み合わせなくてはなりませんでした。でも Elm を使えばそんな作業は必要ありません。アプリケーションを作るための専用フレームワークとして、The Elm Architecture が最初から用意されているのです。
- **コードの実行結果が保証されます**
  Elm のコードには副作用が全くありません。関数に同じ引数を与えれば、いつも同じ結果になることが保証されるのです。

- **値の上書きを許しません**

  自分で書いたコードでも、第三者が書いたコードでさえも、勝手にデータの上書きをしてバグを引き起こす心配がありません。自分で定義したデータが上書きされることはなく、安全です。

- **強い静的型に守られます**

  Elm のコンパイラーは静的型を使うことで、関数の呼び出しで引数の型が正しいことを保証しています。暗黙の型変換によって起こる、分かりにくいバグに悩まされることがありません。

- **カスタム型を使えます**

  Elm のカスタム型によって、アプリケーションの要件を分かりやすく表現するオリジナルの型を作成することができます。また強力なパターンマッチ機能によって、カスタム型で表現されたあらゆる状態を漏れなくカバーできます。

- **先進的なツールの数々が用意されています**

  Elm の Debug モジュールを使うと、データを覗き見してバグを見つけやすくしたり、実装が完了するまでの仮のコードを追加したりできます。また、create-elm-app のようなサードパーティ製のツールを使うことで、Elm のアプリケーションをすばやく新規作成したり、強力な開発サーバーによってコードの変更結果をすぐに確認したりできます。

対象読者

本書は Elm が全く初めてのフロントエンド開発者も対象としています。本書を読むことで、Elm を使ってメンテナンスしやすいアプリケーションを作る方法がすばやく学べます。そのために、Elm の構文や関数の作り方のような基礎から始め、シングルページアプリケーションを構築する方法まで進んでいきます。

本書を読む前に、HTML とは何であるかや、HTML タグの使い方を頭に入れておいてください。これは、Elm で UI を構築するときの構文がかなり HTML に似ているからです。また、JavaScript についてもよく理解しておいてください。この本では、Elm のコードと JavaScript のコードを比較することがあります。基本的な JavaScript の構文や、オブジェクト、配列、関数の作り方などについて、あらかじめ知っておいてください。

後半の章では、既存の JavaScript アプリケーションに Elm のコードを追加していきます。そのため、コールバックを使ってイベントをどう取り扱うかや、this のバインド方法、DOM 操作、JSON の扱い方、Promise の使用方法、ES2015 のクラスにメソッドを追加する方法などによく習熟しておいてください。

どんな内容を扱うか

この本の前半5章では、アプリケーションをどのように作るのかをテーマにします。そのためにPicshareという写真共有アプリケーションを作り、章ごとに新しい機能を追加していきます。

1章「Elmをはじめよう」では、Elmについて紹介し、関数型プログラミングの様々な基礎について説明して、Picshareアプリケーションの基礎を作っていきます。

2章「状態を持つElmアプリケーションを作成する」では、アプリケーションを作るためのThe Elm ArchitectureというElmのフレームワークについて説明します。The Elm Architectureを使って、Picshareの状態やイベントを管理していきます。

3章「Elmアプリケーションをリファクタリングしたり改良したりする」では、Picshareアプリケーションについてさらに詳しく見ていきます。コードのリファクタリングするときのパターンや、Picshareアプリケーションに新しい機能を追加する方法について学びます。

4章「サーバーと通信する」では、Picshareアプリケーションをもっと現実的なものにしていきます。フロントエンドアプリケーションというのは普通、サーバーと通信することで初めて何かの役に立つものです。そこで、APIの呼び方や、JSONを静的な型にデコードする安全な方法を学んでいきます。

5章「WebSocketでリアルタイム通信を行う」では、Picshareをもっとインタラクティブにしていきます。Elmのサブスクリプションで WebSockets を使って、リアルタイムに状態が更新されるようにします。

後半の6つの章では、Elmアプリケーションの拡張、デバッグ、JavaScriptとの共生、メンテナンスについて取り扱います。

6章「さらに大きなアプリケーションを作る」では、大量のコードからなる複雑なアプリケーションをさらに拡張していくときの問題について取り組んでいきます。アプリケーションをリファクタリングしてもっと状態を保守しやすくするために様々なパターンを使っていきます。たとえば、コードの重複を除去するための補助関数、拡張可能レコード、メッセージラッパーなどです。

7章「強力なツールを使って開発やデバッグ、デプロイをする」では、Elmのツールについて紹介します。静的型を使うことでElmコンパイラーはたくさんのバグを防いでくれますが、ロジックの間違いによるバグは依然として発生します。その解決のために、Elmの Debug モジュールによって実行時の値を使ってデバッグします。また、サードパーティ製の強力なツールを使って、アプリケーションコードの生成・変換やデプロイを行います。

8章「JavaScriptとの共生」ではJavaScriptコードとElmの共生について取り上げます。これは、JavaScriptの純粋ではないAPIにアクセスしたり、既存のJavaScriptアプ

リケーションを徐々に Elm で置き換えていったりするときに重要です。また、既存の JavaScript アプリケーションに Elm で新しい機能をどのように追加するのかについても学びます。

　9 章「Elm アプリケーションをテストする」では、コードが正しいことを確認するテストを導入します。elm-test を使ったテスト駆動開発によってモジュールを作ったり、ファズテストによってコードの性質をテストしたり、elm-html-test を使って Elm アプリケーションをテストしたりします。

　10 章「シングルページアプリケーションを構築する」では、現代的なシングルページアプリケーションを Elm で構築する方法について解説します。URL のルーティングをどのように扱うかや、複数のページコンポーネントを組み合わせる方法について学んでいきます。

　11 章「アプリケーションを高速化する」では、コードを高速化することで本書を締めくくります。パフォーマンス上のよくある問題についてや、パフォーマンスを計測する方法、効率の良いアルゴリズムを使ってアプリケーションを最適化する方法、遅延評価を使ったデザインパターン、Html.lazy モジュールについて学んでいきます。

本書の読み進め方

　Elm 初心者の方は、Elm の基礎と The Elm Architecture を使ったアプリケーションの作り方を学ぶために、まず 1 章から 5 章まで順番通りに読み進めましょう。これらの章は同じアプリケーションを題材にして、前の章のコードに機能を継ぎ足していきます。

　すでにアプリケーション構築の基礎を押さえている方で、サーバーとどのように通信するか知りたい方は、4 章から読み始めても構いません。各章において、それまでのアプリケーションコードを用意しておりますので、それをダウンロードしさえすればキャッチアップのために最初から全部読む必要はないのです。

　また、基本的に本書は最初から順番に読まれることを想定していますが、すでに Elm の基礎についてかなりよく知っている方は 5 章あたりまで飛ばしてしまっても構いません。もちろん完全に Elm が初めての方が読み飛ばすことも可能ですが、その場合は注意が必要です。前半の章ではいくつか基本的な概念や、Elm の組み込み関数について紹介しています。そのため、読み飛ばしてしまうと後半の章でそれらの概念や関数がよく理解できないかもしれません。

本書サポートページについて

　本書のウェブページ[1]では、本書で使うサンプルコードをダウンロードしたり、内容の間違いをフォームから報告したりできます。

謝辞

　この本のレビューに協力していただき、より良い本にしていくのに役立つ貴重なフィードバックをくださった、次の方々に感謝いたします。Nick Capito、Jacob Chae、Joel Clermont、Elliot Davies、Zulfikar Dharmawan、Scott Ford、Matt Margolis、Nick McGinness、Luca Mezzalira、Nouran Mhmoud、Daivid Morgan、Eoghan O'Donnell、Emanuele Origgi、Will Price、Noel Rappin、Sam Rose、Dan Sheikh、Kim Shrier、Gianluigi Spagnuolo、Stefan Turalski、Mitchell Volk、Stephen Wolff。

　この本に様々なアドバイスや指導をしてくれた私の担当編集者、Brian MacDonald に感謝いたします。あなたのおかげで私はより良い作者となれましたし、ものごとを説明する技術も上達しました。あなたがいなかったら、この本は存在しなかったでしょう。

　この長い旅路をずっと支えてくれた私の妻、Emily Fairbank にも感謝します。あなたは誰よりも心優しく、そして誰より私を理解してくれました。この本を書くために多くの時間を費やしている私に、辛抱強く付き合ってくれてありがとう。愛しています。

　私が知る限り最も愛情深く、そして最も忠実なる犬だった Tucker。この本のコードサンプルの多くは、Tucker から着想を得ています。また会う、そのときまで。

　最後に、たくさんの本の中からこの本を選んでくれた、読者の皆さんに感謝します。その他にも多くの皆さんに親身な言葉をかけていただいて、ありがとうございました。あなたが Elm の便利さを知り、いつかあなた自身の Elm の旅に乗り出すようなことにつながれば、それは私にとっても大いに励みになります。

　それでは、これから Elm の世界に足を踏み入れていきましょう。

---

[1]　https://pragprog.com/titles/jfelm/programming-elm/

翻訳者より

　　本書が扱う内容はとことん現実的です。Elm の文法についての話から始まり、JavaScript で書かれた既存のコードベースに少しずつ Elm を導入していく方法や、具体的なリファクタリングの方法など、実際に Elm で商用アプリケーションを保守開発するために欠かせないテクニックの宝庫です。

　　また本書は翻訳書でありながら、原著よりはるかに優れた内容にすることを目指しました。DeepL がある時代に直訳なんか人間の仕事じゃありません。原著に忠実なことよりも、原著者の言わんとすることを最大限に読みやすく分かりやすく小気味よく表現することを心がけています。論理構造も変えていますし、原文にない表現もゴリゴリ追加しています。このように、技術書翻訳の世界に「創作的翻訳」と呼ぶべき新しい手法を取り入れたのが本書です。加えて、随所にさくらちゃんの知見を活かした訳注を入れています。

　　最後に、不幸を避けるために注意点を挙げておきます。よくご確認ください。

- **Elm の作者が書いた本ではありません**
  訳注でも補足していますが、言語作者の意図を知りたければ Elm guide と呼ばれるコンテンツをお勧めします。さくらちゃんが立ち上げた日本語版も存在します[1]。

- **網羅的に広くカバーした本ではありません**
  C&R 研究所の「基礎からわかる Elm」もお勧めです。この本はさくらちゃんもレビューに加わりました。他出版社の本ですが、とても細やかに広い範囲をカバーしています。

- **原著至上主義ではありません**
  原著に最も忠実なのは原著です。原著を大切にしたい方は英語で読みましょう。

- **さくらちゃんはヤギさんやぎぃ**

　　本書の翻訳にあたり、Cubbit さん（@cubbit2）に一部ご協力いただきました。

---

[1]　https://guide.elm-lang.jp/

目次

Elmをはじめよう

1

　賢明な読者の皆さま。勇気ある読者の皆さま。よくぞ Elm の世界に足を踏み入れてくださいました。それは決して無駄になりません。多くの実りがあるはずです。あなたの挑戦に敬意を示します。実は、筆者は Elm の存在を知りながらも、2016 年の初めまで実際に試すことがなかったのです。でも実際に始めてみたら大いに感動したことを覚えています。最初は関数型プログラミングに惹かれて始めたのですが、しだいに本当の魅力は別のところに潜んでいることが分かってきました。静的型付けと、よ〜く洗練された設計です。こうして Elm がフロントエンド開発の新しい風を私に吹き込んでくれたのです。ぜひ、読者の皆様にも私と同じような感動を味わっていただきたいです。

　さて、Elm は静的型付けされた関数型プログラミング言語です。そのため以下のメリットを享受できます。

- 保守しやすいアプリケーションを作成できます。
- 安全にリファクタリングできます。
- ランタイムエラーが起きません。
  - 実行時例外がありません。
  - 「undefined は関数ではありません」のようなエラーもありません。

関数型プログラミングや静的型と聞いて「なんか怖そう」と思った方もいるかもしれません。でも安心してください。数学や小難しい理論でロジハラしたりしません。本書はもっと実用的な面に目を向け、具体的にどうやってアプリケーションを作っていくかをテーマにします。

まず本章では Elm を学ぶための地盤固めを行います。具体的には関数の定義や呼び出し方を静的型と一緒に学びます。そう、Elm は関数型プログラミング言語なので主役は関数なのです。それから静的型についてより一層理解を深め、その知識を使って型注釈を作成します。この型注釈はコードのドキュメントにもなりますし、Elm コンパイラーと協力することで安全なコードを書けるようにもなります。最後に、リストと Html モジュールを使って静的な Elm アプリケーションを作成してみます。本章を理解すれば、多彩な機能を備えた Html モジュールを使って、自分で静的なアプリケーションを作れるようになります[1]。

1.1 関数の基礎

関数は Elm アプリケーションにおける主役です。アプリケーションの挙動はすべて関数の中に定義されているのです。その関数を作成し、呼び出す方法を本節では扱います。また Elm に十分な表現力があることも学び、Elm の基礎的な型である文字列や数字についても触れます。

▶ Elm の REPL でいろいろ試してみる

実際にコードを書き始める前に、まずは Elm の関数をいろいろ試す環境を用意します。まだ Elm の環境構築をしてない方は、付録 A「Elm をインストールする」を読んで手元の環境に Elm をインストールしておいてください。さて、Elm をインストールすると、いくつかコマンドラインツールが使えるようになっているはずです。いくつかありますが、直近では Elm の **REPL** ツールのみを使います。この REPL というのは "read-evaluate-print loop" の頭文字を取ったもので、「入力を読み取って評価し、その結果を出力する処理のループ」という意味です。つまり Elm の REPL を使うことで、Elm のファイルを作らずに実際に Elm ランタイムとのやりとりができるのです。これは結

---

[1] [訳注] 本章はおそらく原著者が最初に書いた章です。そのため原文を他の章と比較すると、分かりにくく、言葉が足りず、話の展開が飛び飛びになっています。これをこのまま直訳することもできましたが、読者の皆さまが求めるものはそれではないと判断しました。原著の行間を読みすぎるほど読み、妄想し、創作的翻訳を施しています。もちろん、原著に忠実な翻訳を望まれる方もいらっしゃると思います。しかしすべての方の気分を損ねない作品は、すべての方にほどほどにしか価値がない作品です。そもそも原著に忠実なものを読みたければ原著を読んだら良いのです。原著の数十倍読みやすく、理解しやすく、魅力的な作品に仕上げたい気持ちで創作しています。本章はそれが特に顕著です。

果を見ながらいろいろ試すのに最適です。

　では、好みの端末を開いて以下のコマンドを実行してください。Elm の REPL が開くはずです。

```
elm repl
```

　すると以下のようなメッセージとプロンプトが表示されます。

```
---- Elm 0.19.0 -----------------------------------------------------
Read <https://elm-lang.org/0.19.0/repl> to learn more: exit, help,
imports, etc.
--------------------------------------------------------------------
>
```

　この状態で Elm のコードをタイプすると、Elm のランタイムがそれを評価して > の後に結果を表示してくれます。試しに "Hello Elm!" という簡単な文字列のメッセージを REPL に打ち込んでみてください。

```
> "Hello Elm!"
```

　このように、Elm では文字列を作る際にダブルクォートで囲みます。その点では JavaScript と似ています。ただ、JavaScript の場合はシングルクォートを使うことができますが、Elm ではできません。

　打ち込んだところの下には、次のように REPL からの応答メッセージが表示されているはずです。

```
"Hello Elm!" : String
```

　REPL が式を評価する際には、このように**推論された**型情報が付加されます。今回のケースでは REPL が "Hello Elm!" は String 型だと推論しています。型についての詳しい話は後の節で扱いましょう。

　次に変数を作成してみます。これも JavaScript と同じようにできます。せっかくならスケールの大きいことをしてみましょう。REPL で meaningOfLife（生命の意味）と

いう変数を定義して、この哲学的な疑問に答えてください。

```
> meaningOfLife = 42
```

その結果、REPLによってこの代入式が評価され、次のように42という数字が返されます。

```
42 : number
```

さて、JavaScriptで変数を作成する際にはvarのようなキーワードが必要ですが、Elmでは必要ありません。varを忘れた瞬間にグローバル変数が作られてしまうJavaScriptとは異なり、Elmではvarなしでもそのようなことが起きません。

Elmの変数は他の点でも通常のJavaScriptにおける変数と異なります。実際にファイルを用意してElmのコードを書く際には、一度定義した変数の値を変更することができません。つまり、Elmの変数は厳密には**定数**なのです。これは関数型プログラミング言語ではよくある特徴です。これによってうっかりデータを上書きしてしまうような見つけにくいバグを防げます。ただし、REPL上では利便性を考えて定数の値を変更できるようになっています。

その他にも、ElmにはJavaScriptのように典型的な算術演算子が用意されています。これらの演算子をREPLで試してみましょう（今後はREPLの例に結果部分も含めて掲載します。実際にREPLを使う際には > から始まる部分のみ入力してください）。

```
> 1 + 2
3 : number
> 20 - 10
10 : number
> 3 * 3
9 : number
> 5 / 2
2.5 : Float
```

▶ 最初の関数を書いてみよう

REPLを使ってElmのデータ型で遊んでみました。次は関数を試してみましょう。Elmで何か本格的に意味あることをするには、関数を使う必要があります。REPL内でsayHelloという、誰にでも気軽に挨拶してくれる関数を作成しましょう。

```
> sayHello name = "Hello, " ++ name ++ "."
<function> : String -> String
```

　関数の定義も定数の定義と変わりありません。唯一異なるのが、関数の場合はパラメーターがあることです。今回の sayHello 関数の場合は、name というパラメーターを 1 つ持っています。また REPL が推論した型も、今までの基本的なデータ型とは異なります。2 つの String と矢印 -> が表示されています。詳しくは後で見ますが、ここでも簡単に説明しておきます。-> がパラメーターと返り値を区切っているのです。sayHello においては両方とも String です。

　JavaScript の場合はパラメーターを括弧で囲む必要がありましたが、Elm ではこのような括弧を使いません。比較のために同じような関数を JavaScript で作ると以下のようになります。

```
function sayHello(name) {
  return "Hello, " + name + ".";
}
```

　JavaScript ではこの例のように return キーワードが必要ですが、Elm では必要ありません。これは、Elm が**式指向**の言語だからです。ここで言う「式」というのは、プログラミング言語が評価して値を作れるもの全般を意味します。Elm における式の例としては、文字列や数字のようなリテラル、加算記号のような算術演算子、関数呼び出しなどがあります。

　次は関数を使ってみましょう。関数定義時にパラメーターを指定したのと同じように、関数呼び出し時にもパラメーターを半角スペースで区切って渡します。実際に REPL で sayHello に文字列 "Elm" を渡してみましょう。結果として "Hello, Elm" が返ってくるはずです。

```
> sayHello "Elm"
"Hello, Elm." : String
```

　Elm で関数が呼び出されると、定義時に指定した式にその部分が置き換えられます。その式を評価して最終的な結果が得られるのです。たとえば sayHello においては、"Hello " ++ name ++ "." という式に置き換えられます。なお、ここで使われている ++ 演算子は 2 つの文字列を結合するものです。JavaScript における + 演算子のようなものです。

　次は複数のパラメーターをとる関数を見ていきましょう。基本的には今までと変わりありません。sayHello 関数を変更して、greeting という引数も受け取るようにしてみましょう。REPL で以下のように追加します。

```
> sayHello greeting name = greeting ++ ", " ++ name ++ "."
<function> : String -> String -> String
```

　複数のパラメーターがあるとき、JavaScript ではコンマで区切りますが、Elm では半角スペースで区切ります。この変更によって、好きな greeting（挨拶文）を sayHello 内で使えるようになりました。次はこの関数を呼び出してみましょう。呼び出し時も複数の引数を区切るために半角スペースを使います。新しく作った sayHello 関数を、REPL で次のように呼び出してください。

```
> sayHello "Hi" "Elm"
"Hi, Elm." : String
```

　先ほどは "Hello, Elm." が返ってきましたが、"Hi, Elm." が返ってきています。これは "Hi" を greeting（挨拶文）として渡しているからです。

▶真偽値に応じて分岐させる

　さて、JavaScript の関数では利便性のために複数の文を使えるようになっています。ここで言う文とは、たとえば if 文、for ループ、変数への代入などです。これは便利なのですが、用法用量を守らないとコードの行数が増えたり複雑性が増したりしてしまいます。

　一方 Elm の関数は式指向です。JavaScript のように複数の文を使うことができません。これによって一般的に関数が短くなります。しかも驚いたことに、このような制約があっても関数によってできる処理が制限されないのです。たとえば Elm には条件分岐のための if 文がありませんが、if 式によって任意の条件分岐を実現できます。

　では、試しに真偽値によって処理を分岐する関数を 1 つ作ってみましょう。REPL で以下のように追加します。

```
> woodchuck canChuck = if canChuck then "Chucking wood!" else "No chucking!"
<function> : Bool -> String
```

　この woodchuck（リス科の動物ウッドチャック）関数は、Boolean 型の canChuck（物を投げられるか）という引数をとります。実装部分では、この canChuck 引数の値によって if 式で分岐させています。真のときは "Chucking wood!"（木を投げちゃう！）を返し、偽の場合は else の分岐で "No chucking!"（投げないよ！）を返します[2]。
　ここで使っている if 式は、if、then、else という 3 つの重要なキーワードを使って、以下の形式で書きます。

`if <真偽値> then <真のときの値> else <偽のときの値>`

　さて、if はただの式ですから、関数の本体として等式で結ぶことができます。他の式と全く変わりありません。一方で JavaScript は if 文なのでこれができません。そういう意味で、実は Elm の if 式は JavaScript の三項演算子の式に近いものなのです。たとえば、woodchuck 関数と同等のものを JavaScript で書くと次のようになります。

```javascript
function woodchuck(canChuck) {
  return canChuck ? "Chucking wood!" : "No chucking!";
}
```

　では、実際に woodchuck 関数を試してみましょう。REPL 内で woodchuck に Elm の真偽値を渡します。Elm における真偽値は、具体的には True（真）か False（偽）のどちらかです。

```
> woodchuck True
"Chucking wood!" : String
> woodchuck False
"No chucking!" : String
```

　想定通りの結果が得られました。woodchuck に True を渡して呼んだ結果は "Chucking wood!" を返し、False を渡した結果は "No chucking!" を返しています。
　さて、Elm の if 式には JavaScript の if 文にはない利点が 2 つあります。まず、else

---

[2]　[訳注] この関数はアメリカの早口言葉が元ネタです。ウッドチャックという名前のリス科動物の名前と "wood"（木）および "chuck"（物をぽいと投げること）が似ていることに由来します。

の分岐が常に要求されることです。たとえば次のような関数は構文エラーになります。これによって偽の場合の処理を付け加え忘れても、コンパイル時に気づくことができるのです。

```
woodchuck canChuck = if canChuck then "Chucking wood!"
```

次に、それぞれの分岐で常に同じ型の値が要求されることです。実際に woodchuck 関数では常に文字列を返していました。ゆえに、以下のようなコードは許されないのです。

```
woodchuck canChuck = if canChuck then "Chucking wood!" else 0
```

この例では if 分岐では文字列を返し、else 分岐では数字を返していて一貫性がありません。もしこのような関数を許してしまうとどうなるでしょうか。どちらの型が返ってくるか実行時まで分かりません。そうなると、実行時に型をチェックして、漏れなくそれぞれの型に合った適切な処理をする必要があります。JavaScript ではこのような負担が開発者に強いられているのです。一方 Elm はコンパイル時にすべての型が決まっています。コンパイラーが型を保証してくれるので、実行時に型をチェックする必要がないのです。

このように if 式では、真偽どちらにも対応できていることが求められ、かつどちらも同じ型を返すことが求められます。Elm コンパイラーはこのような制約を要求することで、未定義状態に起因するバグや型に関わるバグから開発者を守ってくれるのです。

値を比較する

ここまでは真偽値を直接渡して if 式で分岐してきました。でも実際には、2つの値が等しいか比較した結果で分岐することがほとんどです。そこで、Elm においてどのように値の比較を行うか見ていきます。その際に、if 式の中でさらに if 式を使う方法についても見ていきましょう。では、REPL で以下の関数を追加してください。この際に、以下のようにバックスラッシュ \ を加えてください。バックスラッシュによって、REPL で複数行の関数が使えるようになります[3]。

---

[3] ［訳注］本書和訳時の Elm 最新版である 0.19.1 では、REPL にバックスラッシュが必要なくなりました。逆にバックスラッシュがあっても問題なく動きます。

```
> tribblesStatus howMany = \
|     if howMany == 1 then \
|         "Its trilling seems to have a tranquilizing effect..." \
|     else if howMany > 1 then \
|         "They're consuming our supplies and returning nothing." \
|     else \
|         "I gave 'em to the Klingons, sir."
<function> : number -> String
```

　この tribblesStatus では、howMany という数字パラメーターの値をチェックしています。最初の if 分岐では、等号演算子 == を用いてその値を 1 と比較しています。もしも比較結果が True であれば文字列を返しています。それ以外の場合、さらに > 演算子を使って howMany が 1 よりも大きいかどうか比較しています。このように、else if を使って再度分岐させることができるのです。これは JavaScript の if 文と似ています。さらにこの 2 つ目の比較にも漏れ落ちた場合は、最終的にデフォルトの文字列が else 分岐から返されています。

　では tribblesStatus に様々な数値を与えて結果を見てみましょう。

```
> tribblesStatus 1
"Its trilling seems to have a tranquilizing effect..." : String
> tribblesStatus 1771561
"They're consuming our supplies and returning nothing." : String
> tribblesStatus 0
"I gave 'em to the Klingons, sir." : String
```

　このように Elm では if 式を使うことで、JavaScript と同等に、分岐処理を伴う複雑な関数を作成することができます。さらに凄まじいことに、コンパイラーが型を保証して開発者を守ってくれるのです。JavaScript にはこんなことできません。

▶プログラムを組み立てる部品として関数を使う

　関数に必要なのは条件分岐だけではありません。JavaScript では文を組み合わせてもっと複雑な関数も作ります。Elm には文が存在しませんから、同等のことを Elm で実現しようとすると、また別の手法が必要です。そこで、新しい考え方を身につけましょう。複数の文を使うのではなく、関数内で別の関数を呼ぶのです。これによって JavaScript と同じようなことがより少ないコードで可能になります。Elm の関数は、他の関数を組み立てるための部品だと考えることができるのです。

　では、先ほど作った sayHello 関数を部品として利用し、person という関数を組み立

ていきましょう。このperson関数は引数としてnameを受け取り、内部でsayHello
関数を使って誰かに挨拶します。これをREPLで次のように追加してください。

```
> person name other = sayHello "Hi" other ++ " My name is " ++ name ++ "."
<function> : String -> String -> String
```

personに"Jeremy"と"Tucker"を渡して試してみましょう。

```
> person "Jeremy" "Tucker"
"Hi, Tucker. My name is Jeremy." : String
```

　これはもちろんいい感じですが、挨拶の言葉を別のものに変えられたらもっと良
さそうです。それを実現する方法として、personが別の引数を受け取るようにして、
sayHelloにそれをそのまま渡すこともできます。ただ、実際にはもっと柔軟な処理
にする必要があります。たとえば、場合によっては "Tucker, how are you? My name is
Jeremy." のように、挨拶を相手の名前の後に置くようなことがあるのです。sayHello
関数は greeting（挨拶内容）を常に name（挨拶相手）の前に置くため、このようなケー
スに対応できません。
　では、これまでハードコーディングしていた挨拶内容を、実際に関数を呼び出すタイ
ミングでいい感じに注入できるようにしてみましょう。先ほどのような例にも柔軟に
対応できるよう、いい感じに実装します。personの新しい定義を、次のようにREPL
で追加してください。

```
> person name greet other = greet other ++ " My name is " ++ name ++ "."
<function> : String -> (a -> String) -> a -> String
```

　このperson関数は新しくgreet引数をとっています。このgreet引数自体も関数
です。otherという引数を受け取って実際の挨拶内容を返すものです。
　これは今までにない概念です。関数（ここではperson）は他の関数（greet）を引数
として受け取ることができるのです。関数型プログラミングの世界では、このperson
のような関数のことを**高階関数**と呼びます。
　高階関数とは、他の関数を引数として受け取ったり、関数を返り値にしたりする関
数のことです。Elmでは関数は第一級の値であり、文字列や数値、真偽値などと全く同

じように扱えるのです。引数にしても、返り値にしても構いません。実は、JavaScript の関数もまた値です。これが、JavaScript でコールバック引数を受け取る関数を書くことができる理由です。

では、この巧みな実装を施した person 関数を試してみましょう。REPL で以下のように呼び出してください。

```
> person "Jeremy" (\other -> sayHello "Hi" other) "Tucker"
"Hi, Tucker. My name is Jeremy." : String
```

ここでは前回と同じく "Jeremy" や "Tucker" を引数にしてこの関数を呼び出しています。ただ、これらの引数の間に**無名関数**が使われています。この無名関数というのは普通の関数とほとんど同じものです。単に関数名が定義されていないだけです。その場でだけ使う関数を作りたいときに、この無名関数が役立ちます。

無名関数を作成する際には、\ に続いて引数を列挙します。それから矢印 -> で引数部分と関数本体を区切ります。なお上記の例では括弧で囲んでいますが、これは無名関数の構文の一部ではありません。括弧で無名関数を囲むことで、全体が 1 つの引数であることを明示しているだけです。

person 関数の話に戻ります。引数に渡された無名関数は、other に対してどのように挨拶するかを返しています。これによって、実際に person 関数を呼ぶときに挨拶内容を決められるのです。今回のケースでは無名関数内で sayHello を使っており、これによって other に対し "Hi" と言っています。これができたということは、名前の後に挨拶を加えるような例にも対応できます。実際に以下のコードを REPL で実行してみましょう。

```
> person "Jeremy" (\other -> other ++ ", how are you?") "Tucker"
"Tucker, how are you? My name is Jeremy." : String
```

ここでは先ほどと別の無名関数を使っています。先ほどのものと同じく other を受け取りますが、先ほど sayHello で作成した挨拶とは完全に趣を異にした内容になっています。

▶引数を部分適用する

　Elm には関数型プログラミングの奥の手がもう 1 つあります。このワザを使うことで、前節における person の呼び出し方法をもっと簡潔にすることができます。実際に person 関数を書き換える前に、まずはこのワザを理解しましょう。そのために先ほどの sayHello にまた登場してもらいます。この sayHello は 2 つの引数 greeting と name をとるものでした。では sayHello に、最初の引数 1 つだけを渡したらどうなるでしょうか。REPL で試してみましょう。

```
> sayHello "Hi"
<function> : String -> String
```

　エラーが表示されるのではなく、別の関数が返ってきました。これは Elm が壊れているのではありません。Elm における関数の処理方法にしっかりしたがった結果です。それを説明してきます。まず Elm の関数は**カリー化**されています。これは関数が引数を一度に 1 つずつ消費することをかっこつけて表現したものです。

　実際に sayHello で考えてみましょう。sayHello もカリー化されています。2 つの引数を同時に与えて呼び出しているように見えても、実際には 1 つずつ引数を与えているのです。まず "Hi" を渡すと、sayHello の定義における 1 つ目の引数 greeting がその値で「埋められ」ます。その結果、2 つ目の引数 name を待ち受ける別の関数が返ってきます。この関数に対してさらに 2 つ目の引数が渡されることで、すべての引数に値が割り当てられ、最終的な結果が返ってくるのです。

　このように 1 つずつ引数を埋めていくことは、**部分適用**と呼ばれます。また、関数を呼び出す際に一部の引数しか渡さないことは**部分的な適用**で、全部渡すことは**完全な適用**です。ここまでの説明を実際に REPL で確かめてみましょう。

```
> hi = sayHello "Hi"
<function> : String -> String
> hi "Elm"
"Hi, Elm." : String
```

　ここでは sayHello に "Hi" だけを渡して呼び出し、その結果として返ってくる関数を hi に代入しています。それから 2 つ目の引数 "Elm" を hi に渡すことで、"Hi, Elm." という結果を得ています。このように、部分適用された関数 hi に対してさらに値を渡すことで、最終的な結果が得られました。

　このカリー化と部分適用は、Elm や関数型プログラミングにおいて驚くほど便利な道具です。この2つの概念を混同しそうな方は、正しく使えるように次のセリフで覚えると良いでしょう。「カリー化された関数を作り、引数を部分適用する」。

　以上で部分適用を使えるようになりました。この部分適用を使って、無名関数をなくしてみましょう。person が無名関数の内部で sayHello を呼んでいた部分を思い出してください。

```
> person "Jeremy" (\other -> sayHello "Hi" other) "Tucker"
```

　無名関数の引数 other が、sayHello の2つ目の引数として渡されています。ここで今さっき学んだことを思い出してください。sayHello に第1引数だけを渡すとどうなりますか？ そう、第2引数を受け取る関数が返ってきます。ということは、無名関数を使わなくても以下のコードのように person を呼び出せるのです。実際に REPL で試してみてください。

```
> person "Jeremy" (sayHello "Hi") "Tucker"
"Hi, Tucker. My name is Jeremy." : String
```

　ここでは無名関数を使わず、sayHello に "Hi" だけを適用したものを person の引数として渡しています。その結果、sayHello に次の引数 other を渡す関数ができあがります。なお、この際に関数全体を括弧で囲むようにしてください。括弧がないと、person に4つの引数が渡されていると見なされてしまいます。Elm では関数呼び出しの際に半角スペースで引数を渡しますから、正しい順番で関数が呼ばれるように括弧を使う必要があるのです。

　他にも、部分適用は簡潔なコードを書くためにとても役に立ちます。たとえば、person 関数に部分適用することでいろんな人を作成することができます。

```
> jeremy = person "Jeremy" (sayHello "Hi")
<function> : String -> String
> tucker = person "Tucker" (\other -> other ++ ", how are you?")
<function> : String -> String
> jeremy "Tucker"
"Hi, Tucker. My name is Jeremy." : String
> tucker "Jeremy"
"Jeremy, how are you? My name is Tucker." : String
```

　ここでは、全部で 3 つの引数をとる person に対して 2 つの引数を渡すことで、jeremy と tucker を作成しています。どちらの場合も、あと 1 つ引数をとる関数が得られています。その後、jeremy と tucker に残りの引数を渡すことで最終的な結果を得ています。

　お疲れ様でした。これで Elm における関数の書き方が分かりました。JavaScript における文がなくても、十分な表現力があることも理解できました。さらに、シンプルな関数を複数組み合わせて複雑な関数を組み立てる方法も学びました。次節では静的型について触れることで、さらに知識を深めていきます。

1.2　静的型を使う

　前節では Elm を特徴付ける機能として、まず関数を紹介しました。本節では、次に**静的型**を取り上げます。具体的には、Elm がどのように静的型を推論するのかを学びます。**型注釈**の書き方も学び、コンパイラーの親切なエラーメッセージと組み合わせることで強力な防具となることを見ていきます。さらに実際に Elm ファイルを作成して HTML にコンパイルしてみます。

▶ Elm ファイルを作成する

　ここまでは Elm の REPL を使って Elm コードを書いてきました。REPL は実験の場としては完璧なのですが、実際にアプリケーションを作成するにはやはりファイルを用意して Elm プログラムを書く必要があります。また、コードに型注釈を付けるのもファイルを用意しなければできません。では、Elm ファイルを作成して、静的型についての学習を始めましょう。

　elm-files という名前でディレクトリーを作成してください。そのディレクトリー内で以下のコマンドを実行して、Elm プロジェクトを初期化します。

```
elm init
```

　このコマンドを実行すると、elm.json ファイルを作成するか聞かれます。Y キーの後に Return キーを押して承諾してください。この elm.json ファイルには Elm プロジェクトに関する情報が記述されています。たとえば、このプロジェクトの種類 (アプリケーションかパッケージか)、想定する Elm のバージョン、ソースコードが入っているディレクトリーの場所、依存パッケージなどです。

```
{
    "type": "application",
    "source-directories": [
        "src"
    ],
    "elm-version": "0.19.0",
    "dependencies": {
        "direct": {
            "elm/browser": "1.0.1",
            "elm/core": "1.0.2",
            "elm/html": "1.0.0"
        },
        "indirect": {
            "elm/json": "1.1.3",
            "elm/time": "1.0.0",
            "elm/url": "1.0.0",
            "elm/virtual-dom": "1.0.2"
        }
    },
    "test-dependencies": {
    "direct": {},
    "indirect": {}
    }
}
```

　デフォルトでは elm init は src ディレクトリーを作成し、elm.json の source-directories プロパティに src を追加します。この source-directories は実際のソースコードがあるディレクトリーを指定するものです。ここに追加で好きなディレクトリーを指定することもできます。source-directories に列挙したディレクトリーであれば、どこにでもソースファイルを置くことができるのです。他にも elm init は、このプロジェクトが直接依存しているパッケージについての情報も追加してくれます。具体的には、elm/browser、elm/core、elm/html が追加されています。elm/core パッケージは Elm の核となる関数やデータ型をすべて含んでいます。elm/browser パッケージと elm/html パッケージはブラウザーで動くアプリケーションを作成するためのものです（ここにないパッケージを追加でインストールする方法については後の章で学びます）。

　では、src ディレクトリー内に Main.elm というファイルを作成してエディターで開いてください。ファイルの最初に次のコードを追加します。

get-started/elm-files/Main01.elm

```
module Main exposing (main)
```

　Elm ファイルはすべて**モジュール**です。モジュールというのはコードを論理的な単位でまとめるものです。すべてのモジュールは、1つ以上の定数や関数を含み、それを他のモジュールで使えるようにエクスポートします。たとえば Math モジュールを作成して、足し算と引き算の関数をエクスポートしたりします。

　さて、Elm でアプリケーションを作成する際には、エントリーポイントとして "main" モジュールが必要です。"main" モジュールは特別な定数 main をエクスポートするものです。Elm はこの "main" モジュールを手がかりにして Elm アプリケーションをブラウザー向けの JavaScript や HTML ファイルにコンパイルするのです。

　今回のケースでは、Main.elm が "main" モジュールになっています。module キーワードを使って新しいモジュール Main を作成する際に、exposing キーワードを付けて、main 定数を括弧で囲んでエクスポートしています。実際の main 定数は少し後で作成します。

> main 定数の名前は main でなくてはなりませんが、モジュール名は Main.elm でなくても問題ありません。main 定数をエクスポートするモジュールに、EntryPoint というモジュール名を付けても良いですし、Antidisestablishmentarianism でも何でも良いのです。

　さて、画面に何かを表示するためには、ファイル内で Html モジュールをインポートする必要があります。以下のコードをモジュール宣言の下に追加してください。

```
import Html exposing (text)
```

　このように import キーワードを使うことで、別のモジュールがエクスポートしている要素を使えるようになります。ここでは Html モジュールをインポートして text 関数を読み込むように exposing キーワードを使っています。このように別のモジュールから関数をインポートすることで、自分のモジュール内でもその関数を使えるようになります。

　最後に main 定数を作成します。text 関数を使っていい具合に定義しましょう。インポート部分の下に、以下のコードを追加してください。

```
main =
    text "Hello, Elm!"
```

　この text 関数は文字列のメッセージを受け取ってその内容をブラウザーに表示するものです。今回の例では、"Hello, Elm!" というメッセージが表示されます。

　なお、ここでは Html.text "Hello, Elm!" と書くこともできます。モジュールをインポートしたとき、そのモジュール名とドットを頭に付けることで明示的にインポートしていない関数も使えるのです。この**識別情報を付けた**形式は必須ではありませんが、このやり方によって別のモジュールからインポートされたものと明確に区別できます。

　たとえば、別のモジュールが text という名前の関数をエクスポートしているとします。そちらの text 関数も使いたいとき、両方の text 関数を同時にインポートすることはできません。もしこれを許すと、プログラム内で text 関数を使ったときに、どちらの text 関数を意図しているのか Elm コンパイラーが厳密に判別できなくなってしまうからです。

```
-- これではどちらのtext関数を使おうとしているのかコンパイラーが厳密に判断できない
import Html exposing (text)
import MyAwesomeModule exposing (text)
```

　そこで、モジュール名を明示する関数呼び出しが必要になるのです。

```
Html.text "hello"
MyAwesomeModule.text "hello"
```

　さて話を main 定数に戻します。先ほどの例では文字列型の値を main 定数に代入してエクスポートしています。これを Elm コンパイラーに渡すことで、その文字列メッセージを表示するアプリケーションが生成されます。ちなみにここでは、main 定数の定義を 1 行でだらだらと書かずに、改行を入れたりインデントを入れたりしています。この整形方法は、Elm で定数や関数を定義する際によく使われるものです。こういったコード整形は、Elm コミュニティが作成しているツールによって自動でできます。そのツールのインストール方法は付録 A「Elm をインストールする」を参照してください。

　では実際にこのファイルをコンパイルしてブラウザーで確認してみましょう。elm-files ディレクトリー内で以下のコマンドを実行してください。

```
elm make src/Main.elm
```

コンパイルがうまくいったことが、以下のようなメッセージで表示されるはずです。

```
Success! Compiled 1 module.
```

elm make をそのまま使った場合、Elm ファイルは index.html というファイルにコンパイルされます。その際、一緒に elm-stuff ディレクトリーも生成されています。ここには Elm のコードをコンパイルする際の中間ファイルが含まれています。

では、index.html をブラウザーで開いてください。"Hello, Elm" というメッセージが表示されるはずです。

お疲れ様でした。実際に Elm ファイルを書く体験ができました。これであなたも世界を征服することができます。

▶静的型について深く学ぶ

Elm ではすべての値に静的型が存在します。静的型を使うことで、その値がどのような種類のデータになるかを示すことができます。Elm における静的型の例としては、String（文字列）、Int（整数）、Bool（真偽値）などがあります。静的型はその名前の通り**静的**です。一度決めたら動作中に別の型に変更したりすることはできません。

これを JavaScript の**動的**型と比較してみましょう。こちらは動作中に型を変更できます。JavaScript の場合は以下の例のように、meaningOfLife 変数を数字から文字列に変更できます。

```
var meaningOfLife = 42;
meaningOfLife = "forty two";
```

また、JavaScript ではある値の型が正しいことは特に保証されません。これでは容易にバグを埋め込めてしまいます。たとえば以下の例を見てください。add 関数が 2 つの数字を受け取るように作られているにもかかわらず、文字列を渡しても誰も警告してくれないのです。そのせいで、意図しない結果が返ってきています。

```
function add(x, y) { return x + y; }
var result = add(1, "2");  // returns "12" instead of 3
```

　一方で Elm は静的な型を採用していますから、コンパイル時にすべての値が正しい型を持っているかしっかりチェックできます。これによって、JavaScript でありがちな暗黙の型変換に起因するバグから守られるのです。たとえば、Elm では先ほどの add 関数のようなものに文字列を渡したらコンパイルすら通りません。

```
add x y = x + y
result = add 1 "2"  -- this won't compile
```

　このサンプルコードをコンパイルしようとすると、次のようなコンパイルエラーが表示されます。

```
The 2nd argument to add is not what I expect:
(addに渡した第2引数が想定している型ものと違っている)

7| result = add 1 "2"
                   ^^^
This argument is a string of type:
(この引数は文字列だよ)

    String

But add needs the 2nd argument to be:
(でもaddの第2引数は数字じゃなきゃダメなんだ)

    number
```

　どうやってこのエラーが検出されるのでしょうか。Elm は値がどんな静的型を持つべきか**型推論**を行っています。上の例では add 関数が + 演算子を使っていることから x と y が数字でなくてはならないと推論するのです。その情報にしたがって、add に文字列（やその他の数字でない値）が渡されることを防いでいるのです。

　このように静的型のおかげで、型推論によって非常に多くのバグを防ぐことができます。でも静的型の恩恵はそれだけではありません。型注釈を付けることでコードのドキュメントをめちゃくちゃ手軽に付けられる効果もあるのです。次はこれについて見ていきましょう。

▶型注釈を加える

　以上で Elm ファイルの作成方法と、静的型について学びました。これで前知識がついたので、Elm ファイルに型注釈を付けていきましょう。Elm ではコンパイル時に静的型が分かるため、型注釈が常に正しいことが保証されます。つまり、型注釈をコー

ドに付けることで、実装内容と一致していることを保証する信頼できるドキュメント
としての機能を果たすのです。具体的には、関数の引数や返り値が満たすべき型につ
いての説明になります。忘れた頃に見返しても役立ちますし、チーム開発している場
合は他のメンバーの助けにもなります。このように、型注釈を付けることでコードを
使うときに戸惑う必要がなくなり、またドキュメントによってとっつきやすくなるの
です。

では、いくつか定数に型注釈を付けてみましょう。Main.elm 内に greeting 定数を
作成してください。

get-started/elm-files/Main02.elm

```
➤ greeting : String
greeting =
    "Hello, Static Elm!"
```

今回注目していただきたいのは、greeting 定数の上にある新しい部分です。これ
が型注釈の構文です。型注釈は : によって区切られる 2 つのパートからなっています。
1 つが識別名（定数名や関数名のことです）で、もう 1 つがその静的型です。今回の型
注釈では、greeting が String 型であることを示しています。

Elm における静的型はほぼすべてパスカルケース（PascalCase）です[4]。パスカルケー
スでは型の最初の文字が大文字になります。型名が複数の単語からなる場合は、それ
ぞれの単語の最初の文字を大文字にします。今後の章においてオリジナルの型を作成
する際にも、パスカルケースを使っていく予定です。

では、Main.elm に戻って main を変更し、greeting を表示するようにしてくださ
い。

```
main =
    text greeting
```

その後、アプリケーションをコンパイルしてブラウザーで index.html をリロード
します。

```
elm make src/Main.elm
```

---

[4] https://en.wikipedia.org/wiki/Camel_case

　すると画面には "Hello, Static Elm!" というメッセージが表示されるはずです。もちろん、main 定数で text に greeting を渡しさえすれば、greeting に型注釈がなくてもちゃんと同じメッセージが表示されます。でも、できることならすべてに型注釈を付けるのが望ましいです。その後別のところで greeting を使おうと思ったときに、型注釈がないと greeting の型がすぐには分かりません。もちろん、先ほどの例では明らかに文字列でした。でも、以下の例のように別の関数に依存していたらすぐには分かりません。

```
greeting : String
greeting = sayHello "Elm"
```

　この後関数の型注釈も見ていきますが、先に他の基本的な型について見ていきましょう。Main.elm 内で他の定数にも型注釈を追加してください。

```
meaningOfLife : Int
meaningOfLife = 42

pi : Float
pi = 3.14

canChuck : Bool
canChuck = True
```

　ここで使っている Int 型は整数を意味しており、Float 型は浮動小数点数、Bool 型は真偽値を意味しています。次に main がこれらの値を表示できるように変更してみましょう。main で表示するには文字列に変換する必要があります。そのためには、ビルトインの Debug.toString が使えます。変換したものを text に渡してやりましょう。たとえば、meaningOfLife の内容は以下のようにすれば表示できます。

```
main =
    text (Debug.toString meaningOfLife)
```

　これで定数については型注釈を付けることができました。次はこれを応用して関数の型注釈を作っていきましょう。まずは先ほど REPL で定義した sayHello 関数を Main.elm に定義します。

```
get-started/elm-files/Main03.elm
```

```
► sayHello : String -> String
sayHello name =
    "Hello, " ++ name ++ "."
```

　関数の場合、型注釈はその引数と返り値で決まります。たとえば、この sayHello は String 型の引数をとって String 型の値を返します。そのため sayHello の型注釈では、引数の String と返り値の String を矢印 -> で区切っています。この -> は**対応関係**や**方向**を意味しています。ゆえに sayHello 関数の型注釈は String 型の引数を String 型の返り値に対応付けていると読むことができるのです。

　では sayHello が正しく動くことを確認するために main を変更してみましょう。

```
main =
    text (sayHello "Functional Elm")
```

　この状態でコンパイルしてブラウザーをリロードしてください。"Hello, Functional Elm" というメッセージが表示されるはずです。

　これで 1 引数の関数における型注釈は理解できました。次は複数の引数を持つ場合を扱ってみましょう。Main.elm に以下の関数を追加してください。

```
bottlesOf contents amount =
    Debug.toString amount ++ " bottles of " ++ contents ++ " on the wall."
```

　この bottlesOf 関数は 2 つの引数 contents と amount をとります。返り値は文字列で、何が入っている（content）ボトルが何本（amount）壁のところにおいてあるかを説明するものです。amount は数字ですから、Debug.toString で文字列に変換しないとコンパイルできません。

　本来はここで bottlesOf 関数にも型注釈を付けておきたいところです。ただ今回はいったん型注釈を付けないでおいて、それによってどんな困ったことが起きるか示したいと思います。では、まず main を次のように変更してください。

```
main =
    text (bottlesOf "juice" 99)
```

この状態でコンパイルしてブラウザーをリロードします。すると "99 bottles of juice on the wall." (「壁のところにジュースのボトルが 99 本ある」) と表示されます。さらに 99 を True に変更して再コンパイルしてみてください。"True bottles of juice on the wall." という変なメッセージが表示されてしまいます。

何かがおかしいです。amount は数字であるべきなのに、True なんていう真偽値を渡すことができてしまいました。実はこの関数には amount としてどんな値を渡しても返り値を返してしまうのです。この理由はビルトイン関数 Debug.toString です。これは任意の型の引数を受け取ることができるため、Elm コンパイラーは amount がとる型に制限がないと判断してしまうのです。

この「バグ」は型注釈を加えることで解決できます。bottlesOf の上に以下のような型注釈を追加してください。

```
bottlesOf : String -> Int -> String
```

これで contents 引数が String で amount 引数が Int であることを明示的に指定できました。

でもちょっと待ってください。型注釈に矢印が **2 つ**あります。Elm において関数はカリー化されていて -> によって引数と返り値が対応付けられているのでした。これはどういうことでしょうか。実は、bottlesOf の型注釈は「引数を 2 つとるよ」とは言っていないのです。そうではなく、bottlesOf が String 型の引数をとってまた別の関数を返すことを言っています。その別の関数がまた Int 型の引数をとり、最終的に String 型を返すのです。

このことをもう少し詳しく見ていきましょう。最初の矢印は返り値の関数を返すものです。これを明確にするために、返り値の関数を括弧で囲んでみると分かりやすいです。

```
bottlesOf : String -> (Int -> String)
```

複数の矢印がどのように作用するかは最初混乱すると思います。しっかりと反芻して血肉にしてください。筆者自身も最初に関数の型注釈を学んだときは「分から〜ん」と頭をかきむしった覚えがあります。大雑把な理解としては、すべての引数と返り値が -> で区切られていると考えることです。しばらくするとこの記法を自然に感じられるようになってきます。

さて、これで bottlesOf が整数の amount のみを受け取るようになりました。試しに再コンパイルして Elm から返ってくるエラーメッセージを見てみましょう。

```
The 2nd argument to bottlesOf is not what I expect:

37| text (bottlesOf "juice" True)
                              ^^^^
This True value is a:
(このTrueという値はBoolだよ)

    Bool

But bottlesOf needs the 2nd argument to be:
(でもbottlesOfの第2引数はIntじゃなきゃダメなんだ)

    Int
```

　Int だけ受け取ってほしいことがちゃんと Elm コンパイラーに伝わっています。その結果、この関数に異なる型の引数を与えて呼ぶことが防がれました。このエラーメッセージを見れば、True を 99 などに修正すればいいことが一目瞭然です。

　ここでは型注釈を付けることで修正しましたが、他にも Debug.toString を String.fromInt に変更する方法もあります。String.fromInt は整数を文字列に変更するものです。Debug.toString のように任意の型を受け取るものではありません。この切り替えによって、仮に型注釈がなくてもうまくコンパイラーがバグを捕捉してくれるようになります。また本来 Debug.toString は手元の環境でデバッグするときにのみ使用できるものです。本番環境用にコンパイルする際には Debug.toString を使ったコードはコンパイルできません。もっと厳密に型を指定している String.fromInt や String.fromFloat のような関数を使って変換する必要があります。

get-started/elm-files/Main04.elm

```
bottlesOf contents amount =
    String.fromInt amount ++ " bottles of " ++ contents ++ " on the wall."
```

　これでコードにドキュメントを付けるという効果**だけではなく**、関数がどんな型の値を想定しているかコンパイラーに伝えることができました。さらに別の利点として、Elm の型推論がバグを補足できるようになることも挙げられます。例として、バグが入った add 関数を見てみましょう。

```
add : Int -> Int -> String
add x y = x + y
```

　型注釈にある通り、この関数は2つの Int 型引数を足した結果を String 型で返すことを想定しています。しかし、String.fromInt で結果を変換するのを忘れてしまいました。このような場合にもバグを防げます。Elm コンパイラーが型推論して add が実際に返すのは Int 型だと分かります。その結果コンパイルエラーを出してバグを指摘してくれるのです。そのエラーを読めば、String.fromInt を呼ぶのを忘れていたことに気づけるのです。

1.3 静的なアプリを構築する

　お疲れ様でした。ここまでに Elm における2つの基本的なコンセプト、関数と静的型について学びました。これで道具が揃ったので、最初のアプリケーションを作ってみましょう。本節ではリストというデータ型について学び、それを使って Html モジュールで HTML 要素を作成します。最終的にはいい感じの写真共有アプリに仕上げていきます。

▶リストで集合を作成する

　ここまでは文字列や数字のような単一の値ばかりを扱ってきました。しかし Elm アプリケーションでは普通、データ値の集合も表現できなくてはなりません。たとえば実際にアプリケーションを表示しようとしたら、複数の HTML 要素を表現しなくてはなりません。こういった複数の要素を扱う手法として、Elm はリストというデータ型を用意しています。リストを作成するには、0個以上の値を角括弧 [] で囲みます。
　実際に REPL で以下のコードを試してみてください。

```
> greetings = ["hi", "hello", "yo"]
["hi","hello","yo"] : List String
```

　ここでは greetings という名前のリストを作成しており、"hi"、"hello"、"yo" の3つの要素が含まれます。
　Elm のリストは JavaScript の配列に似ていますが、いくつか重要な差異があります。たとえば JavaScript では、以下のように配列の要素に直接アクセスできます。

```
var greetings = ["hi", "hello", "yo"];
var result = greetings[1]; // returns "hello"
```

　しかし Elm では以下のような書き方はできません。このような書き方をすると、greetings を関数のように扱っていると見なされます。つまり [1] というリストを、greetings 関数の引数として渡していることになってしまいます。

```
result = greetings[1] -- 関数呼び出しだと見なされる
```

　Elm のリストにおいて、JavaScript の配列と同じような方法で要素にアクセスできないのはなぜでしょうか。まず、リストは配列とは全く異なるデータ構造を持っていることが挙げられます。JavaScript において配列は特別なオブジェクトで、単にインデックスと値を紐付けるだけのものです。でも、Elm のリストはそうではありません。

　Elm のリストにはインデックスという概念自体が存在しないのです。リストは各要素が次の要素への参照を持つような構造をしています。鎖のつながりをイメージすると良いでしょう。リストというのは繰り返し処理のために存在するものなのです。最初の要素にアクセスして、その要素が持っている参照から次の要素にアクセスして、その繰り返しでリスト全体を走査します。

　配列のようなインデックスアクセスができない 2 つ目の理由は、understand や null 値をとる可能性を取り除くためです。JavaScript における配列の場合は、配列に存在しないインデックスを指定して要素を取得しようとしたら undefined が返ってきます。リストにインデックスアクセスできなくすることで、このように null 的な値を返す参照エラーを防いでいるのです。

　Elm のリストと JavaScript の配列における差異は、その要素が取りうる型にもあります。JavaScript の配列では要素がそれぞれ異なる型を持っていても構いません。たとえば以下の配列は文法的に完全に正しいものです。

```
var mixedBag = ["hi", true, 42];
```

　Elm のリストではこれと同じようなものを作れません。Elm のリストにおいては各要素の型が完全に一致していなくてはならないのです。この理由はリストを走査することを考えると分かります。Elm はアプリケーション実行時に値の型を知る方法がないため、特定の型の値のみが要素に含まれることが必要なのです。JavaScript では予期せぬ型エラーが実行時に出てしまいますが、この仕組みによって Elm アプリケーションはそのような実行時エラーから守られるのです。

　このような型エラーを防ぐために、Elm には**型変数**があります。これについて説明していきます。すでに静的型と型注釈については分かっていますから、実際にリストの静的型を調べると理解の助けになります。REPL で以下のような空リストを作成してください。

```
> []
[] : List a
```

　型推論の結果 List a と表示されています。小文字の a が型変数です。型変数というのはより具体的な型を入れるためのプレースホルダーです。List 型における型変数は、そのリストの要素が持つ型を意味しています。

　空リストの場合は値を持っておらず、コンパイラーもその要素がどんな型をとるのか分かりません。それで空リストの型注釈に型変数 a を使っていたのです。今度はREPL で greetings と打ち込んで、先ほど定義した greetings リストを表示させてみましょう。

```
> greetings
["hi","hello","yo"] : List String
```

　静的型が List a ではなく List String になっています。文字列の値をリストの要素に入れることで、Elm コンパイラーは型変数が String であるはずだと推論したのです。これは関数呼び出しにおいて、定義時に用意したプレースホルダーに、実際の値を埋めているのとも似ています。関数の場合は実際の値で、今回は実際にとる型で埋めました。

　型変数はたった1つの型にしかなりえませんから、やはりリストの要素はただ1種類の型にしかなりえないのです。

▶写真共有アプリを作成する

　これでリストのデータ型について学んだので、Elm アプリケーションを作ってみましょう。Picshare という名前の写真共有アプリケーションを作っていきます。まずはpicshare という名前のディレクトリーを新規作成してください。picshare 内で elm init を実行してプロジェクトの初期化を行います。

　すると src ディレクトリーが自動作成されるので、その中に Picshare.elm というファイルを新規作成してください。一番上のところに Picshare という名前でモジュール宣言をします。これは Main モジュールでやったのとほとんど一緒です。

```
get-started/static-app/Picshare01.elm
module Picshare exposing (main)
```

ここで main 定数をエクスポートしていますが、これは後ほど作成します。先に Html
モジュールからいくつか新しいものをインポートしましょう。

```
import Html exposing (Html, div, text)
```

text は Main.elm でもインポートしていましたが、その他に Html と div をインポー
トしています。

Elm では、モジュールから関数と定数をインポートするだけでなく、型もインポー
トできます。ここでは HTML を表現している Html 型をインポートしています。Html
モジュールと同じ名前をしていますが、別のものです。

一緒にインポートした div は <div> 要素を作成する関数です。Html モジュールは
この他にも HTML の要素を作成する関数[5] を提供しています。これらについては少し
後で扱います。

では、この Html、div、text をいい感じに使って main 定数を作成しましょう。
Picshare.elm の一番下に以下のコードを追加してください。

```
main : Html msg
main =
    div [] [ text "Picshare" ]
```

この型注釈について触れる前に、まず main の実装部分について見ていきます。

まず、2 つのリストを持つ div に対して、main を等号で結んでいます。div は関数
でしたから、これら 2 つのリストはそれぞれ引数です。1 つが HTML の属性を表現し
たリストで、もう 1 つが HTML の子要素を表現したリストです。

ここでは 1 つ目の引数に空リストを渡しています。つまり、属性を持たない div 要
素が作成されるということです。ちなみに属性の例としては、id、class、src、href
などがあります。本章の少し後の方で実際に属性を追加していきます。

2 つ目の引数には text "Picshare" という要素を 1 つだけ持つリストが渡されてい
ます。この text 関数は、実行時にテキストノードを作成します。その結果この div
要素が "Picshare" というテキストを持つようになります。

テキストを持つ要素を作成する際には、このように text 関数を使わなくてはなり

---

[5] https://package.elm-lang.org/packages/elm/html/latest/Html

ません。文字列そのものをリスト要素として追加しても、型システムが受け入れてくれないのです。このことをより深く理解するために、main の型注釈 Html msg を見ていきましょう。

　ここでは先ほどインポートした Html 型が使われています。この Html 型は**仮想 DOM** と呼ばれるものを意味しています。ページに表示すべき DOM がどんな構造になっているか、実際の DOM を直接操作するのではなく仮想 DOM というものを使うのです。Elm において、この仮想 DOM というのは実際には文字列やリストのようなただのデータ型です。仮想 DOM についてのより詳しい話は次章で触れます。今のところは、あなたに代わっていい感じに実際の DOM を更新してくれるものだと理解しておきましょう。

　さて、この Html 型にも List のように型変数が付いています。この型変数 msg についても次章でもっとしっかり触れていきます。

　では、この状態でコンパイルしてみましょう。ただ、今までとは少し異なるやり方をします。今までは HTML にコンパイルしていましたが、Picshare.elm は JavaScript ファイルにコンパイルします。自分で用意した HTML ファイルを使うには JavaScript にコンパイルする必要があるのです。このように HTML ファイルを用意することで、好きな CSS を読み込めるようになります。

　では、picshare ディレクトリー内で elm make コマンドを実行しましょう。今回は --output フラグを付けます。

```
elm make src/Picshare.elm --output picshare.js
```

　このコマンドによって Picshare.elm が picshare.js にコンパイルされます。

　次に本書サポートページのコードに含まれる get-started/static-app ディレクトリーから index.html と main.css を見つけてください。2 つとも picshare ディレクトリーにコピーします。この index.html は main.css を読み込んでおり、それによって Picshare アプリケーションの見た目をカスタマイズできます。

　自前の HTML ファイルを使う際には、コンパイル後の Elm アプリケーションをその HTML ファイル内に読み込む必要があります。まずはアプリケーションを実際の DOM 要素にマウントしましょう。エディターで index.html を開いてください。<body> タグ内の "REPLACE ME" というコメントを置き換え、以下の <div> 要素に変更してください。

get-started/static-app/index-completed.html

```
<div id="main" class="main"></div>
```

次にコンパイル結果として得られた picshare.js を <script> タグで読み込みます。その下に別の <script> タグも作成して以下の JavaScript コードを追加しましょう。

```
<script src="picshare.js"></script>
<script>
  Elm.Picshare.init({
    node: document.getElementById('main')
  });
</script>
```

Elm アプリケーションをコンパイルすると、Elm という名前の変数がグローバルに定義されます。この Elm という変数には、コンパイルされたトップレベルモジュールと同名のプロパティが含まれます。今回のケースでは Picshare というプロパティです。

このトップレベルモジュールと同名のプロパティには、init 関数が必ず用意されています。この init 関数は引数としてオブジェクトを受け取ります。そのオブジェクトのプロパティに各種設定値を指定するのです。その内の 1 つ、node プロパティには DOM ノードを指定します。こうすることで、Elm アプリケーションがその DOM ノード上に表示されます。今回の Picshare アプリケーションでは、先ほど作成した <div> タグ内に表示されます。

では、index.html をブラウザーで開いてみてください。"Picshare" というテキストが表示されるはずです。初めの一歩としては上々です。次は自分で用意した CSS を適用して、Picshare アプリケーションが写真を表示するようにしましょう。

▶写真を表示する

写真を表示する前に、"Picshare" というテキストを、スタイルが適用されたヘッダーに変更します。まずは class 関数を Html.Attributes モジュールからインポートしてください。

get-started/static-app/Picshare02.elm

```
import Html.Attributes exposing (class)
```

Html.Attributes モジュールは仮想 DOM ノードに属性を追加する関数を提供しています。ここでインポートした class を使って main 内の div タグにスタイルを当てます。

　class 関数はクラス名を文字列の引数として受け取ります。ここには、DOM 要素の class 属性のように複数のクラス名を半角スペース区切りで指定することもできます。では div の第 1 引数である属性のリストに、header というクラス名を追加してください。

```
main =
    div [ class "header" ] [ text "Picshare" ]
```

　次に Html モジュールから h1 関数をインポートします。

```
import Html exposing (Html, div, h1, text)
```

　h1 タグで text "Picshare" をラップします。

```
h1 [] [ text "Picshare" ]
```

　以上の結果、main は次のようになります。私としては、以下の例のように div の 2 つ目のリストにインデントを付けて可読性を上げるのをお勧めします。

```
main =
    div [ class "header" ]
        [ h1 [] [ text "Picshare" ] ]
```

　この状態でコンパイルしてブラウザーをリロードしてください。以下のスクリーンショットのように Picshare のヘッダーが表示されます。

Picshare

　これでいい感じのヘッダーができました。次は写真を追加しましょう。まずは Html のすべての要素をインポートするように変更します。

get-started/static-app/Picshare03.elm

```
import Html exposing (..)
```

　このようにモジュールから .. をインポートするようにすると、そのモジュールに
エクスポートされているすべての要素をインポートできます。Html モジュールの場合
は Html、div、h1、text の他に img や h2 など HTML 関数が使えるようになります。
　この中で img 関数はすぐ使いますので、その際に必要な src 関数を今のうちに Html.
Attributes からインポートしておきましょう。

```
import Html.Attributes exposing (class, src)
```

　さて、写真はヘッダーの下に表示したいです。そのためには写真用の div タグを新
しく、ヘッダー用 div の下に追加する必要があります。でも main はルート要素を 1
つしか持つことができません。そこで、まず先に div ヘッダーを別の div で囲みます。

```
main =
    div []
        [ div [ class "header" ]
            [ h1 [] [ text "Picshare" ] ]
        ]
```

　これで新しいルート要素の div 内に写真を追加できるようになりました。ヘッダー
div の下に追加しましょう。

```
main =
    div []
        [ div [ class "header" ]
            [ h1 [] [ text "Picshare" ] ]
❶      , div [ class "content-flow" ]
❷          [ div [ class "detailed-photo" ]
❸              [ img [ src "https://programming-elm.com/1.jpg" ] []
❹              , div [ class "photo-info" ]
❺                  [ h2 [ class "caption" ] [ text "Surfing" ] ]
                ]
            ]
        ]
```

　かなり複雑なので、1 つ 1 つ読み解いていきます。

❶　content-flow の div は、画面に表示される写真をすべてラップするものです。
　　現状では 1 つだけ写真を表示します。

❷　detailed-photo の div はそれぞれの写真データです。

❸　img 関数はちょうど <img> 要素のように写真を表示します。

❹　photo-info の div は写真に関する説明をラップしています。この div には後

の章でいろいろ追加予定です。

❺ h2 要素内に写真の説明を表示します。

 ローカル環境で画像をサーブしたい場合は、付録 B「ローカルサーバーを実行する」にしたがってサーバーを立ち上げてください。それから https://programming-elm.com を http://localhost:5000 で置き換えてください。

では、アプリケーションをコンパイルしてください。ブラウザーをリロードすると波に乗ったサーファーの写真が表示されます。

大変お疲れ様でした。これでアプリケーションに写真を表示できるようになりました。

▶複数の写真を表示する

これで Elm によって静的な HTML を扱えるようになりました。本章の仕上げとして、複数枚の写真を表示できるようにしましょう。ここで detailed-photo の div を複製して別の写真を追加することもできますが、そうすると重複したコードができて保守しにくくなってしまいます。今回は写真を表示する機能を持った再利用可能な関数を使って、アプリケーションを整理しましょう。main の上に viewDetailedPhoto 関数を追加します。

```
get-started/static-app/Picshare04.elm
```
```
viewDetailedPhoto : String -> String -> Html msg
viewDetailedPhoto url caption =
    div [ class "detailed-photo" ]
        [ img [ src url ] []
        , div [ class "photo-info" ]
            [ h2 [ class "caption" ] [ text caption ] ]
        ]
```

　この viewDetailedPhoto 内には、detailed-photo の div とほとんど同じものが
入っています。異なるのは、写真の URL と説明文をハードコーディングせずに引数
url と caption を使っているところです。

　main を変更する前に、写真の URL を簡単に生成できるように使える文字列を用意
しておきましょう。viewDetailedPhoto の上に baseUrl 定数を追加します。

```
baseUrl : String
baseUrl =
    "https://programming-elm.com/"
```

　先ほどお伝えしたように、ローカル環境でサーバーを立ち上げることもできます
（付録 B「ローカルサーバーを実行する」を参照）。その場合は baseUrl を http://
localhost:5000/ に変更してください。

　最後に、この viewDetailedPhoto 関数を使って main を変更しましょう。1つしか
表示していなかった写真を 3 つに増やします。

```
main =
    div []
        [ div [ class "header" ]
            [ h1 [] [ text "Picshare" ] ]
        , div [ class "content-flow" ]
            [ viewDetailedPhoto (baseUrl ++ "1.jpg") "Surfing"
            , viewDetailedPhoto (baseUrl ++ "2.jpg") "The Fox"
            , viewDetailedPhoto (baseUrl ++ "3.jpg") "Evening"
            ]
        ]
```

　このように、コードがめちゃくちゃ重複する未来を回避し、viewDetailedPhoto を
使ってきれいなコードが書けました。好きなだけ写真を簡単に追加できるようになっ

たのです[6]。

では、最後に現状のものをコンパイルしてブラウザーをリロードしてください。サーフィン写真の下に、キツネさんの写真、雲の向こうに沈む夕日の写真が表示されます。

めちゃくちゃお疲れ様でした。最初の Elm アプリケーションを構築するために、すっごくイケてる Html モジュールと、再利用可能な viewDetailedPhoto 関数を使いました。

1.4 学んだことのまとめ

本章ではたくさんのことを成し遂げました。

- Elm の構文を学びました。
  - いろんなデータ型を試してみました。
  - 関数型プログラミングのコンセプトを学びました。
  - Elm の関数を作成しました。
- Elm の型システムによる安全性の素晴らしさを学びました。
- 自分で定義した定数や関数に型注釈を追加しました。
- これらの知識を総動員して初めての Elm アプリケーションを作成しました。
  - モジュールについて学びました。
  - Html モジュールを使って静的な写真共有アプリケーションを構築しました。
- オリジナルの HTML ファイルを作成して、JavaScript から Elm アプリケーションをマウントしました。

これで Elm の世界に十分なじむことができました。この経験は、今後新しい言語で何か問題を解決するときにも活きるはずです。また Elm で静的なアプリケーションを構築できるようにもなりました。これで Elm のより深い概念を理解する準備もできました。その概念の 1 つとして状態の扱いが挙げられます。多くの Elm アプリケーションはユーザーと相互にやりとりするために状態が必要なのです。次章では The Elm Architecture というものを学びます。これを使うと複雑な状態を持つアプリケーションを構築できるようになります。Picshare アプリケーションにも新しい機能を追加していきましょう。

---

[6] [訳注] 6 章の訳者注で詳しく述べますが、コードの重複を避けることは必ずしも常に正しい戦略とは言えません。Elm には優秀なコンパイラーが付いているため、後で書き換えてもバグが入りづらいものです。まずはコードが重複するような愚直な書き方を受け入れ、後で具体的に困ったことになった段階で書き換えたら良いのです。

状態を持つ
Elmアプリケーションを
作成する

前章では Elm で関数を定義する方法を学びました。また、Html モジュールを使って静的な Picshare アプリケーションも作成しました。でも、現実はそんなに単純ではありません。実際には複雑な状態が存在するのです。そこで本章では Picshare アプリケーションに状態を導入します。状態はインタラクティブなアプリケーションを作成するために重要なものです。その題材として、写真に「いいね」を付ける機能を Picshare アプリケーションに追加します。これを実現するために、「いいね」されたかどうかの状態を扱えるようにします。

状態を扱うために、具体的には The Elm Architecture を使って以下のものを作成します。

- アプリケーションの状態を表現するモデル
- モデルに基づいて画面に表示する内容を定義するビュー関数
- モデルを更新するためのアップデート関数

またこれを学ぶ過程でレコード、カスタム型、イミュータブル性についても学びます。これらはどれも Elm アプリケーションを作成するうえで重要なものです。

2.1　The Elm Architecture を適用する

　The Elm Architecture は、Elm でアプリケーションを作成する際に使うビルトインの
フレームワークです。本節では Picshare アプリケーションに新機能を追加することを
通じて The Elm Architecture について学びます。

　The Elm Architecture は、アプリケーションを構築する標準的な方法を提供します。
これは **Model-View-Update パターン**と呼ばれるものです。パターンの名前が示す通
り、The Elm Architecture は次の 3 つの重要なパートから成り立ちます。**Model（モデ
ル）**、**View（ビュー）**、モデルを **Update（更新）**する方法です。これらを使って The
Elm Architecture がどのように作用するかを下図に示しました。今は理解できなくても
構いません。この図の各パートがどのように動いているかは後で振り返ります。では、
まずはモデルについて理解しましょう。アプリケーションに 1 つモデルを追加してみ
ます。

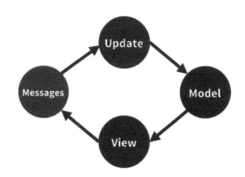

▶ モデルを作成する

　世の中のほとんどのアーキテクチャーでは、状態が複数のモデルに散らばってしま
います。たとえば MVC（Model-View-Controller）や MVVM（Model-View-ViewModel）、
data-* 属性で DOM にデータを埋め込む手法などです。その結果として、どこに状態
があり、いつどのように状態が変更されるかが分からなくなってしまいます。一方で、
Elm アプリケーションでは**モデル**にはアプリケーションのあらゆる状態が含まれます。
このように The Elm Architecture ではモデルが 1 箇所に固まっているので、状態がどこ
にあるのかすぐに分かるのです。

　Elm では、モデルをどんな型にしても構いません。たとえば文字列でも整数でも大
丈夫です。ただ一般的には**レコード**型を採用することが多いです。実際に Picshare ア
プリケーションでもこのレコード型を使います。

▶レコード型を使ってみる

レコードというのは、皆さんおなじみの JavaScript オブジェクトと似ています。つまり、関連する情報を集めてきてそれぞれにキー名を与え、そこに値を関連付けるものです。Elm の世界ではレコードにおける各キー名を**フィールド**と呼びます。

では、簡単なレコードを実際に作って学んでみましょう。今回題材とするのは、人類と長い歴史を歩んできた相棒、ワンちゃんです[1]。elm repl を実行して Elm の REPL を立ち上げてください。REPL が立ち上がったら以下の内容を打ち込みます。

```
> dog = { name = "Tucker", age = 11 }
{ age = 11, name = "Tucker" } : { age : number, name : String }
```

このようにレコードを作成する際には {} を使います。これは JavaScript でオブジェクトを作る方法とよく似ています。1 つ異なるのは、フィールド名と値を分ける際に使う記号です。JavaScript では : を使いますが、Elm では = を使います。

今度は型を確認しましょう。dog（ワンちゃん）定数を定義すると、そのレコードの型として、{ age : number, name : String } がその下に返ってきます。レコードの型はレコードの値によく似ていますが、フィールドとその型を区切る記号として : を使っています。

レコードの各フィールドにアクセスする方法は JavaScript のオブジェクトとほとんど同じです。そう、ドットを使います。REPL で試してみましょう。

```
> dog.name
"Tucker" : String

> dog.age
11 : number
```

ただ、角括弧でプロパティにアクセスするような手法は使えません。これは前章で取り上げたリストでもそうでした。Elm でそのようなことをやろうとしてもうまくいきません。以下のコードのように、配列を関数の引数として渡していると見なされてしまうのです。

---

[1] ［訳注］人類と最も長く共に歴史を歩んできたのはワンちゃんですが、2 番目に長く連れ添ってきたのはヤギさんやぎぃ。

```
> dog["name"]
-- TOO MANY ARGS ------------------------------------------------------- elm

The dog value is not a function, but it was given 1 argument.
(dogは関数ではありません。それなのに引数が1つ渡されています。)

5|    dog["name"]
```

　また他の差異として、JavaScript ではフィールドへのアクセスを動的にできましたが Elm ではできません。これについて次節で理由を説明していきます。

▶新しいレコードを作成する

　JavaScript のオブジェクトと Elm のレコードにおける大きな差異の 1 つとして、レコードが静的であることが挙げられます。レコード型の値を作成すると、その型はもはや変更不可能なのです。つまり、後になってフィールドを追加したり、定義済みのフィールドに付けた型を変更したりすることができません。

　例として、dog に存在しない breed（犬種）フィールドを追加できるか試してみましょう。

```
> dog.breed = "Sheltie"
-- PARSE ERROR ---------------------------------------------------------- elm

I was not expecting this equals sign while parsing repl_value_3's definition.

4| repl_value_3 =
5|    dog.breed = "Sheltie"
                 ^
Maybe this is supposed to be a separate definition? If so, it is indented too
far. Spaces are not allowed before top-level definitions.
```

　このように何かごちゃごちゃエラーが出て追加できません。

　またレコードはイミュータブルでもあります。これは多くの関数型言語が持つ特徴です。イミュータブルなデータというのは、途中で変更できないもののことです。では、レコードがイミュータブルとはどういうことでしょうか。既存のフィールドに設定した値を、後で一切変更できないということです。そのため、既存のフィールド name や age を変更しようとする以下のコードもうまくいきません。

```
> dog.name = "Rover"
> dog.age = 12
```

　この例のように値を上書きする処理を許すのは**ミュータブル**と言います。JavaScript はミュータブルですが、Elm はミュータブルではないため値を変更できないのです。

　「レコードのフィールドを後で変更できないなんてケチだなぁ」と思いますよね？ でも実際にはこれによってめちゃくちゃいい感じに安全性が担保されるのです。レコード型の値が故意でも偶然でも置き換わらないということは、コードにバグが入り込みにくいということなのです。

　そうは言っても Elm は偏屈な頑固者ではありません。レコードを上書きすることはできませんが、代わりにレコード型の値を**新しく**作成することができるのです。それをサポートしてくれる新しい記法もあります。

　ではその方法を試してみます。題材としてワンちゃんが誕生日を迎える関数を作成しましょう。これはワンちゃんレコードを引数にとって、年齢フィールド（age）を +1 した新しいワンちゃんを返す関数です。REPL に以下の内容を打ち込んでください。

```
> haveBirthday d = { name = d.name, age = d.age + 1 }
<function>
    : { b | age : number, name : a } -> { age : number, name : a }
```

　これを実行すると、とても風変わりな型注釈が付いた関数が作成されます。このままでは意味が分からないので型を読み解いてみましょう。引数のレコードは number 型の age フィールドと a 型の name フィールドを持つ b 型のレコードであると言っています。ここで言う a 型とか b 型とかいうのは型変数です。前章で見たのと同じようなものです。また number 型は特殊な型変数です。これも型変数ではありますが、Int 型か Float 型の値しか割り当てられません（今回の b 型のようなレコードのことを拡張可能レコードと呼びます。これについては 6 章「さらに大きなアプリケーションを作る」で詳しく学びます）。

　次は実装部分を見てみましょう。name フィールドには引数の値 d.name を再利用し、age フィールドには引数の値 d.age に 1 を加えた値をセットしています。以上によって、もともとの dog レコードを haveBirthday に渡すとワンちゃんレコードの新しい値が作成されるようになります。実際に REPL で試してみましょう。

```
> olderDog = haveBirthday dog
{ age = 12, name = "Tucker" } : { age : number, name : String }

> dog
{ age = 11, name = "Tucker" } : { age : number, name : String }
```

　ここでは haveBirthday の返り値を olderDog という定数に代入しています。
olderDog の中身を見てみると、確かに元のワンちゃんと同じ名前で、年齢だけが +1
されたワンちゃんレコードになっていることが分かります。もともとの dog 定数を見
てみると、こちらの年齢はそのままになっています。このことからやはりデータが上
書きされたのではなく、イミュータブルだということが分かります。

▶レコード更新構文を使う

　先ほどの haveBirthday 実装はボイラープレートが多いような気がします。特にもっ
とフィールド数が増えた場合にはかなり大変そうです。だって、元のフィールドと同
じ値を返すだけなのに、ちまちますべてのフィールドを列挙しないといけないなんて
やってられません。何と Elm はこういった処理をシンプルに実現できる糖衣構文を用
意してくれています（気が利きますね！）。では、REPL に haveBirthday 関数の新し
い実装を定義してください。

```
> haveBirthday d = { d | age = d.age + 1 }
<function> : { a | age : number } -> { a | age : number }
```

　この実装では、波括弧内で | という記号を使っています。これは**レコード更新構文**
と呼ばれるものです。| の左側には既存のレコードを示す d を置きます。右側には既
存レコードへの変更内容を記述します。これによって、左側のレコードに含まれるす
べてのフィールドが再利用され、そこに右側で指定した変更部分をマージした新しい
レコードが返ってきます。REPL で前項の最後のサンプルコードを再度実行してみて
ください。前回と同じ結果が得られるはずです。
　もしかしたら、レコード更新構文は JavaScript の Object.assign 関数と同じように
見えるかもしれません。でも大きく異なる点があります。Object.assign は異なる
JavaScript オブジェクトを統合するものです。一方で Elm のレコード更新構文は元にし
たレコードに**もともと存在する**フィールドの値を指定して新しいレコードを作成する
ものです。基礎にしたレコードに存在しないフィールドを追加することはできないの

です。たとえば以下のように breed フィールドを追加しようとしてもうまくいきません。

```
> { dog | breed = "Sheltie" }
```

▶ イミュータブルであることの利点

　　ここまでレコード型の例で見たように、イミュータブルなデータは上書きすることができないので、値を新規作成する必要があります。これは Elm のような関数型言語では一般的なやり方です。でもこういうやり方に慣れなかったり、何かおかしいと感じたりする方もいますよね？ そんな方も心配しなくて大丈夫です。何を隠そう、私自身も関数型プログラミングに初めて触れたときは同じように感じました。オブジェクト指向プログラミング（OOP）を先にやっていたので、「データの上書きができbookないなんて、そんなん何もできないじゃないか」と感じたものです。

　　でも、その後さらに経験を積んでいったら、だんだんと考えが変わってきました。関数型言語で処理を実現するのは難しいことではないと分かり、またデータがイミュータブルであることには素晴らしい旨みがあることが分かったのです。

1. データの流れを明確にすることができます。関数がしれっと既存のレコードを変更することはできません。レコードを「変更」するには新しいレコードを作成して返り値とするしかないのです。
2. 複数のデータ構造で、内部的にデータを共有できます。ミュータブルでは共有されたデータが知らずに変更されて不整合が起きる可能性がありますが、イミュータブルでは心配いりません。
3. マルチスレッドを扱う言語では、共有データが別のスレッドによって書き換えられるリスクがありません。

▶ レコード型のモデルを作成する

　　これでレコード型について学べたので、次は Picshare アプリケーションのモデルで実際にレコード型を採用してみましょう。さて、前章では 3 枚の写真を静的に表示しましたが、1 枚だけに変更します。スムーズに状態を導入するために、まずはいったんアプリケーションを単純にしておきたいからです。それができたら、その写真を表現するためにレコード型のモデルを使います。

　　まずは 1 枚の写真を表すモデルをレコード型で表現しましょう。このモデルを使う**ビュー関数**はその後に作成します。では、前章で作成した Picshare.elm のファイル

を開きましょう。モジュールをインポートしたり baseUrl 定数を定義したりしている
部分の下に次のコードを追加してください。

```
stateful-applications/Picshare01.elm
initialModel : { url : String, caption : String }
initialModel =
    { url = baseUrl ++ "1.jpg"
    , caption = "Surfing"
    }
```

　この initialModel レコードには 2 つの String 型フィールドが含まれます。それ
ぞれ url と caption という名前です。またここでは型注釈も追加しています。この型
注釈は先ほど REPL で表示されたワンちゃんレコードの型と似ています。
　さて、Elm アプリケーションでは初期状態を与えることが重要です。これがないとア
プリケーションを開いたときに画面に何も表示できません。その用途を想定して、先
ほどのレコードには initialModel（初期状態のモデル）という名前を付けました。初
期状態には initialModel という名前を付けるのが Elm において一般的ですが、別の
名前にしても特に問題ありません。
　今のところモデルはこれで完了です。次はこのモデルをビュー関数で実際に画面描
画していきます。

2.2　ビューを作成する

　次はビュー層です。ちまたの JavaScript フレームワークは普通、ビュー層が状態の表
示だけでなく状態の管理まで担当します。これは一見すると便利そうですが、実際に
は状態がいろんな場所に散らばる原因になります。モデルのところで説明したのと同
じ問題がここにもあるのです。一方で The Elm Architecture における**ビュー**は、モデル
を画面に表示する役割だけを担います。ビュー層では状態の書き込みができないよう
になっており、そのおかげでうまく関心の分離を実現できます。Elm におけるビュー
はモデルを視覚化する以外の何者でもないのです。
　もう少し詳しく見ていきましょう。Elm において、ビューは関数として実装されて
います。引数としてモデルを受け取り、仮想 DOM を返す関数です。仮想 DOM につ
いては 1 章「Elm をはじめよう」を思い出してください。Html モジュールが提供する
関数を使って、main 定数で仮想 DOM を構築しました。そこで説明したように、仮
想 DOM はアプリケーションに表示したい内容を記述するものです。そしてこの仮想
DOM を実際にブラウザー上の DOM に変換する作業は Elm が担当します。しかしなぜ

直接 DOM を操作せずに仮想 DOM を採用するのでしょうか？ この仮想 DOM は Elm 側でどのように使用するのでしょうか？ それについて本章の後の方で説明します。

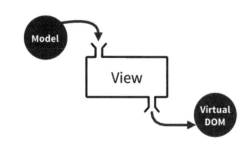

　では、実際にビュー関数を作成していきます。今回は Picshare.elm の最下部にある main 定数の内容を再利用しましょう。定数の名前を main から view に変更し、引数としてモデルを受け取るようにします。

```
view : { url : String, caption : String } -> Html msg
view model =
    div []
        [ div [ class "header" ]
            [ h1 [] [ text "Picshare" ] ]
        , div [ class "content-flow" ]
            [ viewDetailedPhoto model ]
        ]
```

　型注釈を見ると、モデルを引数にとって Html msg を返すようになっています。実装部分では、引数として受け取ったモデルを viewDetailedPhoto 関数に渡しています。このままでは型が合わないので、次はこの viewDetailedPhoto を修正します。

▶写真を表示する

　viewDetailedPhoto 関数を見てみると、今は url と caption という String 型の引数を 2 つ受け取っています。先ほどの変更で viewDetailedPhoto にはモデルが渡されるようになったので、このままではコンパイルが通りません。幸いにして url と caption はどちらもそのままモデルに対応するフィールドがあるので、2 つの引数をモデルに置き換えるだけで済みます。viewDetailedPhoto を以下のように変更してください。

```
viewDetailedPhoto : { url : String, caption : String } -> Html msg
viewDetailedPhoto model =
```

```
div [ class "detailed-photo" ]
    [ img [ src model.url ] []
    , div [ class "photo-info" ]
        [ h2 [ class "caption" ] [ text model.caption ] ]
    ]
```

　実際の変更はほんの少しです。img の src 属性に渡すものを model.url、h2 タグの text コンテントに渡すものを model.caption に変更しただけです。

　最後に実際にアプリケーションがブラウザーで描画されるようにしましょう。新しい main 定数を作って Elm に渡してください。

```
main : Html msg
main =
    view initialModel
```

　この main 定数では view 関数に initialModel を渡しています。こうやってモデルとビューを結びつけることで、Elm がモデルの描画方法を理解してブラウザーに表示してくれるのです。

　では、実際にブラウザーで確認してみましょう。そのためにまず Picshare.elm ディレクトリー内に、前章で用意した index.html と main.css があることを確認してください。これらのファイルがない場合は、本書サポートページからダウンロードしたコードに含まれる stateful-applications ディレクトリーから持ってきましょう。用意ができたら以下のコマンドでアプリケーションをコンパイルして、index.html をブラウザーで開きます。

```
elm make src/Picshare.elm --output picshare.js
```

　その結果、以下のような画面がブラウザーに表示されるはずです。

Picshare

Surfing

　お疲れ様でした。これで本格的に状態を持ったアプリケーションにちょっとだけ近づきました。今までの静的なアプリケーションでは写真のURLや説明をハードコーディングしていましたが、これらを状態として引数で受け取るようになったのです。状態はmainでまずviewに渡され、最終的にviewDetailedPhotoに渡されるようになっています。

　ここでinitialModelにセットされている値を変更して、写真の説明を何か別のものにするとどうなるでしょうか。あるいは画像のURLを2.jpgとか3.jpgみたいなものに変更したらどうなるでしょうか。変更後に再コンパイルしてブラウザーをリロードすると、その変更がちゃんと画面に反映されていることが分かるはずです。

　でも賢明な読者の皆さんは「いやいや、これも結局ハードコーディングじゃないの？initialModelに分割しただけじゃん。」と思うかもしれません。確かにそれも正しい指摘です。このハードコーディングされたinitialModelの値は、実際の初期値を受け取るまでの仮の値だと思ってください。たとえばこの後サーバーから本当の初期状態が渡されるのです。その際に状態を変更するためには、まず状態とビューが粗結合でなくてはなりません。以前のようにビュー中に状態がハードコーディングされていたら状態を差し替えることができないのです。だから、こうやって関数の引数として状態を渡すような設計がめちゃくちゃ重要になるわけです。そのことは、これからアップデート関数を導入してみると詳しく理解できます。

2.3　状態の変更を扱う

　では、アップデート関数の話に移りましょう。MVC や MVVM のアプリケーションだったら、コードのいたるところでモデルを上書きできます。でもこれじゃあ、いつどこで状態が変更されるのか分かったもんじゃないです。The Elm Architecture ならこんなことは起きません。モデルを更新するプロセスに工夫があるのです。状態のすべてがモデルに集約されているように、モデルへの変更もすべてアップデート関数という 1 箇所に集約されています。

　このアップデート関数では、2 つの引数を受け取ります。それぞれ**メッセージとモデル**です。メッセージ引数はイベントが起きるたびに Elm ランタイムから渡されます。このイベントというのはたとえば、マウスのクリック、サーバーからのレスポンス、WebSocket のイベントなどです。このメッセージは「状態にどのような種類の更新を行うか」を説明します。このメッセージについての詳細は次節で、Elm ランタイムについての詳細はさらに後の節で説明します。

　アップデート関数の返り値はどうでしょうか？ アップデート関数はメッセージの内容に応じて状態を変更する役割を担いますが、Elm におけるデータ型はイミュータブルです。アップデート関数も状態を直接上書きすることはできません。だから代わりに変更された状態として、新しいモデルの値を返り値にします。

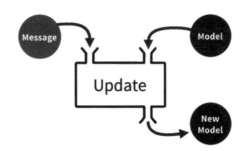

▶**写真に「いいね」を付ける**

　では、本章の初めに予告したように、写真に「いいね」を付ける機能を追加しましょう。この機能を題材として、アップデート関数をこのアプリケーションに導入します。そのためにまずはモデルとビューの定義を変更しましょう。

　モデルの側の変更は簡単です。写真が「いいね」されたかどうかを表現する liked という Bool 型のフィールドを 1 つ追加するだけです。初期値は「いいね」されていないことを示す False にしておきましょう。そうなるように Picshare.elm 内で initialModel の定義を変更しましょう。

```
stateful-applications/Picshare02.elm
```
```
initialModel : { url : String, caption : String, liked : Bool }
initialModel =
    { url = baseUrl ++ "1.jpg"
    , caption = "Surfing"
    , liked = False
    }
```

同様に view 関数の型注釈にも liked フィールドを含めるようにします。またその際に view 関数の返り値も Html Msg に変更しておきます。この Html msg から Html Msg への変更は些細に見えますが、意味ある変更です。型変数 msg を具体的な型 Msg で埋めているのです。この変更の詳細については、後ほど Msg 型を定義する際に説明します。以上の作業の結果、型注釈は次のようになります。

```
view : { url : String, caption : String, liked : Bool } -> Html Msg
```

ここまでに行ったモデルやビューへの変更はほとんどボイラープレートのようなものでした。本質的な部分は viewDetailedPhoto 関数にあります。この関数ではまず liked フィールドを画面表示に反映させる必要があります。また写真が「いいね」されたり「いいね」を外されたりした際に、イベントを発火させるようにする必要もあります。

▶ ラブボタンを追加する

今回作っているアプリケーションはフレンドリーな感じにして誰にでも使ってもらえるものにしたいです。そこで、写真を「いいね」するボタンにはハートマークのアイコンを使います。このボタンを「ラブボタン」と呼びましょう。

アプリケーションの挙動としては、写真が「いいね」されていない場合、ハートの枠線だけを表示します。そして「いいね」されたらハートの内側も塗りつぶします。それに加えて写真を「いいね」したり「いいね」を外したりできるように、マウスクリックに対応する必要があります。これらを実現するために、まず let 式を導入しましょう。

この let 式というのは関数内にローカルな変数を作成するものです。let 式は 4 つのパートから成り立ちます。まず let キーワード。それから定数や関数の定義。続いて in キーワード。そして最後に本体部分です。

今回のケースでは、この let 式を使ってローカルな変数を 2 つ作成します。それぞれ model.liked フィールドの値を使った変数です。では、viewDetailedPhoto 関数

を次のように変更してください。

```elm
❶  viewDetailedPhoto :
       { url : String, caption : String, liked : Bool }
       -> Html Msg
   viewDetailedPhoto model =
       let
❷         buttonClass =
               if model.liked then
                   "fa-heart"

               else
                   "fa-heart-o"

❸         msg =
               if model.liked then
                   Unlike

               else
                   Like
       in
       div [ class "detailed-photo" ]
           [ img [ src model.url ] []
           , div [ class "photo-info" ]
               [ div [ class "like-button" ]
❹                 [ i
❺                     [ class "fa fa-2x"
❻                     , class buttonClass
❼                     , onClick msg
                       ]
                       []
                   ]
               , h2 [ class "caption" ] [ text model.caption ]
               ]
           ]
```

❶ 型注釈を修正して liked フィールドを含むようにします。返り値は Html Msg にします。これは view 関数と同様で、具体的な型として Msg 型を使っているということです。Msg 型を実際に定義するのはもう少しお持ちください。

❷ ローカルな定数 buttonClass を作成します。この値は model.liked の値によって決まります。

❸ ローカルな定数 msg を作成します。この値も model.liked の値によって決まります。

Like と Unlike はそれぞれ特別な値で、この後導入するものです。

❹ 文字列 buttonClass を i タグに渡すことで、ハートのアイコンを let 式の本体部分に作成します。この i タグは Html モジュールに含まれるものです。前章で Html モジュールの要素をすべてインポートしているのでそのまま使えます。buttonClass の値は "fa-heart" か "fa-heart-o" になります。この値は、index.

html が読み込んでいる Font Awesome[2] のライブラリーで定義されているもの
です。buttonClass と一緒に指定している "fa" や "fa-2x" などのクラス名も
Font Awesome に定義されているものです。

❺ この部分と **❻** の箇所で使っている class 関数は HTML タグの属性を定義する
ものです。ここでは class 関数を 2 回使っていますが、通常の HTML では複
数の class 属性を指定できないはずです。実は Elm の場合、class 関数を複数
使っても、指定したすべてのクラス名がそのタグに付与されるのです。これは、
class 関数に渡された文字列を Elm が分解・統合して、1 つの class 属性とし
て HTML 要素に渡してくれるからです。

❼ onClick ハンドラーに msg を渡します。この msg は静的な値に見えますが、実
際には viewDetailedPhoto に渡される引数によって値が変化します。これは **❸**
で model.liked の値に依存した定義をしているからです。

ご希望であれば、ラブボタン用に Font Awesome をローカル環境でサーブでき
ます。付録 B「ローカルサーバーを実行する」にしたがってサーバーを立ち上げ、
index.html 内 の https://programming-elm.com を http://localhost:5000
に変更します。

▶イベントを記述する

これで i タグに状態に応じた適切なクラスを付けることができました。次は onClick
関数を扱います。これは新しい種類の関数で、マウスイベントやキーボード入力などの
イベントを扱うためのものです。そう、Elm のビューで使える関数は、HTML 要素や
属性を記述するものだけではないのです。このようにイベントを待ち受ける場合、普
通は Html.Events モジュールが提供するイベントハンドラー関数を使います。こう
いったイベントハンドラー関数の引数には、メッセージを渡すのが一般的です。また
イベントハンドラー関数の返り値の型は、今まで使ってきた class 関数や src 関数と
同じく属性として HTML 関数に渡せます。

Elm のイベントハンドラー関数に渡されたメッセージは、そのイベントの種類をアッ
プデート関数で判定する際に使われます。つまり実際に DOM イベントが発生した際
に、Elm がイベントをよしなに取り計らって、イベントハンドラー関数に渡したメッ
セージをアップデート関数に渡してくれるのです。そのメッセージを受け取ってから

---

[2] https://fontawesome.com/

どう対応をするかは、アップデート関数に一任されています。一般的な JavaScript フレームワークを使う場合や DOM API を直接利用する場合だったらこのようなことはできません。そういった場合はイベントへの対応方法をその場で直接コールバック関数として付与するからです。実際のイベントの扱い方やメッセージについては少し後でアップデート関数を作成する際に詳しく触れます。

　今作っているアプリケーションの話に戻しましょう。❼のところで使っているonClick は Html.Events が提供するイベントハンドラー関数です。そこに渡しているmsg はラブボタンをマウスクリックした際に受け取りたいメッセージです。でも今のままでは onClick が使えなくてコンパイルエラーが出てしまいます。まずはこれをインポートしましょう。他のモジュールをインポートしている部分の下に、次のように追加してください。

```
import Html.Events exposing (onClick)
```

▶カスタム型を使ってメッセージを作成する

　これまでメッセージについて何度も言及だけしてきましたが、ついにそのベールをはがします。このメッセージとは一体何者で、どのように作成すれば良いのでしょうか。それを解き明かすために viewDetailedPhoto 関数内で使ったメッセージに着目しましょう。ここではローカル定数 msg が取りうる 2 つの値、Like と Unlike がメッセージでした。この値はどちらも**カスタム型**と呼ばれるものに由来する特殊な値です。

　このカスタム型とは、自分だけのオリジナルな型を作成するのに使えるものです。Elm で使えるのはビルトインの型だけではないのです。では、どのような型を作れるのでしょうか。C++ や Java にある**列挙型**をご存知の方は、その進化版だと思っていただければ大丈夫です。つまり、特定の値しかとらない新しい型を作ることができるのです。カスタム型は、他の言語ではユニオン型、タグ付き共用体、判別共用体など、別の名前で呼ばれることもあります。

　では実際に viewDetailedPhoto 関数内で使うカスタム型を実装してみます。そのためには Like や Unlike といった値をとるようにする必要があります。次のコードをview 関数の下に追加してください。

```
type Msg
    = Like
    | Unlike
```

　まずは記法について説明します。カスタム型を作成するには、type キーワードの後に型名を指定します。ここでは Msg という名前の新しいカスタム型を定義しています。次に = の後にそのカスタム型が取りうる値を定義していきます。この際、それぞれの

値は | で区切りましょう。この | は「または」と読むことができます。全体としては「このカスタム型 Msg は Like または Unlike の値をとることができる」と読めます。

　Elm 界隈ではカスタム型の各値を**コンストラクター**（constructor）とよく呼びます[3]。カスタム型の値を作成（construct）する際に使えるからです。実際に viewDetailedPhoto 関数内でも、Msg 型の値を作成するために Like コンストラクターと Unlike コンストラクターを使っていました。viewDetailedPhoto 関数の引数値に応じて msg 定数に代入する値を決めていた箇所です。

　よく混乱されがちなので補足しておきますが、msg 定数は Msg という**型**を持ちます。そして**値**として Like や Unlike を持つのです。Like や Unlike は大文字で始まりますが、これは値です。もう少し理解を深めるために liked 定数と比較してみましょう。liked 定数は Bool という**型**を持ちます。**値**として True や False を持つのです。これと変わりありません。Bool 型の値を一から作るには True か False を使うしかないように、Msg 型の値を作成するには Like か Unlike のコンストラクターを使うのが唯一の方法です。また Dislike などのようにカスタム型の定義に存在しない値を使おうとするとコンパイルエラーが出て捕捉してくれます。

```
-- This wouldn't compile. Dislike doesn't exist.
msg = Dislike
```

　さらにカスタム型の真価は、アップデート関数内で Msg 型を case 式とともに使った際に発揮されます。ただその前にここまでの変更結果をブラウザーで確認しましょう。コンパイルが通るように main 定数の型注釈を Html Msg に修正してください。

```
main : Html Msg
```

　再度手元のコードが本書サポートページのコード code/stateful-applications/Picshare02.elm と一致することを確認し、再コンパイルしてください。写真の下にハートの枠線が表示されているはずです。

---

[3] ［訳注］さくらちゃんが知っている「Elm 界隈」では、カスタム型の各値を「コンストラクター」って呼んでるのを見たことがないやぎぃ… Elm の作者である Evan による Elm guide（https://guide.elm-lang.org/）では、代わりに「ヴァリアント（variant）」と呼んでいます。おそらく「コンストラクター」というのは、ヴァリアントの機能のうち実際にそのカスタム型の値を作成する機能に注目した呼び名でしょう。オブジェクト指向におけるコンストラクターによく似ています。ただ Elm 作者の Evan は「ヴァリアント」という用語を使っていることは頭の片隅に置いておいてください。

Picshare

Surfing

▶アップデート関数を追加する

　さて、今のところラブボタンは表示されていますが、クリックしても何も起きません。次はこれをクリックした際にハートの枠線の内側が塗りつぶされるようにしましょう。でも、どう実現したら良いのでしょうか？ このようなビュー層の変化は実際には状態の変化に応じたものですから、必ず状態を変化させなくてはなりません。ビューはモデルをそのまま**表示**することしかできないのです。ではどのように状態を変化させるかと言えば、先に説明したようにアップデート関数がその役割を担います。ということでアップデート関数をアプリケーションに追加します。

　アップデート関数は 2 つの引数を受け取るのでした。メッセージとモデルです。メッセージの方は「どう変更するか」という指示のようなものです。このメッセージから受け取った指示を「解釈」して新しい状態を決めるのが、アップデート関数の仕事です。

　このことはアップデート関数の気持ちになるとより理解しやすくなります。たとえば、上司からメールや Slack のメッセージで「コーポレートサイトのヘッダー背景色を変更したい」と言われたとします。本当はタスク管理ツールのチケットを切ってから言ってほしいところですが許してあげましょう。上司からのメッセージを読んだら、その内容を解釈してウェブサイトを改修し、ヘッダー背景色を変更しますよね？ このメールやチャットメッセージが、アップデート関数のメッセージに相応するのです。

　アプリケーションの話に戻りましょう。今回のアプリケーションでは、アップデート関数は Like や Unlike といったメッセージを解釈する必要があります。具体的には、メッセージが Like なら liked フィールドの値を True にセットしたモデルを返します。Unlike なら liked フィールドの値を False にセットしたモデルを返します。

　では実際にアップデート関数を実装してみます。メッセージをチェックするには、if-else 式も使えます。でも、もっと良いものがあります。case 式と一緒に**パターン**

マッチと呼ばれる強力な機能を使うのです。Msg 型の下に次の関数を追加してください。

---

stateful-applications/Picshare03.elm

```
update :
    Msg
    -> { url : String, caption : String, liked : Bool }
    -> { url : String, caption : String, liked : Bool }
update msg model =
❶    case msg of
❷        Like ->
            { model | liked = True }

❸        Unlike ->
            { model | liked = False }
```

　型注釈によると、この関数は第 1 引数に Msg 型のメッセージ、第 2 引数にモデルを意味するレコード型を受け取っています。返り値も第 2 引数と同じ型のレコードです。少し型注釈が長くなってきましたが、これについては次章でアプリケーションをリファクタリングする際に解消します。ここでは見逃してください。

　関数の実装部では case 式を msg 引数に対して使っています。Elm において case 式は JavaScript の switch 文と似てはいますが、もっと汎用性が高く、安全性も高いものです。

- ❶ 対象とする値を case と of で囲みます。これは JavaScript の switch (msg) に似ています。
- ❷ Like コンストラクターにマッチさせます。これは JavaScript でいうところの case Like: です。msg の値が Like の場合、-> の右にある式を採用します。右側の式では、レコード更新構文を使って既存のモデルの liked フィールドを True にした新しいモデルを作成しています。
- ❸ msg が Unlike の場合、liked フィールドを False に設定した新しいモデルを作成します。

　これを見ると、JavaScript の switch 文にあって case 式にはないものがいくつかあります。1 つは break 文です。JavaScript の switch 文は各分岐が必ずしも何か値を返すとは限りません。またマッチする分岐の処理が終わっても、そこで処理が終わるとは限りません。そのため、各分岐の終端をはっきり指示するために break 文を使ったり

return を明示したりする必要があるのです。一方で Elm は式指向な言語です。case 式の各分岐も式ですから必ず値を返します。それで break や return といったものが必要ないのです。

　基本的には、switch 文における default 分岐のようなものも必要ないです。ここに Elm の case 式とパターンマッチの素晴らしさが表されています。Elm は静的に型付けされていますから、Msg 型のようなカスタム型にマッチさせる場合、その値が取りうる値は Like か Unlike の**いずれかしかありえない**ことが保証されます。この case 式では他の値をとることがありえないので、default 分岐のようなもので対応漏れを気にする必要がないのです。

　さらにそのような仕組みにより、Like と Unlike 両方の分岐を用意していないときにコンパイラーがエラーで忠告してくれます。これを確認するために、一時的にアプリケーションを壊してみましょう。case 式の Unlike に関する分岐を削除して再コンパイルしてください。すると以下のようなエラーでコンパイルに失敗するはずです。

```
-- MISSING PATTERNS ----------------------------------------- src/Picshare.elm
This case does not have branches for all possibilities:
(このcaseはありえる分岐をすべて網羅できていません)
72|>     case msg of
73|>         Like ->
74|>             { model | liked = True }
Missing possibilities include:
(網羅できていない値は:)
    Unlike
I would have to crash if I saw one of those. Add branches for them!
(このままコンパイルを通してしまうと実行時にアプリケーションが止まってしまいます。
この値に対処する分岐を追加してください！)
```

　心強い Elm コンパイラーのおかげで、case 式にうっかり対処漏れを残してしまうのを防げるのです。とはいえ、技術的には "default" 分岐相応のものを用意することも可能です。網羅されていない場合すべてをまとめて扱えます。このまま一時的に壊した状態で、Like 分岐の下に次のようなコードを追加してください。

```
_ ->
    { model | liked = False }
```

　ここで使っているアンダースコア (_) は Elm のパターンマッチにおけるワイルドカードです。今回の case 式では、明示的に対処を記述していない Unlike 値にマッチします。とはいえ、できれば使わないに越したことはありません。明示的に Unlike にマッチする分岐を書く方が分かりやすいコードであると言えます。明示的なコード

であれば余計な前提知識なしに読むこともできます。

　では、次に進む前に case 式の分岐を元に戻して、Unlike を明示的に扱うようにしておいてください。

▶プログラムを作成する

　これで写真に「いいね」する機能はほぼ完成です。アップデート関数もできたので、後はモデルやビュー関数と紐付けるだけです。ここで使うのが**プログラム**です。

　Elm におけるプログラムとは、モデル、ビュー関数、アップデート関数を結びつけるものです。このプログラムが様々な面倒事を包み隠してくれているのです。たとえば、DOM イベントを待ち受けて、そのイベントに応じたメッセージをアップデート関数に渡して、その結果を新しい状態として扱い、DOM を変更してブラウザーにその変更を反映させてくれます。では、実際にアプリケーションにプログラムを追加して、このアプリケーションが Elm ランタイムとどう協調動作するか見てみましょう。まずプログラムを作るには Browser モジュールが必要です。他のモジュールをインポートをしているところの上に追加してください。

```
import Browser
```

　次に main 定数を以下のように変更してください。

```
main : Program () { url : String, caption : String, liked : Bool } Msg
main =
    Browser.sandbox
        { init = initialModel
        , view = view
        , update = update
        }
```

　これで main 定数には Browser.sandbox 関数を使って作成したプログラムが割り当てられるようになりました。この Browser.sandbox 関数はレコードを引数にとります。レコードには 3 つの必須フィールドが含まれており、それぞれ init、view、update という名前です。init フィールドには initialModel、view フィールドには view 関数、update フィールドには update 関数を指定しています。後は Browser.sandbox に任せたらいい感じにいろいろやってくれます。

　返り値は Program 型の値です。Program 型は Elm 内部でこんな感じに定義されています。

```
type Program flags model msg = Program
```

　つまり Program 型は、3 つの型変数をとるカスタム型として定義されているのです。
型変数はそれぞれ flags、model、msg です。型変数はリストや Html 型の話のときに
出てきましたが、実はこのようにカスタム型でも使えるのです。

　最初の flags 型変数は Elm プログラムに渡すフラグの型を示すものです。このフ
ラグというのは Elm アプリケーションを初期化する際に使う設定値のようなものです。
フラグについての詳細は 8 章「JavaScript との共生」で学びます。

　次は main 定数の型注釈を見てみましょう。ここでは Program の flags 型変数を ()
という型で具体化しています。この () 型というのは**ユニット型**と呼ばれるもので、値
が存在しないことを示す型です。この型注釈では、プログラムがフラグを受け取らな
いことを示すために使っています。

　Program 型の残りの型変数は model と msg です。model はモデルを表すレコード型
で具体化し、msg は Msg 型で具体化しています。型全体としては、ここで指定してい
るレコード型をモデルとして持ち、Msg 型のメッセージを生成するプログラムである
ことを表しています。

　これで main 定数がプログラムになったので、実際に写真を「いいね」できるように
なっているはずです。手元のコードが本書サポートページのコード code/stateful-
applications/Picshare03.elm と一致することを確認してください。確認できたら
アプリケーションをコンパイルしてブラウザーをリロードし、ラブボタンをクリック
してください。以下のスクリーンショットのようにハートの内側が塗りつぶされると
思います。

2.4　The Elm Architecture のライフサイクル

　ラブボタンを何度もクリックしてみてください。ハートが枠線だけになったり中まで塗りつぶされたりして何度も切り替わります。これはどういう原理で実現されているのでしょうか？ この Elm プログラムの動きを完全に理解してみましょう。そのために、ラブボタンをマウスクリックすることで The Elm Architecture にどんなサイクルが生まれているか詳しく見てみます。まずはモデルの liked フィールドが False の状態から始めましょう。

　最初に Elm ランタイムは main プログラムを受け取り、アプリケーションを初期状態で起動します。その際、view 関数に initialModel を渡すことで、描画したい HTML を表現する仮想 DOM を作成します。それから下図で示すように、Elm がいい感じに仮想 DOM を解釈して、実際にブラウザー上の HTML を描画してくれます。この時点で写真は「いいね」されておらず、画面上ではハートの枠線のみが表示されています。

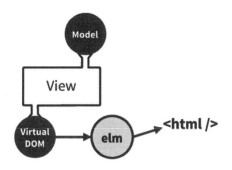

　ここで viewDetailedPhoto の実装を思い出してください。viewDetailedPhoto では、モデルの liked フィールドが False の場合、イベントハンドラー関数の onClick には Like コンストラクターを渡していました。

　Elm は仮想 DOM の解釈中にこのイベントハンドラーを見つけ、DOM API を使ってラブボタンの DOM ノードにクリックハンドラーを付与します。その結果、ラブボタンをクリックしたときにこのクリックハンドラーが呼び出され、Like メッセージが Elm ランタイムのキューに入れられます。

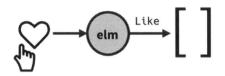

　キューに入ったメッセージは後ほど Elm ランタイムに取り出されて update 関数に現状のモデルとともに渡されます。ここで渡されるモデルは、今のところ initialModel のままになっています。update 関数では case 式によって、liked フィールドが True に変更された新しいモデルが返されます。

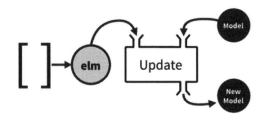

　新しいモデルを受け取った Elm ランタイムは view 関数にそのモデルを渡し、新しい仮想 DOM を受け取ります。この際、Elm は現状の仮想 DOM と新しく受け取った仮想 DOM の**差分**と呼ばれるものを計算します。ここで言う「差分」とは、基本的には古い仮想 DOM と新しい仮想 DOM の差異を保持したリストのことです。差分計算の過程では、実際の DOM に新しい仮想 DOM を反映させるために行う**パッチ処理**のリストを作成します。でも待ってください。わざわざ差分をとったりパッチ処理を計算したりする理由は何でしょうか。仮想 DOM から愚直にアプリケーション全体の DOM を作成してそのまま**再描画**することもできるはずです。そうしない理由は、アプリケーションの性能にあります。全体を再描画するよりも、差分やパッチによって本当に必要な DOM ノードのみを作成・削除・置き換えした方が効率が良いのです。

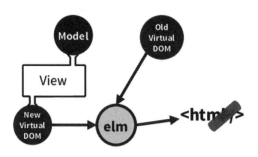

2
章

　話を戻します。もう一度ラブボタンをクリックすると、ここまでとほとんど同じ流れが繰り返されます。唯一異なるのは、アップデート関数に送られるメッセージがUnlikeに変わっていることです。以上が一連の流れです。先ほどの図からも分かる通り、Elmアプリケーションではデータの流れが一方通行になっています。モデルからビューに渡され、ビューから生じたメッセージがアップデート関数に渡され、アップデート関数によってさらにモデルが返ってきます。このようなデータの流れは**単方向データフロー**と呼ばれます。この構造によって、データの上書きなどが頻繁に起きる混沌の世界から開発者が解放され、純粋な世界にあぐらをかいてアプリケーションを構築できるのです。

　もしかしたら「いやいや、状態を変更するところはもっと簡単にできるやろぉ」と思ったかもしれません。でも、間違いなくこのやり方が大事なんです。その証拠として、重要な利点をいくつか挙げておきます。

- データがイミュータブルになるので、誤って状態を変更してしまうことを防げる。
- 状態更新時には必ずメッセージにしたがうので、その更新の意図や内容が明確になる。
- 状態更新がすべてアップデート関数に集約されているので、更新される場所が明確になる。
- 仮想 DOM を採用することで、実際の DOM 変更が本当に必要な部分だけに絞られて性能が向上する。

2.5　学んだことのまとめ

本章ではたくさんのことを学びました。

- 次のような言語自体の機能について学びました。
  - レコード
  - カスタム型
  - イミュータブルなデータ
- The Elm Architecture を使ってどのように現実世界のアプリケーションを作成するか学びました。

お疲れ様でした。これで、状態を持つ Elm アプリケーションを自分で作成する基礎が身につきました。次章ではこの基礎をベースとしてさらに学びを深めます。具体的にはリファクタリングの方法や、アプリケーションに新機能をうまく追加する方法です。

Elmアプリケーションをリファクタリングしたり改良したりする

　前章では The Elm Architecture を使って、Picshare アプリケーション内で写真に「いいね」を付ける方法を学びました。そして残念ながらその過程で技術的負債が溜まってしまっています。でも安心してください。Elm には静的型があります。静的型があれば、安全にリファクタリングできます。そしてリファクタリングのリスクが少ないのであれば、技術的負債は素晴らしいものになります。法外な高利貸しから借りるような返済困難な借入ではなく、未来への投資として受け取る融資になりうるのです。そこで、本章ではアプリケーションをリファクタリングしてコードをシンプルにしていきます。Elm 以外の言語でもそうですが、こういったリファクタリングをすることで、コードの可読性と保守性を高めることができます。

　リファクタリングの他にも、本章ではアプリケーションへの機能追加を扱います。具体的には、ユーザーが写真にコメントを付けられるようにします。機能追加をしたい局面というのは現実世界でよくあることです。そして Elm はこのような機能追加にも最適なのです。Elm の型システムとコンパイラーのおかげで、リファクタリングも機能追加も怖くありません。

3.1　うまいやり方でリファクタリングする

　前章ではたくさんのコードを書いてきました。その過程でごちゃごちゃしてきたところもありますから、新機能の実装に進む前にまずコードの整理をします。そこで本節では2つの手法を用いてコードをリファクタリングしましょう。1つが型エイリアスを使った手法で、もう1つが写真を「いいね」するロジックをシンプルにする手法です。

▶型エイリアスを作成する

　さて、現状の型注釈からは嫌な臭いがします。だって { url : String, caption : String, liked : Bool } なんていう複雑で長ったらしくて何を表しているのかよく分からないような型注釈がそこかしこに出てくるんですから。これがモデルを表すレコードだなんて、一見さんには理解できません。今だったらまだコードの規模が小さいからいいんです。でもコードがさらに増えていったら、もう管理できたもんじゃあないです。こういう問題を解決するのに使えるのが**型エイリアス**です。

　型エイリアスはある型に別名を与える機能です。記法としては、type の後に alias というキーワードを続け、それから新しく名付けたい型名を書き、最後にその別名を付けたい型を記述します。よくある型エイリアスの使い方の例として、ビルトインの Int 型に Id という別名を付ける例があります。

```
type alias Id = Int
```

　これをコードに追加すると、そのコード内では型注釈中に出てくる Int 型を Id 型に置き換えることができます。もちろん、Id 型を Int 型に置き換えても問題ありません。そしてこの Id という型エイリアスを使えば、「この値はただの Int 型の値ではなくて、とある ID を意味しているよ。」と明示できます。このように、型エイリアスを使うことで、そのアプリケーション特有の概念をうまく表現したコードを書くことができます。

　先ほどはビルトインの型 Int に対して型エイリアスを作成しましたが、実は**任意の**型に対して作成できます。たとえばレコード型の型エイリアスを作成することだってできるのです。ということで、今回のアプリケーションにおけるモデルを表すレコード型にも、型エイリアスを作成してみましょう。baseUrl 定数の上に、Model という名前で型エイリアスを作成してください。

```
refactor-enhance/Picshare01.elm
type alias Model =
    { url : String
    , caption : String
    , liked : Bool
    }
```

これで、もともとレコード型を使っていたところで Model 型を代わりに使えるようになりました。以下のように型注釈を書き換えて Model を使うようにしましょう。

- initialModel の型注釈を Model 型にします。

      initialModel : Model

- viewDetailedPhoto が Model を引数として受け取るようにします。

      viewDetailedPhoto : Model -> Html Msg

- view が Model を引数として受け取るようにします。

      view : Model -> Html Msg

- update が引数の 1 つに Model を受け取り、返り値も Model を返すようにします。

      update : Msg -> Model -> Model

- main の型注釈において、Program の第 2 引数を Model にします。

      main : Program () Model Msg

この段階で手元のコードが code/refactor-enhance/Picshare01.elm と一致することを確認して、以下のコマンドで再コンパイルしてください。

```
elm make src/Picshare.elm --output picshare.js
```

　アプリケーションの挙動や見た目は今までと特に変わりないはずです。でもコード
に関しては、不必要に複雑だった部分が解消されました。型の意味するところも、よ
り明確になっています。これなら、将来的にコードのメンテナンスがずっと楽になる
はずです。

型エイリアスのコンストラクターを使う

　実は、レコードの型エイリアスにはまだ明かしていないすごい機能があります。型
エイリアスと同名の**コンストラクター関数**が自動的に作成されるのです。このコンス
トラクター関数はレコードの各フィールドを引数にとり、その値を使ってレコード型
の新しい値を作成します。たとえば initialModel の中で以下のように使います。

```
initialModel =
    Model (baseUrl ++ "1.jpg") "Surfing" False
```

　ここでは Model コンストラクター関数に対し、url、caption、liked フィールド
に渡す値を引数として渡しています。この引数の順番は、Model 型エイリアスを定義
したときのフィールドの順番に準拠する必要があります。
　このように、レコード型のコンストラクター関数を使うとコード量を減らすことがで
きます。それは確かに便利なのですが、やはりメリットの陰にはデメリットが潜むも
のです。コード規模がもっと大きくなったことを想像してください。モデルのフィー
ルドも増えていますから、initialModel でコンストラクター関数を使ったらきっと
こんな感じになるはずです。

```
initialModel =
    Model (baseUrl ++ "1.jpg") "Surfing" False [] "" True 42
```

　レコードのフィールド数が増えれば増えるほど、わけがわからなくなってきます。
フィールドの数を間違えないようにしないといけませんし、フィールドの順番をちゃ
んと覚えていなければなりません。これくらい複雑になると、実際にはもともと使っ
ていたレコード型の記法を使って明確にフィールド名と値のセットを記述した方が賢
明です。そうした方が理解しやすいコードになりますし、メンテナンスもしやすくな
るはずです。タイプ数をケチるより、その方がずっと有益です。

　ただ勘違いしないでほしいのですが、私は「コンストラクター関数を使うな」と言いたいのではありません。「用法用量を守って正しくお使いください」と言いたいのです。たとえばフィールド数が2つや3つくらいならコンストラクター関数を使っても悪くないでしょう。フィールド数がそれより多いなら、「ほんとに使って良いのかな？」と考えた方が良いです。そうやって慎重になりながら、最終的には自分で判断したら良いのです。後で自分自身が困らない選択は何か、チームのメンバーが読みやすいようにするにはどうしたらいいか、そうやって何かいい感じに選択してください。

　今回は私の考える「いい感じ」にしたがって、Picshareアプリケーションではレコードのフィールド名を明示する記法を採用します。実はこの後すぐにフィールドを追加するので、そっちの方がいい感じが何となくしました。

▶写真を「いいね」するロジックをシンプルにする

　型注釈の他にも、もう1つ妖しい香りの漂う箇所があります。写真を「いいね」したり外したりするロジックの部分です。viewDetailedPhoto関数を思い起こしてください。ここではラブボタンがクリックされた際に発行するMsgコンストラクターの値を指定していました。この値はmodel.likedの値に応じて、if-else式で決めています。実を言うと、このif-else式は除去できるのです。その結果コードがシンプルになります。

　コードをシンプルにする新しい書き方でも、viewDetailedPhoto関数がアップデート関数にメッセージを送ることに変わりありません。ただ、写真に「いいね」を付けるのか外すのか、それを判断するのがアップデート関数に委ねられるのです。アップデート関数が、メッセージと現在の状況を見て判断します。

　では実際に修正していきましょう。新しいロジックでは、写真に「いいね」されたり外されたりするたびに、モデルのlikedフィールドの値をTrueとFalseの間で入れ替えます。つまり、viewDetailedPhotoからは「写真がクリックされた」とだけ伝えれば良いのです。そのため、viewDetailedPhotoが送るメッセージは1種類だけになります。それに合わせてMsg型もToggleLike（「いいね」の状態を反転させる）という値1つだけを持つように変更しましょう。

refactor-enhance/Picshare02.elm

```
type Msg
    = ToggleLike
```

　次に viewDetailedPhoto を変更して ToggleLike コンストラクターだけを使うよう
にします。でもその前に、この機会に viewDetailedPhoto の実装をちょっと改良しま
しょう。ラブボタンを表示する部分のコードを取り出して独立した別の関数にしてみま
す。こうすることで、ラブボタン関連のコードが 1 箇所に固まり、viewDetailedPhoto
も見やすくなります。では、ラブボタン表示用のコードを viewLoveButton という関
数にくくり出してください。さらにその中で onClick イベントハンドラー関数に渡す
コンストラクターを ToggleLike に変更しましょう。

```
viewLoveButton : Model -> Html Msg
viewLoveButton model =
    let
        buttonClass =
            if model.liked then
                "fa-heart"

            else
                "fa-heart-o"
    in
    div [ class "like-button" ]
        [ i
            [ class "fa fa-2x"
            , class buttonClass
            , onClick ToggleLike
            ]
            []
        ]
```

　これで if-else 式が不要になりました。onClick に直接 ToggleLike を渡して
いるだけなので、状況に応じてコンストラクターを決める必要がないのです。次は
viewDetailedPhoto を変更して、今作った viewLoveButton 関数を使うようにしま
しょう。viewLoveButton は引数にモデルをとりますから、viewDetailedPhoto 内で
これを呼び出す際にはモデルを渡すようにしてください。

```
viewDetailedPhoto : Model -> Html Msg
viewDetailedPhoto model =
    div [ class "detailed-photo" ]
        [ img [ src model.url ] []
        , div [ class "photo-info" ]
            [ viewLoveButton model
            , h2 [ class "caption" ] [ text model.caption ]
            ]
        ]
```

　そして最後は update 関数の修正です。ToggleLike コンストラクターを扱える
ようにしましょう。ToggleLike メッセージが来たら liked フィールドの値を True

と False の間で反転させる必要があります。この際、以前のバージョンにおいて viewDetailedPhoto 内で使っていた if-else を使ったロジックを流用することもできます。でも、今回のような真偽値の反転には便利なやり方があります。ビルトインの not 関数を使うのです。update 関数を以下のように変更してください。

```
update : Msg -> Model -> Model
update msg model =
    case msg of
        ToggleLike ->
            { model | liked = not model.liked }
```

　この not 関数は JavaScript における！演算子のようなものです。真偽値を反転させます。つまり、True を False に、False を True にします。

　この状態で、手元の Picshare.elm が code/refactor-enhance/Picshare02.elm と一致していることを確認してから再コンパイルしてみましょう。きれいにしたコードでもアプリケーションが今まで通り動いているはずです。

　これはめちゃくちゃすごいことです。コンパイルが通ることが、何も壊れていないことの指標になるのです。こうやってコンパイラーが守ってくれるので、Elm アプリケーションではリファクタリングが怖くありません。それと比べて JavaScript のアプリケーションはどうでしょうか。コードの重要な部分をリファクタリングしても、コンパイラーがいないので壊れていないか不安で夜も眠れません。もちろん、Elm のコンパイラーは**すべての**バグを防いでくれるわけではありません。そのためコードのテストはやはり重要です。Elm のコードをどうやってテストしたらいいかは 9 章「Elm アプリケーションをテストする」で学びます。

　ここまでで、アプリケーションが飛躍的にシンプルになりました。型エイリアスの作り方や、リファクタリングできる箇所の見つけ方を学びました。もちろん、最初から Model 型エイリアスや ToggleLike コンストラクター、viewLoveButton 関数などを使って書くこともできました。でも、常に最初から正しい抽象化ができるとは限りません。それを分かっていただきたかったのです。また最初から完璧なコードを書く必要はありません。Elm の開発においてはこうやってリファクタリングするのはよくあることです。本当に、よくあることなのです。Elm を学んでいる間は、まず動くことを第一とし、その後改善したら良いのです[1]。

---

[1]　[訳注] 人生とは学びの連続であり、学ばなくなったら生ける屍です。つまり「Elm を学んでいる間は」とは、「生きている間は」という意味です。Elm を書く生きとし生けるものは常に、まず動くことを第一とし、それから改善していったら良いのです。さくらちゃんもそうやって生きているやぎぃ。

3.2　写真にコメントを付ける

　本節では、The Elm Architecture の知識をさらに深め、Picshare アプリケーションに
別の新機能を追加します。具体的には写真にコメントを付ける機能です。「いいね」の
機能だけではなくコメントもできてこそ、イケてる写真共有アプリと言えます。この
コメント追加機能を実現するために、本節ではこれから入力イベントやリストの取り
扱い方法を学んでいきます。

▶モデルを修正する

　まずは、モデルを修正して複数のコメントを保持できるようにしましょう。こう
いった用途にはリストを使うのが自然だと思います。後ほどこのリストに新しいコメ
ントを追加していくわけです。さて、ここではもう1つフィールドを追加する必要が
あります。その説明のために少し先の話をさせてください。新しいコメントを打ち込
んで保存するためには、将来的に入力欄を追加する必要があります。その際、The Elm
Architecture で状態を管理している限りは、ユーザーが今現在打ち込んでいるコメン
トを一時的に保存しておく場所が必要になります。その一時的なコメントを保持する
フィールドを、ここでモデルに追加するのです。以下のようにモデルの型エイリアス
を変更してください。

```
refactor-enhance/Picshare03.elm
```
```
type alias Model =
    { url : String
    , caption : String
    , liked : Bool
    , comments : List String
    , newComment : String
    }
```

　ここで追加した comments フィールドが、複数のコメントを保持する文字列のリス
トです。そして newComment フィールドが、現在まさに打ち込んでいるそのコメント
を一時的に文字列として保持するものです。これでモデルに新しいフィールドを追加
できたので、initialModel にもそのフィールドの初期値を追加しなくてはなりませ
ん。最初に表示されるのはサーフィンの写真ですから、コメントもそれに合わせたも
のにします。"Cowabunga, dude!"（「いい波乗ってんね！」）にしておきましょう。具体
的には、comments フィールドの初期値として、このノリノリなコメントを持つリスト
を指定します。newComment フィールドの方には空文字列を入れておきましょう。結

果として、initialModel は次のようになります。

```
initialModel : Model
initialModel =
    { url = baseUrl ++ "1.jpg"
    , caption = "Surfing"
    , liked = False
    , comments = [ "Cowabunga, dude!" ]
    , newComment = ""
    }
```

▶コメントリストを表示する

これでモデルにコメントを格納できるようになりました。次はこのコメントをいい感じに表示していきましょう。view 関数に新しいコードをグチャっと一気に詰め込んでもいいのですが、ここでは事前にいくつか補助関数を書いてみます。その前準備として、Html.Attributes モジュールから placeholder 関数と type_ 関数をインポートするようにしてください。

```
import Html.Attributes exposing (class, placeholder, src, type_)
```

さて、コメントのリストを表示するうえで、今回はボトムアップなアプローチを採用してみます。どういうことかと言うと、リストに含まれる各要素の描画方法を先に考えるのです。そのための関数 viewComment を作成して、各コメントを表示できるようにしましょう。viewLoveButton 関数の下に次のコードを追加してください。

```
viewComment : String -> Html Msg
viewComment comment =
    li []
        [ strong [] [ text "Comment:" ]
        , text (" " ++ comment)
        ]
```

この関数は引数として、String 型の comment を受け取ります。実装部分では、その comment を li 要素で包んでいます。li 要素内をもう少し詳しく見てみましょう。まず 1 つ目の子要素として、strong 要素を使って "Comment:"（「コメント :」）というラベルを表示しています。2 つ目の子要素として、comment をテキストノードで表示しています。その際、ラベルとコメントの間にスペースを空ける目的で、半角スペースを comment 値に結合しています。

これで各コメントを表示できるようになりました。でも本当にやりたいのはリストを表示することです。そこで次に viewCommentList という関数を定義します。こ

の viewCommentList 関数は、リスト内の各コメントに対して viewComment 関数を適用するものです。その結果全体を ul 要素で包みます。viewComment 関数の下に viewCommentList 関数を追加してください。

```
viewCommentList : List String -> Html Msg
viewCommentList comments =
    case comments of
        [] ->
            text ""

        _ ->
            div [ class "comments" ]
                [ ul []
                    (List.map viewComment comments)
                ]
```

この viewCommentList は文字列のリストを引数として受け取っています。実装部分ではそのリストに対して case 式を使っています。このように、パターンマッチはカスタム型だけのためのものではなく、文字列や整数やリストに対しても使えるのです。

ここでパターンマッチを使っているのは、空リストを特別扱いしたいからです。実際にコードを見てみると、空リストのときには [] にマッチさせて空のテキストノードを返しています。もちろん技術的にはあえて空リストを特別扱いしなくても問題ありません。でも、こうやってコメントがない場合にコメントを無視するような設計にすることで、最終的な HTML や CSS がきれいになるというのが私の考えです。また別の利点として、こうすることで「コメントがありません」のようなメッセージを表示できるようにもなります。

もしかしたら「JavaScript みたいに if-else 式でリストの長さをチェックしたらいいじゃん」と思ったかもしれません。そうしなかったのは、パターンマッチの方がもっと多機能で、かつ高速だからです。どういうことでしょうか? JavaScript の配列には length プロパティがありますが、Elm のリストにはそれがありません。ということは、リストの長さを確認するためには毎度毎度 List.length 関数を使ってリストの要素を初めから終わりまでダラダラダラっと走査しなくてはなりません。こんなことしていたら、長いリストだと数百ミリ秒かかってしまいます。その結果、アプリの応答が遅くなって画面が固まってしまいます。**常にパターンマッチの方を使うようにしましょう**。

では話を戻しましょう。先ほどの関数では、空リストにマッチしない場合にアンダースコアを使ったワイルドカードで捕捉しています。これによって、1つ以上コメントが含まれているときにこの分岐が評価されるのです。ここでは、スタイリングの都合で ul 要素を div で囲んでいます。

　ここで一番重要なのが、コメントリストを実際に描画している部分です。ul の第 2 引数に指定しているものに注目してください。List.map に対して viewComment 関数と comments リストを渡した結果が指定されています。この List.map 関数というのは既存のリストから新しいリストを作成するものです。具体的には、リストの各要素に対して与えられた関数を適用した結果のリストを返します。

　たとえば、以下の例のように List.map を使うと、リスト内の数字をすべて 2 倍にすることができます。

```
> double n = n * 2
<function> : number -> number

> List.map double [1, 2, 3]
[2,4,6] : List number
```

　さて、Html ノードを作る関数は普通、第 2 引数に Html ノードのリストを受け取るのでした。今回の ul 関数もその例に漏れません。そのために、List.map を使って viewComment 関数を各コメントに適用することで、コメントリストを Html ノードのリストに変換しているのです。

▶コメント入力欄を表示する

　ここまでのコードはコメントリストを表示するためのものでした。でも実際には新しいコメントを追加できるようにしなくてはなりません。それを実現するために viewComments という関数を作成しましょう。viewCommentList の下に次の定義を追加してください。

```
viewComments : Model -> Html Msg
viewComments model =
    div []
        [ viewCommentList model.comments
        , form [ class "new-comment" ]
            [ input
                [ type_ "text"
                , placeholder "Add a comment..."
                ]
                []
            , button [] [ text "Save" ]
            ]
        ]
```

　この viewComments 関数は引数としてモデルを受け取ります。実装部分では先ほど
の viewCommentList 関数を使ってコメントリストを表示しています。そしてもっと
重要なのが、その下の部分です。form 要素、input 要素、button 要素の関数を使っ
て、新しいコメントを追加できるようにしています。

　ここでは type_ という属性用関数を使うことで、input 要素をテキスト入力モード
にしています。さらに placeholder という属性用関数を使うことで、その入力欄に表
示されるプレースホルダーを指定しています。ちなみに type_ 関数の最後にアンダー
スコアが付いていますが、これは型定義に使う type キーワードと名前がかぶらない
ようにするためです。

　今のところ、この関数は入力欄を表示するだけです。このままではユーザーが実際
にコメントを追加することができません。それについてはこの後で新しい Msg 値を追
加することで実現しますが、まずは現状でもコンパイルが通って想定通りに表示され
ることを確認します。

　いったんキリを付けるために、今回作成した viewComments 関数を viewDetailed
Photo 関数内で使うようにします。こうやってコメントと入力欄が表示されるように
しましょう。div [class "photo-info"] の最後の子要素として追加してください。

```
viewDetailedPhoto model =
    div [ class "detailed-photo" ]
        [ img [ src model.url ] []
        , div [ class "photo-info" ]
            [ viewLoveButton model
            , h2 [ class "caption" ] [ text model.caption ]
            , viewComments model
            ]
        ]
```

　では、手元のコードが code/refactor-enhance/Picshare03.elm と一致すること
を確認しましょう。アプリケーションをコンパイルすると、ブラウザーに以下の画面
が表示されるはずです。

▶新しいコメントを打ち込む

これでコメントを表示できるようになりました。ここからは実際にコメントを追加できるようにしていきましょう。そのためにまず、必要な関数をいくつかインポートしておきます。具体的には、Html.Attributes から disabled 関数と value 関数、Html.Events からは onInput 関数と onSubmit 関数をインポートします。

---
refactor-enhance/Picshare04.elm

```
import Html.Attributes
    exposing
        ( class, disabled, placeholder, src, type_, value )
import Html.Events exposing (onClick, onInput, onSubmit) |
```

これらの関数は、前節で追加した viewComments 関数内で使います。ただここでは先に Msg 型に新しいコンストラクターを2つ追加します。Msg 型を以下のように変更してください。

```
  type Msg
      = ToggleLike
►     | UpdateComment String
►     | SaveComment
```

2つのメッセージ値を追加しました。UpdateComment と SaveComment です。UpdateComment 値の方は打ち込まれたコメントをその都度モデルの newComment フィールドに格納するためのものです。SaveComment 値は newComment に格納されているコメントを comments リストに入れ替えるためのものです。この通り基本的には

そのまま素直な実装ですが、UpdateComment の後にある String 型だけ気になります。
この String 型が示すのは、UpdateComment コンストラクターが String 型のパラメー
ターを持っていることです。

　コンストラクターがパラメーターを持つとはどういうことでしょうか？ ここまでは
コンストラクターを静的な値として扱ってきました。パラメーターを持たない限りは、
それ自体間違いではありません。でも、コンストラクターは実際には関数なのです。今
までは引数をとらない「関数」でしたが、実際には複数の引数をとることができます。
今回のケースでは UpdateComment は関数であり、String 型の引数を 1 つとって Msg
型の値を作成しています。この String 型の引数は、入力欄に打ち込まれているコメ
ントの値を保持するために必要です。つまり、この String 型の値は UpdateComment
が持つデータであると言えます。

　これで関数のインポートと新しいメッセージ値の準備が整ったので、いよいよ
viewComments 関数を修正できます。次のように実装を変更してください。

```
viewComments model =
    div []
        [ viewCommentList model.comments
❶      , form [ class "new-comment", onSubmit SaveComment ]
            [ input
                [ type_ "text"
                , placeholder "Add a comment..."
❷              , value model.newComment
❸              , onInput UpdateComment
                ]
                []
            , button
❹              [ disabled (String.isEmpty model.newComment) ]
                [ text "Save" ]
            ]
        ]
```

❶ onSubmit イベントハンドラーに SaveComment メッセージを渡したものを form
　要素に追加します。これによって、ユーザーが［Save（保存）］ボタンを押したり
　Enter キーを押したりしたときにコメントを保存できます。

❷ input 要素の value 値がモデルの newComment フィールドの値を反映するよう
　にします。これは後ほどアップデート関数内で入力をクリアする際に必要にな
　ります。

❸ onInput イベントハンドラーに UpdateComment メッセージを渡したものを
　input 要素に追加します。

❹ newComment フィールドが空のときに限り、ボタンを無効にします。これによっ
　てユーザーが空のコメントを送信してしまうのを防げます。

　UpdateComment が持つ String 型の引数についてもう少し見てみましょう。まず Html.Events モジュールが提供する onClick や onSubmit などのイベントハンドラーは次のような型注釈を持っています。

```
msg -> Attribute msg
```

　つまり、これらのイベントハンドラー関数はmsg という名前の型変数をとって Attribute msg 型の値を返しています。そして実際には、この msg 型変数はアプリケーション内で Msg 型になります。これは引数として ToggleLike や SaveComment などの Msg 型の静的なコンストラクターを渡すからです。ただ、onInput の場合はこれとは少し話が異なります。

```
(String -> msg) -> Attribute msg
```

　上記の型注釈からも分かるように、引数は msg 型変数ではなく関数です。ここには、String 型の引数をとって msg 型変数を返す関数が渡されます。そう聞くと、String 型の引数を持つ Msg 型のコンストラクターUpdateComment がここにピッタリはまることが分かります。

　onInput イベントハンドラーまわりの挙動について簡単に説明します。まず onInput イベントハンドラーは JavaScript の DOM イベントハンドラーに結びつけられます。JavaScript 側では入力イベントを受け取った際に event.target.value の値を取得します。その値を、今回の例では UpdateComment コンストラクターが持つ String 型の引数として Elm が使うのです。これは入力欄の値が変化するたびに行われます。つまり、キーボードをタイプして文字を追加したり削除したりするたびに行われます。

　Elm によって UpdateComment コンストラクター関数が呼び出されると、アップデート関数に送られるメッセージが生成されます。実際にそのメッセージがどんな感じのものになっているかや、打ち込まれたコメントをどうやって取得するかなどを次節で見ていきます。

▶コメントを追加する

　最後の仕上げとしてアップデート関数を修正しましょう。新しいメッセージ値に対応できるようにします。case 式に UpdateComment と SaveComment に対応した分岐を用意してください。

```
update msg model =
    case msg of
        ToggleLike ->
            { model | liked = not model.liked }

        UpdateComment comment ->
            { model | newComment = comment }

        SaveComment ->
            saveNewComment model
```

　まずは UpdateComment 値に対する処理です。こういうときにパターンマッチの真価
が発揮されます。そのことを詳しく見ていきましょう。引数をとるカスタム型のコンス
トラクターは、その引数を受け取るとそのカスタム型の値を作成します。その際、引
数の値を内包した形で値を作成するのです。そしてパターンマッチでそのコンストラ
クターを捕捉することで、その内包された値に名前を付けて取り出せます。では、今
回の update 関数の例で具体的にそのことを確認しましょう。UpdateComment の分岐
では、UpdateComment に続いて comment という String 型の定数をマッチさせていま
す。こうすることで UpdateComment に内包された値に comment という名前が付けら
れ、矢印の右側で使えるようになります。右側部分では comment 定数を使ってモデル
の newComment フィールドを更新しています。これで晴れて、入力欄に打ち込んでい
る内容がリアルタイムにモデルに反映されます。
　今度は SaveComment の分岐を見ていきます。ここでは別の関数 saveNewComment に
model を渡しています。このように独立した別の関数に処理を切り離すことで、update
関数がコンパクトになります（そして本書の余白に収まるようになります）。では、こ
の saveNewComment 関数を update の上に追加してください。

```
saveNewComment : Model -> Model
saveNewComment model =
    let
        comment =
            String.trim model.newComment
    in
    case comment of
        "" ->
            model

        _ ->
            { model
                | comments = model.comments ++ [ comment ]
                , newComment = ""
            }
```

　　saveNewComment の実装では、まず let 式を使って model.newComment 前後の空白を削除した結果に comment という名前を付けています。String.trim 関数はそのために使われています。

　　それからその comment に対して case 式でパターンマッチを行っています。いつものよくある「パターン」ですね！

　　この例のように文字列に対してパターンマッチを行うこともできます。ここでは最初に空文字列を捕捉しています。なぜこれが必要なのでしょう？ newComment が空のときには［Save］ボタンを無効化してはいますが、実際には Enter キーを押すことで送信できてしまいます。だから、空文字列の場合には何もしたくないのです。そのために現在のモデルをそのまま返しています。こうすることで、誤って空のコメントがコメントリストに混入してしまうことを防げます。

　　次の分岐に目を向けましょう。空文字列でない場合は、ここのワイルドカードで**その他すべて**の文字列を捕捉します。この分岐ではモデルの comments を更新して、今までのコメントリストに対して先ほど前後の空白を除去したコメントを追加しています。連結演算子はその目的で使われています。なお、リストもレコードのようにイミュータブルです。連結しても既存のリストは変わらず、新しいリストが作られます。さて、ユーザーからしたらコメントを追加した後入力欄が空になる方が自然ですから、ここで newComment フィールドも更新して空文字列を入れておきましょう。

　　では、手元のコードが code/refactor-enhance/Picshare04.elm と一致していることを確認してください。再コンパイルするとアプリケーション上でコメントを追加できるようになっているはずです。試しに "Totally tubular!"（「チョーイケてるぅ！」）と打ち込んでから、［Save］ボタンをクリックするか Enter キーを押してください。次のスクリーンショットに示したように、初期コメントの下にそのコメントが追加されるはずです[2]。

[2]　［訳注］ここで日本語入力をオンにして何か打ち込んでみてください。本来は問題なく使えるはずですが、まれに入力がおかしくなることがあります。Twitter などのウェブアプリでもたまにこういう現象に遭遇します。さくらちゃんは仕方なく Neovim でツイートを作って Twitter の投稿欄にコピペしています。ぶめぇ。日本語入力は特殊な文化であるため、環境によってはうまく動かないことがあるのです。とはいえ悲観することはありません。いい回避方法が存在します。それは、onInput 関数の代わりに onChange 関数を使うことです。onChange 関数は elm-community/html-extra パッケージの Html.Events.Extra が提供しているものです。onInput は文字入力があるたびにイベントを発火させますが、onChange は入力が変更され終わった段階で初めて発火します。今回のケースでは、入力欄で何かを打ち込んだ後、フォーカスを外すとか、"Save" ボタンをクリックするとか、Enter キーを押すとかした段階で発火します。これなら、日本語入力とも相性がよく、問題はほとんど起きません。コードの変更も、単純に onInput を onChange に置き換えるだけです。ただ事前に、モジュール内でonChangeを使えるようにしておく必要があります。具体的にはまず、端末でelm install elm-community/html-extra を実行します。これで elm-community/html-extra パッケージが提供するモジュールを読み込めるようになりました。次に onInput をインポートする代わりに、ファイルの上の方で import Html.Events.Extra (onChange) としましょう。これで実際に onChange を使えるようになります。後は onInput を onChange で置き換えて再コンパイルしたらうまく動くはずです。これでほんとにチョーイケてる感じになるやぎい。

　お疲れ様でした。これで写真に「いいね」を付けたりコメントしたりするシンプル
なアプリケーションができました。The Elm Architecture によってコメント機能がどう
実現されているかをまとめてみます。まずユーザーが入力欄に何か打ち込むたびに、
onInput イベントハンドラーが input 要素の value 値を取り出し、UpdateComment
コンストラクターに渡します。そしてそうやって作成されたメッセージはアップデー
ト関数に送られます。アップデート関数では、この UpdateComment に内包されたコ
メントを取り出し、モデルの newComment フィールドを更新します。最後に、[Save]
ボタンをクリックするか Enter キーを押すと、onSubmit イベントハンドラーによって
SaveComment メッセージがアップデート関数に送られます。その際、アップデート関
数はモデルの newComment フィールドからコメントを取り出して comments フィール
ドのリスト後端にそれを追加します。

3.3 学んだことのまとめ

本章ではいくつか重要な技術を身につけました。

- アプリケーションのリファクタリング方針について学びました。
- Elm コンパイラーによって、リファクタリング中に実行時エラーを埋め込んでしまうのを防げることが分かりました。
- レコード型を簡単に扱える便利な型エイリアスについて学びました。

さらに本章では写真にコメントを付ける機能を追加しました。それを通して、Elm アプリケーションに新機能を一歩ずつ追加していく方法を学びました。では、次は機能追加の考え方をさらに掘り下げてみましょう。現代のフロントエンドアプリケーションでは、一般的にサーバーとのやりとりが必要です。次章では Picshare アプリケーションを改善して、API から写真のリストを取得できるようにしてみます。

サーバーと通信する

　前章では、Picshare に対して The Elm Architecture を適用することで、複雑な状態を持つ Elm アプリケーションをどうやって構築すればいいのかを学びました。また、レコード、型エイリアス、カスタム型、モデル、ビュー関数、メッセージ、アップデート関数などのコンセプトについても取り上げました。

　しかし、現段階では Picshare のアプリケーションは機能が限られています。初期状態としてハードコーディングされている写真を 1 枚だけしか扱えないのです。これを現実的なフロントエンドアプリケーションにしようとすると、「今はどの写真を使うべきか」などの、現在アプリケーションが置かれている状況について教えてやる必要があります。そのためには、データベースやその他の場所に置いてあるデータを HTTP の REST API を使って取得しなければなりません。

　本章では、HTTP API を使って写真のフィードを取得することで、Picshare を改善していきます。その過程で、JSON デコーダー、コマンド、そして Result や Maybe という Elm の特別な型について学びます。この章を読み終わる頃には、別の場所に用意された実データを使うフロントエンドアプリケーションを作成することができるようになるはずです。では、始めていきましょう。

4.1　JSON を安全にデコードする

　これまでは、Elm が用意してくれた静的型のマジカルな素晴らしい世界に守られながら安全にアプリケーションを作ることができました。しかし、任意の JSON データをサーバーから取得するとなると、1 つおもしろいジレンマに陥ることになります。JavaScript の場合は、受け取った文字列データを JSON.parse 関数で動的にオブジェクトを作成することができました。送られてくる JSON データがどんな形式なのか事前に知らなくても良いのです。一方で Elm の場合は、静的な型にしっかり守られているせいで皮肉にもそれができません。この節ではこのジレンマを解消するために、**JSONデコーダー**について学びます。なぜそれが重要か、また JSON を Elm が扱える静的型の値に安全に変換するにはどうやって JSON デコーダーを使えばいいかについて学んでいきます。

▶ **問題を理解する**

　なぜ JSON デコーダーなどというものが必要になるのか理解するために、Picshare が使いそうな JSON データの例をいくつか見ていきます。まずウェブブラウザーで https://programming-elm.com/feed/1 を開いてください。すると以下のような JSON データが表示されるはずです。

```
{
  "id": 1,
  "url": "https://programming-elm.surge.sh/1.jpg",
  "caption": "Surfing",
  "liked": false,
  "comments": ["Cowabunga, dude!"],
  "username": "surfing_usa"
}
```

　この JSON は前章で作成した写真のレコード型をできるだけ厳密に模したものです。異なるのは、この JSON データには id プロパティと username プロパティが存在していることと、newComment プロパティが存在しないことです。この点に関しては特に問題ないはずです。Elm 側の静的型が id と username を持つように修正するのは難しくないですし、newComment プロパティも型付きのコメント情報を一時的に内部に保持するために使っているだけのものだからです。

　Elm 側を JSON に合わせて変更したら問題は解決するのかといえば、そうではありません。任意の API が返すデータを信頼できないからです。Elm は純粋で安全であり、またアプリケーションを外の世界から隔てられた状態にすることで様々な恩恵を得ています。つまり、事前に Elm 側で想定したレコード型にマッチしないような JSON デー

タが送られてきた場合には深刻な問題が生じてしまうのです。このことを説明するために例として、API が以下のような JSON データを返してきた場合を考えます。

```
{
  "id": 1,
  "src": "https://programming-elm.surge.sh/1.jpg",
  "caption": null,
  "liked": "no"
}
```

　これは事前に用意しておいたレコード型と全然マッチしていません。caption プロパティは文字列を想定していたのに実際には null ですし、liked プロパティは真偽値の false ではなく文字列の "no" になっています。comments プロパティは存在すらしません。

　このとき、Elm はジレンマに陥ってしまいます。Elm は JSON データに対して事前に特定の**形状**を要求することで静的型の恩恵を得ています。だからといって、要求した形状に一致しない、取り決めにしたがわないデータが来ても、アプリが壊れないように外の世界から守らないといけないのです。なお、ここでいう「形状」とは、JSON データがどんなプロパティを持ち、それぞれがどんな型をしているのかを意味しています。

　Elm はこのようなジレンマから、JSON デコーダーを使うことで抜け出すことができます。まず JSON デコーダーを作成する際には、アプリケーションがどんな形状の JSON データを想定していて、そのデータから Elm 側でどんな静的型のデータを作成するかを記述します。Elm はこのデコーダーを使うことで、JSON データから実際の静的型のデータに変換しようとしてくれるのです。では、これからいくつかの節を通して Picshare 用の JSON デコーダーを作っていきましょう。

▶最初にやること

　実際にデコーダーを作成する前に、まずいくつか先にやることがあります。これまで Picshare は Model に写真のデータそのものを指定していましたが、この章ではこの後に Model を写真データが入ったレコードに変更します。そのため、写真データ用の型エイリアスを新しく作成する必要があります。また、次章では複数の写真を取得するので、それに備えて写真を同定するための id フィールドをレコード型に追加しておきます。JSON に含まれる username（ユーザー名）プロパティはここでは無視して、10 章「シングルページアプリケーションを構築する」において扱います。

　では、Picshare.elm のファイルを開いてください。現在の Model 型エイリアスを Photo という名前に変更し、その Photo 型の別名として新しく Model 型エイリアスを

作成します。このように型エイリアスへの型エイリアスは何段階でも可能です。ただ、掘りすぎて藪蛇にならないように用法用量を守って適切に設計してください。

　ついでに、Id という名前の型エイリアスを作って Int 型の別名にします。こうしておくことで、今後 Id として Int 型の値を扱うときに型注釈がずっと読みやすくなります。以上の作業の結果、モジュールインポート文の直下は次のようになっているはずです。

communicate/Picshare01.elm

```
type alias Id =
    Int

type alias Photo =
    { id : Id
    , url : String
    , caption : String
    , liked : Bool
    , comments : List String
    , newComment : String
    }

type alias Model =
    Photo
```

　ここで id フィールドが Photo 型に追加されたので、コンパイルが通るように initialModel にも id フィールドの初期値を追加する必要があります。initialModel の定義に、1 の値を持つ id フィールドを追加しましょう。

```
initialModel =
    { id = 1
    -- Photo型エイリアスに定義した他のフィールドがここに続く
    }
```

　これで最初の準備は完了です。次の準備として、いくつかパッケージを追加しましょう。

　さて、Elm は追加の依存をインストールできるように、独自のパッケージマネージャーを用意してくれています。

　実は最初の章で elm init を実行した際、すでに Elm のメインとなる JSON 用パッケージ elm/json が間接的な依存としてインストールされています。この「間接的な依存」とは、アプリケーションが依存しているパッケージが依存しているパッケージのことです。この elm/json を実際にアプリケーションが使えるようにするには、直接的

な依存としてインストールする必要があります。それには、picshare ディレクトリー内で以下のコマンドを実行します。

```
elm install elm/json
```

このコマンドを実行すると、以下のように elm/json を間接的な依存から直接的な依存に変更してもいいか聞かれるので、Y キーを押して許可してください。

```
I found it in your elm.json file, but in the "indirect" dependencies.
Should I move it into "direct" dependencies for more general use? [Y/n]:
```

次に、NoRedInk/elm-json-decode-pipeline というとっても便利なパッケージをインストールします。これは複雑な JSON デコーダーを構築する際に使える素晴らしい補助関数をいくつも提供してくれています。

```
elm install NoRedInk/elm-json-decode-pipeline
```

このコマンドを実行すると elm.json に依存を追加していいか聞かれます。そのまま許可してください。

お疲れ様でした。これで、どうやってパッケージをインストールするか学べました。利用可能な Elm パッケージはすべて https://package.elm-lang.org で確認することができます。また、ここまでで写真情報のデコーダーを構築する準備も完了しました。とはいえ、いきなり実際のデコーダーを構築するのは難しいので、まずは肩慣らしとして基本的なデコーダーをいくつか REPL で試してみましょう。

▶デコーダーで遊んでみよう

先ほどの Photo 型用の本格的なデコーダーを書くこと自体は、比較的簡単でコード量も少なく済むはずです。一方でそのコードについてしっかり理解するのは一筋縄ではいきません。そこで、写真データをデコードする前に、まずはいくつか基本的なデコーダーに触れて慣れておきましょう。Elm の REPL を開いて以下のように Json.Decode モジュールをインポートしてください。

```
> import Json.Decode exposing (decodeString, bool, int, string)
```

　Json.Decode モジュールは elm/json パッケージが提供しているものです。ここには基本的な型のデコーダーがいくつかと、複雑なデコーダーを構築するための補助関数が含まれています。今回使う基本的なデコーダーは bool、int、string です。名前から想像できるように、bool デコーダーは Bool 型に対応しており、int デコーダーは Int 型、string デコーダーは String 型に対応しています。これらの他に、float と呼ばれる基本のデコーダーもあります。

　これら基本のデコーダーは、Decoder a という型を持っており、この型変数 a は、そのデコーダーを使ってどんな型にデコードできるのかを表しています。たとえば、string は Decoder String という型を持ち、Elm の String 型にデコードすることを意味します。

　では実際にいくつかデコーダーを試してみます。その際に使えるのが decodeString 関数です。これは、デコーダーを1つ受け取って生の JSON 文字列を静的型に変換するものです。試しに int デコーダーを作成して、数字の 42 に対して使ってみましょう。以下のように REPL 内で実行してみてください。

```
> decodeString int "42"
Ok 42 : Result Json.Decode.Error Int
```

　decodeString の最初の引数は int デコーダーで、2つ目の引数は JSON 文字列の "42" です。一方で返り値は少しおもしろい形をしています。42 がそのまま返ってくるのではなく、代わりに Ok 42 という値が Result Json.Decode.Error Int という型で返ってきています。これについて深く探るのは少し後にして、先に以下のコードを実行してみてください。

```
> decodeString int "\"Elm\""
Err (Failure ("Expecting an INT") <internals>) : Result Json.Decode.Error Int
```

　今度は Err という値が先ほどと同じ Result Json.Decode.Error Int という型で返ってきました。この Err という値は Failure という値を含んでいて、"Expecting an INT"（整数を想定している）というメッセージが付いてきています（<internals> という部分は Elm がパースした結果の生の JavaScript を意味しています。Elm は JavaScript

の JSON.parse を内部的に使っていて、まず JavaScript としてパースしてから Elm の型にデコードしているのです）。

　この Result 型が、意図しない形式の JSON データからアプリケーションを守ってくれます。今回のケースでは、decodeString が呼ばれる際に第 1 引数で JSON データが整数だと宣言されているにもかかわらず、JSON 文字列の "\"Elm\"" が渡されています。そのせいでデコード処理が失敗し、そのエラーを Result 型で表現したものが返されます。

　この Result 型とは Ok と Err という 2 つのコンストラクターからなる、ビルトインのカスタム型です。Elm では以下のように宣言されています。

```
type Result error value
    = Ok value
    | Err error
```

　前章ではカスタム型のコンストラクターが引数をとる様子を、UpdateComment String というコンストラクターを定義することで見てきました。実はこの引数の型というのは特に具体的に指定しないといけないものではありません。だから型変数を使うことができます。コンストラクターが型変数を引数としてとるときには、Elm の型システムにおいて、型名を宣言している側（= の左側）の方にもそれらの型変数を付ける必要があります。先ほどの Result 型の場合は error と value という 2 つの型変数を持っています。

　さて、Elm では成功するか失敗するか分からないような処理を扱うときに、この Result 型を使います。処理が成功したら Ok コンストラクターを使って、成功時に得られる値 value を包んでやります。逆に、処理に失敗した場合はエラー時に得られる値 error を Err コンストラクターで包むのです。

　先ほどの decodeString 関数は、Result 型を返すことでデコード処理が失敗するかもしれないことを教えてくれています。もう少し具体的に言えば、その失敗とは JSON データの型が、デコーダーが想定している型と一致していない場合に起きるものです。もしデコード処理が成功すれば、実際にデコードされた値を Ok で包んだ値を得ることができ、失敗すればエラー理由を Err で包んだ値が得られます。先ほど decodeString を試してみた際には、それぞれ "42" と "\"Elm\"" という JSON 文字列を与えた結果この両方のパターンを確認しました。

　この Result 型のおかげで、Elm の型システムはランタイムエラーなしで安全にデコード処理ができるようになっています。Result 型は 2 つの型変数によって、ランタイムに取りうる静的型を型システムに明示しているのです。たとえば、先ほどの REPL を使った例では Result Json.Decode.Error Int という型を返していました。この Json.Decode.Error と Int という型によって、返り値がデコード失敗のエラー内容

になるか、デコード成功の整数型になるかを示しているのです。

　なお、失敗時に返される `Json.Decode.Error` 型は `Json.Decode` モジュールに定義されているカスタム型です。`Json.Decode.Error` については、7章「強力なツールを使って開発やデバッグ、デプロイをする」でより詳しく見ていきます。あるいは `Json.Decode` モジュールのドキュメント[1] を読んでもっと詳しく学ぶこともできます。

　さて、賢明な読者の皆さんは次のように考えているかもしれません。「デコーダーの仕組みによってアプリケーションがぶっ壊れてしまうことがないのは分かった。でも、どうやったら `Ok` っていうコンストラクターに包まれちゃった成功時の値を使えるの？」と。そこで使えるのがパターンマッチです。実際に `Result` 型でどうやってパターンマッチを使うかについては、後ほどこの章で API から写真データを取得する段になったら触れます。今はまず、REPL の中で他の基本的なデコーダーも試しましょう。十分に理解した後で実際に JSON データをデコードしていきます。

```
> import Json.Decode exposing (decodeString, bool, field, int, list, string)

> decodeString bool "true"
Ok True : Result Json.Decode.Error Bool

> decodeString string "\"Elm is Awesome\""
Ok ("Elm is Awesome") : Result Json.Decode.Error String

> decodeString (list int) "[1, 2, 3]"
Ok [1,2,3] : Result Json.Decode.Error (List Int)

> decodeString (field "name" string) """{"name": "Tucker"}"""
Ok "Tucker" : Result Json.Decode.Error String
```

　`bool` と `string` デコーダーは、先ほど試した `int` デコーダーと同じようなものです。ここでは他に、他のデコーダーを組み合わせて1つのデコーダーを構築する `field` と `list` という2つの補助的なデコーダーをインポートしています。

　`list` は JSON の配列をデコードするデコーダーを作成できる関数です。配列中の各要素をデコードするために使うデコーダーを引数としてとります。ここから分かる通り、デコード対象の配列に含まれるすべての要素が全く同じ型ではない場合にはデコードに失敗します。

　`field` は JSON オブジェクトに含まれる特定のプロパティ値をデコードするデコーダーを作成できる関数です。これは2つの引数を受け取ります。1つがプロパティの名前で、もう1つがそのプロパティ用のデコーダーです。この `field` デコーダーが失

[1]　https://package.elm-lang.org/packages/elm/json/latest/Json-Decode#Error

敗するのは、デコード対象の文字列が JSON として正しい形式ではない場合、対象と
なるプロパティが存在しない場合、プロパティは存在しても型が第 2 引数に与えたデ
コーダーの型とマッチしない場合です。上記の例では """ という 3 つのダブルクォー
トを使った記法で JSON 文字列を生成しています。この記法は特殊な文字列を作成す
ることができるもので、""" で囲まれた中ではダブルクォートをエスケープしなくて
も良くなります。他にも、この記法を使うと、次のように複数行に渡る文字列を作成
することも可能です。

```
myElmPoem =
    """
    Roses are red
    Violets are blue
    Elm is awesome
    And so are you
    """
```

　Elm には他にも補助的なデコーダーが用意されていて、Json.Decode モジュールの
ドキュメント[2] で詳しく見ることができます。たとえば、at という補助関数を使うと
深くネストされたオブジェクトの値を抜き出せますし、oneOf という補助関数を使う
と複数のデコーダーを順々に試していってどれかが成功するまで続けることができま
す。他のデコーダーについても REPL を使って試してみてください！

▶パイプライン演算子を使って関数を合成する

　デコーダーについて深入りする前に、少し寄り道して最高に使い勝手が良い Elm の
演算子であるパイプライン演算子について見てみましょう。elm-json-decode-pipeline
パッケージを使って JSON オブジェクト用のデコーダーを作る際には、通常はこのパ
イプライン演算子が必要になります。

　さて、関数型プログラミングの恩恵の 1 つに、複雑な関数を作るときには、より小
さくて用途が限られた関数をいくつか組み合わせて作れることが挙げられます。これ
を関数型プログラミングの世界では関数合成と呼びます。

　例として、excitedGreeting という関数を作ってみましょう。この関数は String
型の名前を引数にとって、その名前を全部大文字に変換してエクスクラメーションマー
クで終わる「挨拶」を返します。この関数はより小さな関数をいくつか合成して作るこ
とができます。まず、REPL の中で greet 関数と exclaim 関数を次のように宣言して
ください。

[2]　https://package.elm-lang.org/packages/elm/json/latest/Json-Decode

```
> greet name = "Hello, " ++ name
<function> : String -> String

> exclaim phrase = phrase ++ "!"
<function> : String -> String
```

　greet 関数は、引数として name という名前を表す String 型の引数をとり、"Hello, " という String 型の文字列を前にくっつけます。exclaim 関数の方は phrase という String 型の引数をとり、最後にエクスクラメーションマークをくっつけます。
　では、Elm が用意している String.toUpper 関数と組み合わせて excitedGreeting 関数を作ってみましょう。

```
> excitedGreeting name = \
|     exclaim (greet (String.toUpper name))
<function> : String -> String
```

　ここでは、ある関数の結果を別の関数に与える形で組み合わせ、3 つの関数を合成しています。具体的に見ていきましょう。まず、最初に String.toUpper に name を与えています。この結果として name の値を大文字に変換した結果が得られ、それをさらに greet に渡しています。最後に greet の結果を exclaim の引数として与えています。では、ここで定義した excitedGreeting 関数を実際に使ってみましょう。

```
> excitedGreeting "Elm"
"Hello, ELM!" : String
```

　このように、関数合成によってシンプルな関数からより複雑な関数を作ることができました。でも、このままだと少し読みにくいです。先ほどの例では関数適用の順序を指示するために括弧で関数を囲みました。この括弧のせいで見た目が複雑になっています。とはいえ、この括弧を外してしまったらコードの意味が変わってしまいます。exclaim 関数に 3 つの引数として greet、String.toUpper、name を渡していると Elm に判断されてしまうのです。
　関数の合成をもっと読みやすくしてこの問題を解決してくれるのが、パイプライン演算子です。先ほどの excitedGreeting を REPL 内で次のように書き換えてみましょう。

```
> excitedGreeting name = \
|   name |> String.toUpper |> greet |> exclaim
<function> : String -> String
```

　パイプライン演算子 |> は、その右側にある関数に渡される最後の引数として、左側
の内容を渡します。今回のケースでは、まず左側にある name を右側にある String.
toUpper に渡します。次にその String.toUpper の結果を、さらに右にある greet に
渡します。このように繰り返していき、その結果を exclaim に渡します。
　このように記述することで、関数の呼び出しをまるで鎖でつなぐように、またはパイ
プで結ぶように合成することができます。パイプライン演算子は、それぞれの関数
の間を鎖で結びつけるものだと考えることができます。また、パイプライン演算子の
形は右を向いた矢印のようにも見えます。そのため、先に得られた結果に対してどう
いう方向に関数が適用されていくのかが、そのまま見た通りになって分かりやすいで
す。さらに読みやすくするために、次のように関数呼び出しごとに改行することもで
きます。

```
> excitedGreeting name = \
|   name \
|     |> String.toUpper \
|     |> greet \
|     |> exclaim
<function> : String -> String
```

　この書き方にすることで、上から下に向かって目を通せば、name という引数がどん
な段階を経て最終的な結果に変換されていくのかが分かるようになります。ここで定
義し直した excitedGreeting 関数の引数に "Elm" をまた渡してみて、先ほどと同じ
結果が得られることを確かめておいてください。

▶ JSON オブジェクトをデコードする

　お疲れ様でした。ここまででデコーダーがどんなものなのかイメージをつかみ、小
規模なデコーダーの構築方法を知りました。また、パイプライン演算子の使い方につ
いても押さえました。これで JSON オブジェクト全体をデコードするという次のステッ
プに進む準備完了です。それには elm-json-decode-pipeline パッケージが役に立ちます。
　では、前章で扱ったワンちゃんレコードを題材にしてデコーダーを構築してみま
しょう。このレコードでのやり方を理解できれば、Picshare で使っている Photo 型の

ためのデコーダーも構築できるようになります。REPL を開いた状態で、以下のように Json.Decode と Json.Decode.Pipeline モジュールに定義されている以下の関数を読み込んでください。

```
> import Json.Decode exposing (decodeString, int, string, succeed)
> import Json.Decode.Pipeline exposing (required)
```

　Json.Decode モジュールについてはすでに見てきました。もう 1 つ読み込んでいる Json.Decode.Pipeline モジュールは、elm-json-decode-pipeline パッケージに用意されているものです。ここではそこに含まれる Json.Decode.Pipeline モジュールから required という補助関数を読み込んでいます。では、次にワンちゃんレコードを作るための補助関数を定義します。以下のように REPL で実行してください。

```
> dog name age = { name = name, age = age }
<function> : a -> b -> { age : b, name : a }
```

　この関数は、ワンちゃんレコード用にデコーダーを構築する際に必要となります。REPL で次のように実行してワンちゃんデータ用のデコーダーを作ってみてください。

```
> dogDecoder = \
|   succeed dog \
|       |> required "name" string \
|       |> required "age" int
<internals> : Json.Decode.Decoder { age : Int, name : String }
```

　これはちょっと意味が分からなくて笑えてきます。でも心配いりません。dogDecoder を少しずつ小さく切り分けて解剖していけば分かります。まず最初の行では、Json.Decode に用意されている succeed を呼び出して dog 関数に適用しています。この succeed 関数は新しくデコーダーを作成するものです。たとえば、"Elm" という文字列に対して succeed を適用すると Decoder String が返ってきます。これが dog 関数に適用されれば、同じように Decoder (a -> b -> { age : b, name : a }) が返ってくるわけです。ここで押さえておくべき大事なポイントは、succeed にはどんなものを渡しても必ずそのデコーダーが返ってくることです。今回の dog のような関数を渡したとしてもです。

　次の行では、`succeed dog` で作られたデコーダーを `required` 関数に食わせるために
パイプライン演算子を使っています。この `required` 関数というのは elm-json-decode-
pipeline パッケージに定義されており、以前使った `field` 関数と同じようなものです。
ちょうど `field` のように JSON オブジェクト内にあるプロパティが存在することを**要
求**（＝ require）します。`field` と異なるのは、ただプロパティを展開するだけではなく、
さらに現在のデコーダーに内包されている関数をその展開された値に**適用**するという
点です。言葉ではどういう意味か分かりにくいので、`required` の型注釈を見てみま
しょう。

```
required : String -> Decoder a -> Decoder (a -> b) -> Decoder b
```

　最初の引数は `String` 型の値で、これは対象とするプロパティ名を意味します。今
回のワンちゃんデータの例では、"name" というプロパティ名を使いました。2 つ目の
引数は `Decoder a` という型をしており、第 1 引数で指定した名前のプロパティ値が
`a` という型であることを想定しています。この `a` のように小文字で始まる型名は型変
数でしたから、この第 2 引数にはあらゆるものの Decoder を渡せることが分かりま
す。今回の dogDecoder の例では、2 行目の `required` は string デコーダーを使って
いるので、実際に渡される引数の型は `Decoder String` に具体化されています。3 つ
目の引数はまた別のデコーダーで、こちらは関数を内包しています。この内包された
関数は `a` 型の値を `b` 型の値に変換するものでなければなりません。このような変換プ
ロセスを経て、`required` は最終的に `Decoder b` 型の値を返すことができます。今回
の dogDecoder の例では、2 行目の `required` 関数の第 3 引数として、dog 関数を内包
するデコーダー（`succeed dog`）がパイプライン演算子を通して与えられています。
　では、ここまでの内容を REPL を使って確かめてみましょう。dogDecoder の定義
の最初の 2 行だけを実行すると、次のような型になっているはずです。

```
Decoder (a -> { age : a, name : String })
```

　この型を先ほど 1 行目だけを実行したときに得られた以下の型と比較してみます。

```
Decoder (a -> b -> { age : b, name : a })
```

　内包された関数の 1 つ目の引数に `String` 型の値を渡した形になっています。この
ように、2 つの引数をとる関数から 1 引数の関数に変換されるのです。
　dogDecoder の定義の 3 行目を見てみると、`required` 関数を呼ぶ際に引数として、
"age" という文字列、int デコーダー、そしてここまでのプロセスで作られたデコー

ダーが与えられています。この 3 行目によって、age プロパティの値を取り出して、それを元々の dog 関数の第 2 引数として与える機能がデコーダーに追加され、最終的に以下のようなデコーダーになります。

```
Decoder { age : Int, name : String }
```

　以上のように一度読み方が分かってしまえば、elm-json-decode-pipeline パッケージを使うことで、デコーダーを構築するコードが読み書きしやすくなります。今回のコードを理解するコツは、パイプラインのそれぞれの工程で取り出した値を関数に適用する作業をデコーダー内部で行っていると意識することです。さて、これで dog 関数の引数をすべて埋めることができ、ついにレコード全体をデコードするデコーダーができあがりました。では、実際の JSON オブジェクトに対してこの dogDecoder を試してみましょう。REPL で以下のコードを実行してください。

```
> decodeString dogDecoder """{"name": "Tucker", "age": 11}"""
Ok { age = 11, name = "Tucker" }
    : Result Json.Decode.Error { age : Int, name : String }
```

　お疲れ様でした。これで Elm において最も理解しにくいコンセプトを 1 つ理解できたのです。デコーダーはいろいろな場所で役に立つ強力な武器になります。Elm でもっと複雑なデコーダーも構築できます。

▶写真データ用のデコーダーを作成する

　elm-json-decoder-pipeline について習熟してきたので、これを写真データ用のデコーダーを作るのに使ってみましょう。Picshare.elm の編集に戻ります。まず、以下のように Json.Decode と Json.Decode.Pipeline のインポート文を既存のインポート文の下に追加してください。

```
communicate/Picshare01.elm
import Json.Decode exposing (Decoder, bool, int, list, string, succeed)
import Json.Decode.Pipeline exposing (hardcoded, required)
```

　REPL で試したときのインポート文と似ていますが、1 つだけそのときにはなかった hardcoded という関数が Json.Decode.Pipeline から読み込まれています。次は

Model 型エイリアスの下のところにデコーダーを追加しましょう。

```
photoDecoder : Decoder Photo
photoDecoder =
    succeed Photo
        |> required "id" int
        |> required "url" string
        |> required "caption" string
        |> required "liked" bool
        |> required "comments" (list string)
        |> hardcoded ""
```

このデコーダーは先ほど REPL で作った dogDecoder によく似ていますが、いくつか異なる点があります。まず、Photo に対して succeed を呼んでいるところです。最初は少し紛らわしく思うかもしれません。これは Photo 型に対して succeed を呼んでいるのではなく、Photo **コンストラクター**に対して呼んでいるのです。3 章「Elm アプリケーションをリファクタリングしたり改良したりする」を思い出してください。レコードに対する型エイリアスを宣言したときにそのレコードに対するコンストラクターも作成されるのでした。

この章のここまでの部分で、デコーダーを以下のように構築しました。

1. succeed を何らかの関数に適用し
2. その結果できたデコーダーをパイプラインを通して elm-json-decode-pipeline が提供する補助関数に渡し
3. JSON オブジェクトのプロパティから取り出した値を、上から渡されてきたデコーダーが内包する関数に対して適用する

ここでも全く同じようにやっています。レコード型の型エイリアスを宣言したときに Elm がコンストラクターを自動生成してくれており、単にそのコンストラクターを利用しているというだけのことです。

より詳しく見ると、ここではそのコンストラクターをパイプラインで以降の行に渡しています。それぞれの行では required が以下のようにデコーダーを使っています。

- "id" プロパティには int デコーダー
- "url" プロパティと "caption" プロパティには string デコーダー
- "liked" プロパティには bool デコーダー
- "comments" プロパティには list string

ここで使っている list デコーダーは引数としてデコーダーを 1 つ受け取り、その

デコーダーを使って、JSON の配列内の要素をそれぞれデコードしていくものでした。

最後の行では hardcoded 関数が使われています。これは何でしょうか。Photo レコードは 6 つのフィールドを持っているので、Photo コンストラクターは 6 つの引数を持つことになります。しかし、Photo レコードが持っている newComment フィールドは JSON データ[3] に含まれていません。そこで使えるのが hardcoded 関数です。JSON オブジェクトのプロパティを抜き出す代わりに、この関数を使うことで静的な値をデコーダーに内包された関数の引数として渡すことができます。今回の例では、hardcoded を使うことで、Photo コンストラクターの最後の引数として、newComment フィールドの値に空文字列が渡されています。

REPL 上で photoDecoder を試して動作を確認してみましょう。まず、一時的に Picshare.elm が photoDecoder をエクスポートするように書き換えます。

```
module Picshare exposing (main, photoDecoder)
```

Picshare.elm があるのと同じディレクトリーで新しく REPL を開いて以下のコードを実行してみてください。

```
> import Picshare exposing (photoDecoder)
> import Json.Decode exposing (decodeString)

> decodeString photoDecoder """ \
|     { "id": 1 \
|     , "url": "https://programming-elm.surge.sh/1.jpg" \
|     , "caption": "Surfing" \
|     , "liked": false \
|     , "comments": ["Cowabunga, dude!"] \
|     } \
|     """
Ok { caption = "Surfing"
    , comments = ["Cowabunga, dude!"]
    , id = 1
    , liked = False
    , newComment = ""
    , url = "https://programming-elm.surge.sh/1.jpg"
    }
      : Result.Result Json.Decode.Error Picshare.Photo
```

[3]　4.1 節の「問題を理解する」の定義を参照。

この例では photoDecoder を Picshare モジュールからインポートし、decodeString を Json.Decode モジュールからインポートしています。その後、photoDecoder を JSON オブジェクトに適用して、無事に Photo レコード型の値が得られていることが分かります。この確認が終わったら、Picshare モジュールが main だけをエクスポートするように戻しておいてください。

できたことを整理してみます。写真データのデコーダーを作るために、以下のことをしました。

- Json.Decode モジュールが提供する succeed 関数に Photo コンストラクターを引数として与えてデコーダーを作りました。
- そのデコーダーを、パイプラインで required や hardcoded のような補助関数に渡しました。
  - これらの補助関数は Json.Decode.Pipeline モジュールが提供しています。
  - これらの補助関数は Photo コンストラクターが次に受け取る引数を提供しています。
  - required 関数は JSON オブジェクトのプロパティを 1 つ取り出し、その値を Photo の引数として利用します。
  - hardcoded 関数は引数として与えられた値を、そのまま Photo の引数として利用します。

このように Photo の引数がうまく適用されるごとに、少しずつ Photo レコードが組み立てられて完成していきます。

1 つ重要な注意事項として、パイプラインの適用順序に気をつける必要があります。この適用順序は、コンストラクターが引数を受け取る順番と一致させる必要があります。たとえば、id フィールド用のデコーダーと url フィールド用のデコーダーを入れ替えると、コンパイラーがエラーを出します。これは、デコーダーが Int 型の値よりも先に String 型の値をコンストラクターに渡すものだと判断してしまうからです。

さて、これまでデコーダーについてたくさんのことを学び、なぜデコーダーが重要なのかが分かるようになりました。また、写真データ用のデコーダーも作成できました。これでついに、作ったデコーダーを使って API から初期状態の写真を取得する準備が整いました。手元のコードが code/communicate/Picshare01.elm と一致していることを確認して、アプリケーション内で HTTP を使う方法に進みましょう！

4.2 HTTP API からデータを取得する

　この節では、Http モジュールを用いて API エンドポイントから初期状態の写真デー
タを取得します。これを通して Elm が採用している HTTP リクエストの扱い方を学び
ます。これは多くの JavaScript アプリケーションとは異なる方法です。それがなぜ重
要なのかも学びます。具体的には、HTTP リクエストを発行するためのコマンドをど
う使うかや、Maybe と呼ばれる別の特殊な型を使って欠落した情報をどうやって表現
するかを学びます。その他にも、Result 型に対してどのようにパターンマッチを使う
か紹介します。これによって、成功しているときにはその値を取り出し、失敗してい
るときにはエラー処理のためにエラー内容を取り出せるようになります。

▶ **コマンドを作成する**

　Http モジュールは Elm のコアライブラリには含まれていないので、まずはこれを
インストールするところから始めましょう。picshare ディレクトリー内で以下のコマ
ンドを実行し、表示されるメッセージにしたがってインストールを許可してください。

```
elm install elm/http
```

　次に、他のモジュールをインポートしている部分の下に Http モジュールもインポー
トしましょう。関数名の衝突を避けるために、Http モジュールの関数は Http のプ
レフィックスなしでは使えないようにしておきます。以上を踏まえると以下のような
import 文になります。

communicate/Picshare02.elm

```
import Http
```

　Http パッケージにはたくさんの関数が用意されています。HTTP リクエストを簡
単に作れる関数もありますし、HTTP リクエストのヘッダーやタイムアウトをカスタ
マイズできる関数もあります。Http パッケージについての詳しい情報はドキュメン
ト[4]を参照してください。ここではシンプルに Http.get 関数を使って、JSON デー
タに対する基本的な GET リクエストを作成してみます。initialModel の定義の下に、

---

[4] https://package.elm-lang.org/packages/elm/http/latest

fetchFeed という名前の定数を追加してください。

```
fetchFeed : Cmd Msg
fetchFeed =
    Http.get
        { url = baseUrl ++ "feed/1"
        , expect = Http.expectJson LoadFeed photoDecoder
        }
```

ここでは url と expect という 2 つのフィールドを持ったレコードを引数として渡しています。String 型の url フィールドには、定数 baseUrl を文字列 "feed/1" と結合した写真の URL を指定しています。expect フィールドの方には Http.expectJson に 2 つの引数を渡した結果を与えています。1 つ目が LoadFeed で、2 つ目が先ほど作成した photoDecoder です。

 1 章「Elm をはじめよう」と同じように、API エンドポイント /feed からデータを取得するためにローカル環境でサーバーを動かすことができます。付録 B「ローカルサーバーを実行する」の指示にしたがってサーバーを起動させた後、baseUrl の値を http://localhost:5000/ に変更してください。

expect フィールドにはリクエストしたデータをどのように受け取りたいかを定義します。今回の場合だと、Http.expectJson 関数を使うことで JSON データを想定していることを伝えています。Http.expectJson は引数の photoDecoder を使って、受け取ったデータを Photo 型の値にデコードします。さらにこのデコード結果は、後ほど定義する LoadFeed コンストラクターによってラップされます。

Elm はこのような処理を**コマンド**を使って実現します。先ほどの fetchFeed の方が Cmd Msg であることに注目してください。Cmd 型は Elm におけるコマンドを意味しています。このコマンドというのは、HTTP リクエストを送るような処理を実行してほしいと The Elm Architecture に指示する特別な値です。Elm はなぜこのような仕組みを採用しているのでしょうか。

Elm の HTTP リクエストは JavaScript の HTTP リクエストとは異なります。JavaScript では、HTTP リクエストを作成したら普通はすぐにそのまま送信するようにアプリケーションを作るはずです。たとえば、初期状態の写真データを取得するために、上記の Elm コードと同等の JavaScript コードを次のように書くことができます。

```
function fetchFeed() {
    return fetch(baseUrl + 'feed/1')
        .then(r => r.json())
        .then(photo => { /* handle photo */ });
}
```

　しかし、ここに示した HTTP リクエストは、API がちゃんと稼働しているかどうかによって成功するか失敗するかが左右されてしまいます。また、API から返却されるJSON データは何らの警告もなく変更されてしまう可能性があり、そうなるとその写真に関するデータの特定のプロパティに依存しているコードが動かなくなってしまう可能性があります。このように、この JavaScript 関数は不確かな**副作用**を引き起こすという点で、**純粋ではない**と言えます。

　一方で Elm の関数は**純粋**であり、副作用を引き起こしません。Elm の関数は、同じ引数が与えられる限りは、何度呼び出されても**一貫して**同じ処理を行い、全く同じ値を返すようになっています。逆に副作用を許してしまうと、関数が外の世界と何らかのやりとりを行うことになるため、このような保証ができなくなってしまいます。なお、ここで言う副作用には、API からの値の取得、グローバルな状態の上書き、コンソールへの印字などがあります。

　コマンドは、Elm におけるこの副作用に関するジレンマを解消するために設計されました。この仕組みによって、HTTP リクエストの作成部分を送信部分から分離させています。つまりこの仕組みを使えば、リクエストを作成するビジネスロジックの部分だけを気にすればよくなるのです。具体的な流れを見てみましょう。下図のように、あなたが作成するアプリケーションが、Elm ランタイムの中に包まれているとイメージしてください。外の世界とやりとりするために、アプリケーションは The Elm Architecture と呼ばれる Elm のランタイムシステムに対してコマンドを渡します。Elm は渡されたコマンドを処理して、その最終的な結果をアプリケーションに返すのです。

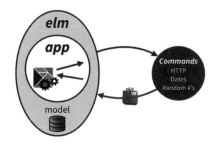

　つまり、Http.get によって生成されたコマンドには

- 対象となる URL にリクエストを送ったり
- そのレスポンスをアプリケーション側が要求している形式にデコードしたり

するために The Elm Architecture が知っておくべきすべての命令が含まれているのです。

さて、fetchFeed の Cmd 型をもう一度見てください。この Cmd 型は msg という型変数を持っています。この msg は、コマンドによって生成しうるメッセージの型を表しています。コマンドは、この実行結果のメッセージを update 関数に渡して呼び出すのです。この例では、HTTP リクエストが結果を返すたびに LoadFeed というメッセージが生成されています。

▶ コマンドを送信する

fetchFeed コマンドを使うためには、Elm プログラムの構築方法を変更する必要があります。これまでは Browser.sandbox 関数を使ってきましたが、The Elm Architecture にコマンドを渡すためには Browser.element 関数が必要になります。

では、main 関数を変更して Browser.element を使うようにしてみましょう。Browser.element は Browser.sandbox とは異なるレコードを引数として受け取ります。以下のように subscriptions フィールドを追加してください。

```
main =
    Browser.element
        { init = init
        , view = view
        , update = update
        , subscriptions = subscriptions
        }
```

変更点を整理すると次のようになります。

1. Browser.sandbox を Browser.element に変更しました。
2. subscriptions フィールドを追加しました。
3. subscriptions フィールドに subscriptions という値を設定しました。

subscriptions フィールドにセットした subscriptions という値は後ほど定義します。

init フィールドは Browser.sandbox にもありましたが、ここでは initialModel の代わりに init という値を設定しています。ここで設定する init 値は、モデルの初期状態と一緒にコマンドの初期状態も返す関数でなくてはなりません。initialModel

の下に次のように init の定義を追加しましょう。

```
init : () -> ( Model, Cmd Msg )
init () =
    ( initialModel, fetchFeed )
```

　init 関数の引数は何でしょうか。実は Browser.element を使うと、アプリケーションをページに埋め込む際に JavaScript のコードから初期データを渡すことができます。init 関数の引数はこの初期データを受け取ることができるのです。しかし今回は初期データを渡さないので、代わりに以前取り上げたユニット型 () を受け取るようにします。上の例では型注釈のところと関数定義の引数のところに () を使用しています。しかし関数定義の引数のところに () を書いているのはどういうことでしょうか。これは、ある型が1つだけしか値を持たないときに、関数の引数の部分でパターンマッチを使うことができるからです。単位型には () という値が1つだけしかないのでこのようなパターンマッチが可能になるのです。また () に対してパターンマッチするときには、値を代入する引数名を指定していないので、事実上引数を無視することになります。() を直接指定する代わりに、ワイルドカード _ を引数のところに使って引数を無視することもできます。

```
▶ init _ =
    ( initialModel, fetchFeed )
```

　init 関数は**タプル**を返します。タプルというのはリストやレコードに似た特殊なデータ型です。タプルはリストのように複数の要素を持つことができますが、リストと違ってそれらの要素がすべて同じ型である必要はありません。また、レコードはフィールドに名前を付けることで複数の値をまとめて取り扱えるようにしたものでしたが、タプルは値を置く位置をフィールドの代わりに使っています。リストを作成するときには角括弧（[]）で要素を囲んでいましたが、タプルでは丸括弧（()）を使います。このタプルの中で最も一般的に利用されているのが、要素を2つ含む**ペア**と呼ばれるものです。実は、単位型も基本的には空のタプル () です。

Elm はタプルに持たせることができる要素の数を2つか3つだけに制限しています。それ以上の要素数になると保守が難しくなるからです。4つ以上の要素を持たせたくなったらレコード型を使うべきです。

　The Elm Architecture では、init 関数が返すペアを初期状態として読み込むのととも
に、初期コマンドを実行します。今回の例では、アプリケーション起動時に写真デー
タを取得するために、initialModel と fetchFeed を init 関数から渡しています。
　さて、Elm で写真データを取得できるようにするにはもう一息です。現状では、以
下の3つの変更が足りないためにまだコンパイルが通りません。

- Http.expectJson が使う LoadFeed メッセージを追加する
- update 関数の実装を修正する
- subscriptions 関数を定義する

　まずは LoadFeed を Msg 型に追加しましょう。

```
type Msg
    = ToggleLike
    | UpdateComment String
    | SaveComment
    | LoadFeed (Result Http.Error Photo)
```

　この LoadFeed コンストラクターは Result 型の引数を1つとります。この引数の
Result 型は error 型変数に Http.Error 型、value 型変数に Photo 型を使っていま
す。LoadFeed や LoadFeed が持っている Result 型を実際にどうやって扱うかについ
てはこの章の後半で学びます。
　次に、update 関数を修正する必要があります。Browser.element を使う場合には、
update 関数は init 関数と同じようにタプルを返す必要があります。これによって
init が生成する初期コマンドだけではなく、その後のコマンドも update 関数が The
Elm Architecture に渡せるようになります。では、次のように update 関数を変更して
ください。

```
update : Msg -> Model -> ( Model, Cmd Msg )
update msg model =
    case msg of
        ToggleLike ->
            ( { model | liked = not model.liked }
            , Cmd.none
            )
        UpdateComment comment ->
            ( { model | newComment = comment }
            , Cmd.none
            )
        SaveComment ->
            ( saveNewComment model
```

```
        ▶              , Cmd.none
                       )
        ▶       LoadFeed _ ->
                 ( model, Cmd.none )
```

　ここで返り値のタプルに含まれる 1 つ目の要素は、以前のバージョンの update 関数が返していたのと同じく、更新されたモデルです。The Elm Architecture はこの 1 つ目の要素を取り出してアプリケーションの状態を更新します。タプルの 2 つ目の要素はどうでしょうか。今回は case 式のどの場合でも Cmd.none という関数を呼び出しています。この Cmd.none という関数はちょっと変わっています。「何もしない」というコマンドを発行するのです。update 関数は常に Model と Cmd Msg のペアを返さないといけない制約があるので、Cmd.none は主にその帳尻合わせのために使われるのです。最後に、新しく追加された LoadFeed メッセージに対する仮の実装が追加されています。今のところはワイルドカード _ でパターンマッチすることによって LoadFeed の内部状態として保持している結果を無視しています。返り値は update 関数に渡されたモデルそのものと Cmd.none を返すことで、何もしないようにしています。

　足りないポイントの最後は、subscriptions 関数です。実際にサブスクリプションを使うのは後になってからなので、ここでは「何もしない」という実装をします。またこれ以外の場面でも、サブスクリプションを使わないアプリケーション用に「何もしない」という実装が必要になります。これは、Browser.element が要求するレコード型にはサブスクリプションを必ず渡す必要があるためです。では、以下のコードを update 関数の下に追加してください。

```
subscriptions : Model -> Sub Msg
subscriptions model =
    Sub.none
```

　簡単に言うと、subscriptions 関数はモデルを引数にとり、Sub msg 型の値を返すものです。最終的には 5 章「WebSocket でリアルタイム通信を行う」で subscriptions や WebSocket を通して次々に送られてくる写真データを扱うことになるのですが、そのためには型変数 msg を Msg 型で埋める必要があります。そこで、それを見越してこの型注釈では Sub msg の代わりに Sub Msg を使っています。また、ここでは Cmd.none が「何もしない」というコマンドを返したのと同じように、「何もしない」というサブスクリプションを返す Sub.none 関数を使っています。

　これで API エンドポイントから写真データを取得することができるようになっているはずです。ここまで修正したコードが code/communicate/Picshare02.elm の内容と一致していることを確認してコンパイルしてください。それからブラウザーを起動して開発者ツールのネットワークの項目を開きます。その状態で Picshare アプリケー

ションのページを開くと、`https://programming-elm.com/feed/1` へのリクエスト
が発行されていることが分かるはずです。以下の画像は、私が Chrome で試したとき
に開発者ツールの［ネットワーク］タブに表示された内容です。

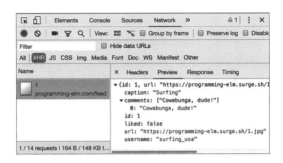

これで API から写真データを取得することができましたが、さらにその初期写真
データを実際にアプリケーション上で使う必要があります。これが次節のメインテー
マです。

▶ Null を安全に扱う

さて写真データを取得する目的は、アプリケーションを動的にすることでした。こ
れによって初期状態の写真データをハードコーディングしなくてもよくなります。し
かし、そのためには新たに解決しないといけない課題が出てきます。Elm はアプリケー
ション立ち上げ時に使う初期状態のモデルがなくてはなりませんが、HTTP リクエスト
が完了するまでは写真データがありません。その結果、アプリケーションが写真デー
タを持っているのか、それとも取得待ちなのかの宙ぶらりんな状態が生まれるのです。

もし、このようなアプリケーションを JavaScript で構築するとしたら null を使うは
ずです。null によって写真データが存在しないことを表現し、API がレスポンスを返
した段階で写真データに置き換えます。null を使った方法でもうまくいくかもしれま
せんが、入念に null をチェックする必要が生じて他の問題を生み出してしまいます。
もしもどこかで null のチェックを忘れてしまうと、null への参照エラーが発生する
可能性があるのです。また、null をチェックするためには、if 文を過剰に使うこと
になり、合成しにくく複雑なコードになってしまいます。null 参照の発明者でさえ、
こんなものを世に出してしまったことに対して後悔しているほどです[5]。

ありがたいことに、Elm は null を使いたいような状況下でもあなたを守ってくれ
ます。Elm は null 型の代わりに Maybe 型を持っています。この Maybe 型というのは、

---

[5] `https://en.wikipedia.org/wiki/Tony_Hoare`

Just と Nothing と呼ばれる 2 つのコンストラクターを持つビルトインのカスタム型
です。Elm のコアパッケージにある Maybe の定義を以下に示します。

```
type Maybe a
    = Just a
    | Nothing
```

　いい感じに目を細めて見ると、Maybe 型が Result 型に似ている気がしてきます。
Just コンストラクターは Ok コンストラクターと同じですし、Nothing コンストラク
ターは Err コンストラクターと同じようなものです。Err には内部状態としてエラー
がありましたが、Nothing はそれを持っていないだけです。
　この Maybe 型を使うことで、存在しているのかどうかあやふやな値を完璧に表現す
ることができます。何か値が存在するときは**ちょうど**（Just）その値を持っていて、値
が存在しないときには**何もない**（Nothing）という値を持っていると見なせばいいので
す。これによって写真の初期データに関するジレンマを解消することができます。
　API を呼んで実際に写真を受け取る作業をする前に、まずは Maybe をアプリケーショ
ンに導入してみましょう。モデルの構造を変えて、写真データを含む可能性があるレ
コードにしてみます。型エイリアス Model を以下のように更新してください。

communicate/Picshare03.elm

```
type alias Model =
    { photo : Maybe Photo
    }
```

　これで、photo フィールドに Maybe Photo という型を持つレコードができました。
この Maybe 型は 1 つ型変数を持っていて、その型変数は Just コンストラクターに内包
される型を示しています。さて、このままではコンパイルできないので initialModel
もこの変更に合わせる必要があります。initialModel を変更して、photo フィール
ドを持つレコード型にします。今回は以前ハードコーディングしていた写真データを
Just コンストラクターに渡し、photo フィールドに代入しましょう。

```
initialModel =
    { photo =
        Just
            { id = 1
            , url = baseUrl ++ "1.jpg"
            , caption = "Surfing"
            , liked = False
            , comments = [ "Cowabunga, dude!" ]
            , newComment = ""
```

```
            }
    }
```

　次に、いくつか型注釈を修正する必要があります。現状では viewLoveButton、viewComments、viewDetailedPhoto、saveNewComment 関数は Model を引数にとっています。これらが代わりに Photo を受け取るように変更してください。また、必須ではないのですが、あいまいさを避けるために引数の名前を model から photo に変更しておくこともお勧めします。その際には関数内で model を参照している部分も photo に修正しておいてください。

```
viewLoveButton : Photo -> Html Msg

viewComments : Photo -> Html Msg

viewDetailedPhoto : Photo -> Html Msg

saveNewComment : Photo -> Photo
```

　メインの view 関数も修正する必要があります。これまでは view 関数の中に深くネストされた状態で、viewDetailedPhoto 関数に model を与えて呼び出していました。これをそのまま model.photo に変更したくなるかもしれませんが、それでは型が合わなくなってしまいます。viewDetailedPhoto 関数が Photo 型の値を引数としてとるのに対して、model.photo では Maybe Photo になってしまうのです。

　そこで、view と viewDetailedPhoto の間の型の違いを埋めるために補助関数が必要になります。どのように違いを埋めれば良いのでしょうか。Maybe はカスタム型でした。これで次に何を使えばいいか分かったはずです。そう、これまでも長く付き合ってきたパターンマッチの出番です。view の上に、以下のような viewFeed という名前の新しい関数を追加してください。

```
viewFeed : Maybe Photo -> Html Msg
viewFeed maybePhoto =
    case maybePhoto of
        Just photo ->
            viewDetailedPhoto photo

        Nothing ->
            text ""
```

　model.photo に対してパターンマッチを行い、その内部に隠れている写真データを使っています。もし model.photo の内容が Just photo にマッチすれば、photo に写真データが格納されます。そして、その写真データを viewDetailedPhoto 関数に渡す

ことですべてがうまくいきます。これが Maybe が null に勝る利点です。Just にマッチする限りは null ではない値が得られていることが保証されるため、null 参照のエラーが発生しないのです。

case 式の中ではすべてのコンストラクターを処理する必要がありました。そのため、Nothing の場合の分岐も書く必要があります。このような null を使いたい状況下では、Nothing の場合の対処を書かないとコンパイルが通らなくなってしまうため、コンパイラーが Nothing への対処漏れがないことを保証してくれるのです。今回の Nothing の分岐ではとりあえず空のテキストノードを与えています。これで Html Msg という型の値を返していることになるのでコンパイルが通ります。後ほど API のレスポンスデータから写真データを利用する段になったら、もうちょっとマシなメッセージを表示するように変更しましょう。

これで viewFeed 関数ができました。以下のようにメインの view 関数の内部で viewDetailedPhoto 関数の代わりに使いましょう。

```
view model =
    div []
        [ div [ class "header" ]
            [ h1 [] [ text "Picshare" ] ]
        , div [ class "content-flow" ]
            [ viewFeed model.photo ]
        ]
```

最後に、今回 Maybe を使うように変更したのに合わせて、update 関数も修正する必要があります。さて、view 関数のときに学んだように model.photo は Maybe Photo 型なので、直接 Photo 型の値にアクセスすることはできません。でも、ここでは写真データのレコードを Just に包んだままで、写真データとモデルを更新する必要があるのです。

これを解決するために update 関数の分岐ごとに毎回 model.photo に対する case 式を書いてやることもできますが、さすがにそれは面倒で冗長でメンテナンスが大変になってしまいます。その代わりに補助関数を作成することで、より簡潔に update 関数を書けるようにしましょう。

まず、ToggleLike と UpdateComment のメッセージを受け取ったときの写真更新処理を、それぞれ toggleLike および updateComment という名前の関数に切り分けます。以下のように update 関数の上に追加してください。

```
toggleLike : Photo -> Photo
toggleLike photo =
    { photo | liked = not photo.liked }
```

```
updateComment : String -> Photo -> Photo
updateComment comment photo =
    { photo | newComment = comment }
```

　これらの関数を Maybe Photo 型に対応できるようにする関数 updateFeed を、さら
にこの下に追加します。実際に追加するのはいったん待って、まずは以下の実装をよ
く見てください。

```
updateFeed : (Photo -> Photo) -> Maybe Photo -> Maybe Photo
updateFeed updatePhoto maybePhoto =
    case maybePhoto of
        Just photo ->
            Just (updatePhoto photo)

        Nothing ->
            Nothing
```

　この updateFeed 関数は、引数として受け取った関数に updatePhoto という仮の
名前を付けて、パターンマッチの Just の分岐で写真データそのものに対してこの
updatePhoto を適用しています。このパターンマッチでは、最後にこの更新された
写真データにわざわざもう一度 Just を付け直しています。Nothing の方の分岐は単
に Nothing を返すつまらない処理を書いています。実は、このようにわざわざ自分で
Just を付け直したり、そのまま Nothing を返す処理を書いたりしなくても、もっと
簡潔にこの関数を書く方法があります。今の煩雑な実装ではなく、以下の updateFeed
の実装の方を toggleLike や updateComment の下に追加してください。

```
updateFeed : (Photo -> Photo) -> Maybe Photo -> Maybe Photo
updateFeed updatePhoto maybePhoto =
    Maybe.map updatePhoto maybePhoto
```

　Maybe.map は、Maybe 型の中に包まれた値なら何でも変換できるという、めちゃく
ちゃにイケてる関数です。この関数は変換用の関数を第1引数にとり、第2引数には変
換対象となる Maybe 型の値をとります。もしも Maybe 型の値が Just であれば、与え
られた変換用関数を使って Just でくるまれた内部の値を変換し、その結果を Just で
包み直した新たな値を作成します。一方で Maybe 型の値が Nothing であれば Nothing
を返すのです。
　少し分かりにくく聞こえるかもしれませんが、List に含まれる1つ以上の要素に
関数を適用するときに使った List.map 関数を思い起こすと理解しやすくなります。
Maybe を、最大でも1つの値しか含めることができない List だと見なしてみましょ
う。List.map が要素を1つ持つリストに対して行うように、Maybe.map は Just に包
まれた値に関数を適用するのです。一方で Nothing は空リストのようなものだと考え

ます。List.map が空リストには何もしないでそのまま返すように、Maybe.map も関数を適用しないでそのまま Nothing を返すのです。

　これで写真を更新するための補助関数ができたので、これらを使って update 関数を以下のように修正しましょう。

```
update : Msg -> Model -> ( Model, Cmd Msg )
update msg model =
    case msg of
        ToggleLike ->
            ( { model
                | photo = updateFeed toggleLike model.photo
              }
            , Cmd.none
            )

        UpdateComment comment ->
            ( { model
                | photo = updateFeed (updateComment comment) model.photo
              }
            , Cmd.none
            )

        SaveComment ->
            ( { model
                | photo = updateFeed saveNewComment model.photo
              }
            , Cmd.none
            )

        LoadFeed _ ->
            ( model, Cmd.none )
```

　ここでは model.photo を直接更新するのではなく、updateFeed の引数に補助関数を渡すことで、写真データ本体が実際に存在するときにその補助関数で写真データを更新するようにしています。なお UpdateComment の分岐では、updateComment 関数に comment を引数として部分適用しています。これで、updateFeed 関数内部の Maybe.map によって、この updateComment 関数の第2引数が渡されるのです。

　ここまで変更してきたコードが code/communicate/Picshare03.elm と一致していることを確認してコンパイルしてください。写真データが Maybe に包まれていても、「いいね」やコメントを付けることができるようになっているはずです。

▶実際に API から写真データを受け取る

　お疲れ様でした。これで準備がすべて終わったので、実際に API から写真データを取得する部分に取り掛かれます。

まずは initialModel 内にある初期の写真データ photo を Nothing にしてください。

```
communicate/Picshare04.elm
```
```
initialModel =
    { photo = Nothing }
```

次に、update 関数を修正して LoadFeed メッセージに対応できるようにします。今までは update 関数の中で、単に LoadFeed _ というようにワイルドカードでマッチしていましたが、これを置き換えて以下のように新しい2つの分岐を追加してください。

```
LoadFeed (Ok photo) ->
    ( { model | photo = Just photo }
    , Cmd.none
    )
LoadFeed (Err _) ->
    ( model, Cmd.none )
```

さて、LoadFeed は Http.Error か Photo のどちらかの値をとる Result 型の値を内部に持っていました。このような場合には、パターンマッチをうまいこと使って値を好きなだけ深く**分割代入**していくことができます。ここで言う分割代入とは、パターンマッチにおいてコンストラクターから値を取り出すことができる Elm の機能のことです。

LoadFeed に内包されている結果を分割代入するときには、一緒にその内包されている値自体に対しても分割代入を行うことができます。そのため、LoadFeed (Ok photo) という分岐と LoadFeed (Err _) という分岐が用意されているのです。この際、括弧を付ける必要があります。

これで、API レスポンスに含まれる写真データを取得して model.photo フィールドを更新できます。エラーがあるときはいったん無視しましょう。ここでは Err の中身をワイルドカードでマッチングし、現在のモデルをそのまま返しています。

実際には API から写真データを読み込むためにはこれだけで十分なのですが、せっかくなので UX（ユーザーエクスペリエンス）を少し改善してみましょう。viewFeed 関数に戻り、Nothing の分岐でデータ読み込み中のメッセージを表示するように変更しましょう。ここでは、写真データが存在しないときに、まだ読み込み中だと見なします。

```
viewFeed maybePhoto =
    case maybePhoto of
        Just photo ->
            viewDetailedPhoto photo

        Nothing ->
            div [ class "loading-feed" ]
                [ text "Loading Feed..." ]
```

コードをコンパイルしてブラウザーでアプリケーションを確認してみてください。し
ばらく読み込み中のメッセージが表示され、その後 API から写真が読み込まれている
ことが分かるはずです。

お疲れ様でした！ このセクションではたくさんのことを学びました。

- Http モジュールを使って HTTP リクエストとコマンドを作成しました。
- (モデル , コマンド) のタプルについて学ぶことで、The Elm Architecture にコマ
  ンドを発行する方法が見つかりました。
- 存在するかあやふやな値を扱うために、Maybe という強力な道具も使えるよう
  になりました。

4.3　学んだことのまとめ

この章では、本当に多くのことを学びました。

- JSON デコーダーの作成方法を学びました。
- 必ずしも期待通りの結果を返すとは限らない API から、Elm がどうやってアプ
  リケーションを保護するかを学びました。
- 中身がないデータに対応するために、Maybe を使用する方法を学びました。
- Maybe.map と関数合成を使ったエレガントな関数型スタイルのコードの書き方
  を学びました。
- 最も重要な学びとして、HTTP API とのやりとりの方法を学びました。

これで、実際にサーバーから送られてくるデータを利用するアプリケーションを構
築できるようになりました。次の章では、この知識をさらに発展させて、WebSockets
を通してサーバーからリアルタイムにアプリケーションの状態を更新できるようにし
ます。

WebSocketで
リアルタイム通信を行う

　前章では、HTTP API から JSON データを取得してサーバーとやりとりする方法を学びました。これは、別の場所にあるデータを利用するような実用的なアプリケーションを作成するうえで重要なステップでした。また、JSON デコーダーを使うことで、構造の保証がない JSON データを静的な型に安全に変換することの重要性も学びました。

　さて、フロントエンドアプリケーションもますますリアルタイム化が進んでいます。チャットアプリや、株価表示、SNS のタイムラインなどで顕著です。常に最新の状態を維持するために、終わることなく流れてくるデータを使う必要があります。ポーリングの手法や HTTP API ではこういった需要に十分に応えることができないため、WebSocket と呼ばれる別のツールが必要になります。

　この章では、Picshare アプリケーションを更新してリアルタイムに写真のデータを次々と受け取るようにします。その際に WebSocket と、サブスクリプションと呼ばれる Elm の機能を使います。また、複数の写真を使用するにはどのようにアプリケーションを変更したら良いか学び、フィードを検索して写真に「いいね」やコメントを付ける方法についても学びます。では、リアルタイムの世界に足を踏み入れましょう！

5.1 　複数の写真データを読み込む

　これまではアプリケーション内で写真を 1 枚だけ使ってきましたが、実際にはたくさんの写真を表示する必要があります。この章では、アプリケーションを更新して複数の写真を表示できるようにします。モデルに含まれるリストを検索する方法を学び、また前章で API を呼ぶようにした部分にどうやってエラー処理を追加したらいいか学びます。

▶複数の写真データを取得する

　複数の写真データを取得するためには、モデルを変更して写真データのリストを使うようにする必要があります。そこでまず、写真データのリストを便利に扱えるように、Feed という名前の型エイリアスを作成しましょう。

real-time/Picshare01.elm

```elm
type alias Feed =
    List Photo
```

　次に、Model 型の photo フィールドを置き換えて、Maybe Feed 型の feed というフィールドに変更します。その際、initialModel も Model 型ですから、一緒に定義を変更する必要があります。

```elm
type alias Model =
    { feed : Maybe Feed }

initialModel =
    { feed = Nothing }
```

　さらにアプリケーション読み込み時に API を呼んでデータを取得する部分も変更し、複数の写真データに対応させます。fetchFeed を更新して、複数の写真に対応した新しい URL とデコーダーを使うようにしましょう。

```elm
fetchFeed =
    Http.get
        { url = baseUrl ++ "feed"
        , expect = Http.expectJson LoadFeed (list photoDecoder)
        }
```

　ここでは、URL https://programming-elm.com/feed と list デコーダーを使っています。この list デコーダーは JSON の配列を受け取ることを想定したものでした。この例では写真データを持つ配列を受け取り、photoDecoder で各写真データオブジェクトをデコードします。

　これで返り値の Result 型が、成功時にはデコード結果として写真データのリストを持つようになりました。LoadFeed メッセージもそれに合わせて以下のように修正します。

| LoadFeed (**Result Http.Error Feed**)

　ここまでは特に問題なさそうです。写真フィードが正しく表示されるか確認しましょう。このままだとコンパイルが通らないため、一時的に一部の機能を無効化しておきます。次に示すように、各関数の内部でイベントハンドラーをコメントアウトしておいてください。

- viewLoveButton の onClick を -- でコメントアウトしてください。-- という半角ダッシュ2つから始まる行はコメントアウトされます。

```
-- , onClick ToggleLike
```

- viewComments 内の onSubmit と onInput をコメントアウトしてください。その際、コンマもコメントアウトされるようにする必要があります。また、行中の一部のコードだけをコメントアウトするために、{- この部分は無視される -} という形式のコメントアウトも使ってみましょう。

```
, form [ class "new-comment" {- , onSubmit SaveComment -} ]
    [ input
        [ type_ "text"
        , placeholder "Add a comment..."
        , value photo.newComment
          -- , onInput UpdateComment
```

　update 関数の内部では、ToggleLike、UpdateComment、SaveComment の分岐をコメントアウトします。このように複数行をコメントアウトする場合にも、{- この部分は全部無視される -} という形式が使えます。また LoadFeed の分岐では、先ほどのモデル修正に合わせて feed フィールドを使うように修正しておきます。さて、一部の分岐をコメントアウトしたことで、このままだとコンパイラーから「対処してない値があるよ」と文句を言われてしまいます。一時的な対処として、ワイルドカードを使っ

た分岐を一番下に追加して、それらの値にも対処できるようにしておきましょう。

```
{-
ToggleLike ->
    ( { model
        | photo = updateFeed toggleLike model.photo
      }
    , Cmd.none
    )

UpdateComment comment ->
    ( { model
        | photo = updateFeed (updateComment comment) model.photo
      }
    , Cmd.none
    )

SaveComment ->
    ( { model
        | photo = updateFeed saveNewComment model.photo
      }
    , Cmd.none
    )
-}
LoadFeed (Ok feed) ->
    ( { model | feed = Just feed }
    , Cmd.none
    )

LoadFeed (Err _) ->
    ( model, Cmd.none )

_ ->
    ( model, Cmd.none )
```

　さて実際に複数の写真を画面に表示するには、viewFeed 関数を写真のリストに対応させる必要があります。そのために viewFeed 関数の引数を Maybe Feed 型に変更しておきます。実装においては、Just の分岐で List.map を使い、Just に包まれているリスト（Feed）の各要素に対して viewDetailedPhoto を適用します。結果として viewFeed 関数は次のようになります。

```
viewFeed : Maybe Feed -> Html Msg
viewFeed maybeFeed =
    case maybeFeed of
        Just feed ->
            div [] (List.map viewDetailedPhoto feed)

        Nothing ->
            div [ class "loading-feed" ]
                [ text "Loading Feed..." ]
```

最後に、view 関数を修正して model.feed を viewFeed に渡すようにします。

```
[ viewFeed model.feed ]
```

　では、手元のコードが code/real-time/Picshare01.elm と一致していることを確認してください。この状態でコンパイルしてアプリケーションの挙動を確認しましょう。API から写真を3つ取得するようになっているはずです。今までと同じサーフィンの写真に加え、キツネさんの写真と野原の写真が取得されます。

▶複数の写真を更新する

　実際の写真投稿 SNS のように複数の写真を取得できるようになりました。でも、写真に対して「いいね」を付けたりコメントを付けたりする機能が無効化されたままです。次はこれらの機能を戻して複数の写真に対応させましょう。それを実現するには、リストの中から特定の写真を選んで更新する必要があります。

　このように特定の写真だけを更新するには、まず写真を識別する方法が必要です。何かいい方法はないでしょうか…… ありました。API から送られてくる写真データの id フィールドです！ これを使いましょう。Msg 型の定義に戻り、ToggleLike、UpdateComment、SaveComment を更新して Id という引数も追加でとるようにします。

```
real-time/Picshare02.elm

type Msg
    = ToggleLike Id
    | UpdateComment Id String
    | SaveComment Id
    | LoadFeed (Result Http.Error Feed)
```

　では、このコンストラクターの変更に合わせる形で、前節にてコメントアウトしたイベントハンドラーを復活させましょう。

- viewLoveButton の onClick や ToggleLike を次のように修正します。

```
, onClick (ToggleLike photo.id)
```

- viewComments 内の onSubmit、SaveComment、onInput、UpdateComment を次のように修正します。

```
        , form [ class "new-comment", onSubmit (SaveComment photo.id) ]
          [ input
            [ type_ "text"
            , placeholder "Add a comment..."
            , value photo.newComment
              , onInput (UpdateComment photo.id)
```

　上記の例で括弧を使っている部分では、事前に写真データの id をコンストラクターに部分適用しています。これによって、後ほど実際にコメントが更新されてメッセージが発行された際に、コメント対象の写真 id も内包されるようになるのです。

　さて、Elm では変数の上書きが許されませんから、実際に写真を更新するにはリスト内のレコードをイミュータブルに変更する必要があります。それを実現する補助関数 updatePhotoById を updateFeed の上に追加しましょう。

```
updatePhotoById : (Photo -> Photo) -> Id -> Feed -> Feed
updatePhotoById updatePhoto id feed =
    List.map
        (\photo ->
          if photo.id == id then
              updatePhoto photo

          else
              photo
        )
        feed
```

　この updatePhotoById という補助関数は、3 つの引数をとります。1 つ目が写真を変換するための関数 updatePhoto、2 つ目が Id 型の id、3 つ目が Feed 型の feed です。実装部分では、引数の feed に対して List.map で処理を適用しています。この処理内容を無名関数として渡しており、そこでは各写真の id によって処理を変えています。まず photo.id が引数の id と一致する場合には、updatePhoto をその id を持つ写真に適用して変換後の写真を返します。これが一致しない場合には、受け取った写真をそのまま返します。このように id が一致する写真だけを更新後のものに置き換えた新しいリストを作成することで、効率的に写真リストの更新をしています。

　この新しい関数 updatePhotoById を使うように updateFeed を変更してみましょう。型注釈を修正して Maybe Photo の代わりに Maybe Feed を使うようにし、Maybe.map に updatePhotoById 関数を渡します。

```
updateFeed : (Photo -> Photo) -> Id -> Maybe Feed -> Maybe Feed
updateFeed updatePhoto id maybeFeed =
    Maybe.map (updatePhotoById updatePhoto id) maybeFeed
```

ここでは、引数の updatePhoto と id を updatePhotoById に渡すために部分適用を
使っています。Maybe.map 関数は、maybeFeed の値が Just のとき、Just に内包され
ている Feed 型の値を updatePhotoById の最後の引数 feed として渡します。Maybe.
map の中で List.map が使われるというのは最初はややこしく感じるかもしれません
が、慣れればとてもエレガントできれいなやり方だと思えるはずです。

最後に、update 関数を修正してここまでの変更内容を反映させます。まず、コメン
トアウトしていた ToggleLike、UpdateComment、SaveComment の分岐を戻しましょ
う。次に、それぞれのマッチ部分を変更して、コンストラクターの引数に id という名
前を付けます。分岐内の処理では、これまで photo フィールドとしていたものを feed
フィールドに置き換えます。先ほどコンパイルを通すために一番下にワイルドカード
の分岐を付け加えておきましたが、これもこのタイミングで削除します。

```
ToggleLike id ->
    ( { model
        | feed = updateFeed toggleLike id model.feed
      }
    , Cmd.none
    )

UpdateComment id comment ->
    ( { model
        | feed = updateFeed (updateComment comment) id model.feed
      }
    , Cmd.none
    )

SaveComment id ->
    ( { model
        | feed = updateFeed saveNewComment id model.feed
      }
    , Cmd.none
    )

LoadFeed (Ok feed) ->
    ( { model | feed = Just feed }
    , Cmd.none
    )

LoadFeed (Err _) ->
    ( model, Cmd.none )
```

ここまでのコードが code/real-time/Picshare02.elm と一致していることを確認
し、アプリケーションをコンパイルして実行してください。これで他の写真に影響を
与えずに、各写真に「いいね」やコメントを残せるはずです。これで実際の写真共有ア
プリのように動作します。お疲れ様でした！

▶エラーに対処する

　この節を終える前に、さらなる改善としてエラーに対処できるようにしましょう。現状では update 関数は LoadFeed (Err _) の分岐でエラーに対処できていません。元のモデルをそのまま返すことでエラーを無視しているのです。

```
LoadFeed (Err _) ->
    ( model, Cmd.none )
```

　では、もっとユーザーにとって意味のあるエラーを表示できるよう、Err に包まれたエラー内容の値を活用してみましょう。以下のように Model と initialModel を更新して、Maybe Http.Error の値を保持できるようにします。

```
real-time/Picshare03.elm

type alias Model =
    { feed : Maybe Feed
    , error : Maybe Http.Error
    }

initialModel =
    { feed = Nothing
    , error = Nothing
    }
```

　次はビュー層です。フィードと同じように、エラーも存在する場合と存在しない場合があります。それを確認するために、viewContent という補助関数を作成します。以下のように Model を引数にとり、model.error フィールドに対してパターンマッチを行うのです。

```
viewContent : Model -> Html Msg
viewContent model =
    case model.error of
        Just error ->
            div [ class "feed-error" ]
                [ text (errorMessage error) ]

        Nothing ->
            viewFeed model.feed
```

　エラーが存在する場合には、エラーメッセージを表示する div を作成しています。存在しない場合は、viewFeed 関数に model.feed フィールドを渡して呼び出していま

す。さて、エラーが存在する場合には errorMessage という関数を使っています。これはエラーを文字列に変換することで text 関数に渡せるようにする関数です。これはまだ定義していないので viewContent の上に追加しましょう。

```
errorMessage : Http.Error -> String
errorMessage error =
    case error of
        Http.BadBody _ ->
            """Sorry, we couldn't process your feed at this time.
            We're working on it!"""

        _ ->
            """Sorry, we couldn't load your feed at this time.
            Please try again later."""
```

引数の Http.Error とは何でしょうか。今対処している LoadFeed の分岐において、Err コンストラクターに包まれて渡されるのが Http.Error でした。この Http.Error はカスタム型で、いくつかのコンストラクターを持っていますが、ここでは特に BadBody コンストラクターに着目しています。このコンストラクターは JSON のデコードに失敗した場合に Elm が使うものです。他のコンストラクターについてはドキュメント[1]を参照してください。

この BadBody コンストラクターは型引数を 1 つ持っており、デコードに失敗した理由を詳細に説明するエラーメッセージが入っています。ただ、具体的にどんな理由でデコードに失敗したかなんてアプリケーションのユーザーにとっては意味が分からない情報です。そこで、ここでは代わりに「アプリケーションが JSON データを処理できませんでした。現在この問題に対処しています。」という分かりやすいエラーメッセージを表示するようにします（もちろん、実際には対処していなくてもそう言っておけば良いのです）。他のエラー値については、汎用的なエラーメッセージを返しておきます。

では、実際に viewContent と errorMessage 関数がメインの view 関数から呼ばれるようにしましょう。view 関数内の viewFeed を viewContent に置き換えることで、errorMessage 関数も呼ばれるようになります。

```
[ viewContent model ]
```

---

[1]　https://package.elm-lang.org/packages/elm/http/latest/Http#Error

　　最後に、update 関数がエラーを受け付けるようにします。LoadFeed にエラーが入っ
ている方の分岐を変更して、以下のようにそのエラーをモデルに追加します。

```
LoadFeed (Err error) ->
    ( { model | error = Just error }, Cmd.none )
```

　　以上です。コードが code/real-time/Picshare03.elm と一致していることを確認
して、アプリケーションをコンパイルしてください。ただ、このままだと正常な動作
です。わざとエラーメッセージを表示させてみましょう。

　　そのために、fetchFeed コマンドを変更します。"url" のところの文字列 "feed"
を "badfeed" に置き換えてください。この "badfeed" という URL は、正しくない形
式のデータ[2] を含んだ配列をレスポンスとして返すようにしてあります。

　　では、アプリケーションをコンパイルしてブラウザーを更新してみましょう。HTTP
レスポンスが返ってくると、BadBody コンストラクターの分岐に入ってエラーメッセー
ジが表示されるはずです。また、"url" のところの文字列を "notfound" などに変え
てみて、再コンパイル後に別のエラーメッセージが表示されることも確認してみてく
ださい。

　　お疲れ様でした。これでエラーメッセージが表示されるようになったので、何か失
敗が起きても画面が真っ白になることはありません。確認が終わったら、次に進む前
に "fetchFeed" 内の文字列を "feed" に戻しておいてください。

　　この節でやったことを振り返ってみます。

- リスト用のデコーダーを、別のデコーダーから簡単に作る方法を学びました。
- モデルにリストの値を持たせ、更新する要素を特定する id フィールドのような
  データをメッセージに持たせる手法を学びました。
- id を使ってリスト内の特定の写真データを List.map で更新しました。

　　これで update 関数内でリストを扱う方法が分かりました。次はこの知識をもとに
して、WebSocket やサブスクリプションを使ってアプリケーションをリアルタイムに
更新します。

---

[2]　4.4.1 項の「問題を理解する」の定義を参照。

5.2　WebSocket から写真データを受け取る

アプリケーションが複数の写真を扱うようになったので、今度は WebSocket を介してリアルタイムに新しい写真を追加していきます。この WebSocket というのはネットワークプロトコルで、これを使うとクライアント側アプリケーションとサーバーが双方向にやりとりできます。チャットアプリなど、リアルタイムな通知を必要とするアプリケーションと相性が良いです。Picshare で写真フィードをリアルタイムに更新する場合にも、このようにサーバーからクライアントに効率的にデータを送る WebSocket の仕組みがぴったりなのです。WebSocket についてもう少し詳しく学びたい場合は、Andrew Lombardi 著『WebSocket: Lightweight Client-Server Communications』を見てみることをお勧めします。

この節では、アプリケーションと WebSocket サーバーを連携させます。具体的には、JavaScript でサーバーに接続し、Elm のポートを使って WebSocket と Elm アプリケーションがやりとりできるようにします。また、新しい写真を簡単にフィードに追加できるよう、JSON のデコードやリスト操作などの今まで取り上げてきた概念を使います。

▶ WebSocket サーバーに接続する

この本の執筆時点では、Elm コアチームは Elm の WebSocket パッケージをまだ Elm 0.19 用にアップデートしていません。そのため WebSocket サーバーに接続するには、代わりに JavaScript と、Elm の**ポート**を使う必要があります。ポートについての詳細は 8 章「JavaScript との共生」で学びます。簡単に説明すると、基本的にポートは Elm と生の JavaScript コードの間で非同期な通信を可能にします。今回のケースでは、JavaScript のコードが WebSocket サーバーに接続し、その後 WebSocket から受け取ったデータをポート経由で Elm に渡します。

もちろん、Elm の WebSocket パッケージが利用可能になったら話は別です。ポートなしで WebSocket サーバーに接続したりイベントを受け取ったりすることができるようになるはずです。Elm コアチームがこれをリリースしたら、WebSocket パッケージを使うようにアプリケーションを修正して構いません。

では実際に実装していきましょう。まずは picshare/src 内に WebSocket.elm という名前のファイルを作成します。このファイルを開き、WebSocket という名前でモジュール宣言して 2 つの関数をエクスポートします。ここでエクスポートする listen と receive はもう少し後で定義します。

```
real-time/WebSocket.elm
port module WebSocket exposing (listen, receive)
```

　さて、module キーワードの前に port というキーワードが付いています。これは、このモジュールが「ポートモジュール」であることを Elm に教えるためのものです。そしてポートモジュールとは、JavaScript コードと Elm アプリケーションが通信するのに必要な共用のインターフェース（ポート）をエクスポートするものです。

　次に、listen 関数と receive 関数をポートとして定義します。

```
port listen : String -> Cmd msg

port receive : (String -> msg) -> Sub msg
```

　ポートを作成する際には、port キーワード、そのポートの名前、関数の型定義を順番に記述します。まず listen ポートは String 型の値をとって Cmd msg 型の値を返しています。receive ポートの方は関数の引数をとり、Sub msg 型の値を返しています。この関数引数は String 型の値をとって msg 型の値を返します。また返り値の Sub 型という名前はサブスクリプション（Subscription）を意味しています。サブスクリプションについて詳しい話はこの節の後の方で学びます。

　listen のように Cmd 型の値を返すポートは**外に向いた**ポートと言い、JavaScript 側にデータを送り出します。ここでは listen を使って、WebSocket サーバーの URL を JavaScript に送り、JavaScript 側でそのサーバーに接続できるようにします。

　receive のように Sub 型の値を返すポートは**内に向いた**ポートと言い、JavaScript 側からデータを受け取ります。ここでは receive を使って、WebSocket のイベントデータを JavaScript 側から受信（receive）します。

　Elm 側で必要なのは今のところこれだけです。次は JavaScript 側のコードを書いていきましょう。お好きなエディターで picshare/index.html を開いてください。一番下の <script> タグの中身を次の内容で置き換えます。

```
(function() {
  var app = Elm.Picshare.init({
    node: document.getElementById('main')
  });
})();
```

　ここでは即時実行関数式（IIFE）を作成して呼び出しています。IIFE を使うと関数内部のスコープで変数を作成できるため、ブラウザーのグローバル名前空間を汚さずに

済みます。今回のケースでは、IIFEの内部でElm.Picshare.initを呼び出し、その返り値をappという変数に代入しています。ここで使っているinit関数はアプリケーションオブジェクトを返します。これからこのオブジェクトを通してポートを使っていきます。

IIFE内でinitを呼び出しているところの下に、以下の行を追加してください。

```
app.ports.listen.subscribe(listen);
```

さて、アプリケーションオブジェクトはportsというプロパティを持っており、Elmアプリケーション側で定義したポートをすべてそこに含まれます。listenのような外向きのポートに関しては、JavaScript側でsubscribeメソッドを通してポートからデータが送られてくるのを待ち受けます。今回のケースではlistenポートを待ち受けています。その際にポートからのデータを実際に受け取って処理する関数として、この後定義するlisten関数への参照を渡しています。

ではさっそく、今追加したポート待ち受けの下に、次のようなlisten関数を追加してください（これもIIFE内部に書きます）。

```
function listen(url) {
  var socket = new WebSocket(url);

  socket.onmessage = function(event) {
    app.ports.receive.send(event.data);
  };
}
```

ここに出てくるWebSocketというのは、WebSocketサーバーに接続するためのJavaScriptの組み込みコンストラクター関数です。ポートからurlを受け取り、このurlをコンストラクターに渡すことでWebSocketの新しいインスタンスを作成します。その後、WebSocketのonmessageコールバックを定義しています。これはサーバーからのイベントを受け取るものです。実際に必要となる写真データは、このコールバックが受け取るイベントオブジェクトのdataプロパティ内に入っています。ここでは、それを取り出してapp.ports.receive.sendに渡しています。receiveのようにElm側がデータを受信するポートは、このようにJavaScriptがデータをElmに送りつけるためのsendメソッドを提供しています。

▶ WebSocket のポートを使用する

では、実際にこのポートを Elm アプリケーションで使っていきます。まず Picshare.elm に戻り、先ほど作成した WebSocket モジュールをインポートします。

```
real-time/Picshare04.elm
import WebSocket
```

wsUrl という名前で、WebSocket サーバーの URL を格納する文字列定数を作成します。

```
wsUrl : String
wsUrl =
    "wss://programming-elm.com/"
```

 WebSocket サーバーをローカルで実行することもできます。付録 B「ローカルサーバーを実行する」の指示にしたがったうえで、wsUrl を ws://localhost:5000/ に設定してください。

次に、wsUrl で指定した WebSocket サーバーに対して Elm から接続できるようにします。update 関数の LoadFeed 分岐の成功時の方を、以下のように変更してください。

```
LoadFeed (Ok feed) ->
    ( { model | feed = Just feed }
    , WebSocket.listen wsUrl
    )
```

Cmd.none だったところを置き換えて、WebSocket.listen ポート関数を呼ぶようにしました。さて、WebSocket.listen は String 型の URL を受け取って Cmd 型の値を返すものでした。実質的には、URL を Cmd でラップしていると言えます。index.html に記述した JavaScript コードがサーバーに接続できるよう、ポートを通じてこの URL を渡しています。update のこの分岐で WebSocket.listen を呼び出しているのは、WebSocket サーバーに「もっと写真をくれ」という時点ですでに初期写真フィードが存在するのを担保するためです。

最後に、ファイルの下の方にある subscriptions 関数の実装を変更して

WebSocket.receive ポート関数を使うようにします。

```
subscriptions model =
    WebSocket.receive LoadStreamPhoto
```

WebSocket.receive の関数引数には、基本的にメッセージのコンストラクターを渡します。ここでは LoadStreamPhoto メッセージを渡しています。これはすぐ後に作成します。また、WebSocket.receive 関数の返り値は Sub Msg 型のサブスクリプションです。このサブスクリプションというのはコマンドと似た概念で、Elm の外の世界とのやりとりをするために使われるものです。

では、サブスクリプションはコマンドとはどこが異なるのでしょうか。コマンドが Elm の外の世界に対して**何かする**ように The Elm Architecture に指示するのに対し、サブスクリプションは外の世界から**情報を受け取る**ように指示します。具体的には、The Elm Architecture は次のようにサブスクリプションを使います。

1. サブスクリプションに関連するイベントを待ち受けます。
2. 実際にイベントが起きたときに、サブスクリプション時に指定したメッセージコンストラクターにそのイベントを包みます。
3. そのメッセージを、アプリケーションの update 関数に渡します。

今回の例で言えば、WebSocket.receive には、WebSocket イベントから得られた生データの文字列を包むメッセージコンストラクターを渡す必要があります。実際に先ほどの JavaScript のコードでは、receive ポートに event.data を渡していました。これによって、Elm 側でサブスクリプションが発火してデータを受け取ることができるのです。

なお、Elm はポートに依存しないサブスクリプションも提供しています。たとえば次のようなものがあります。

- 定期的に現在時刻を取得するもの[3]
- ブラウザーの特定のイベントを受け取るためのもの[4]

WebSocket.receive ポートに渡す LoadStreamPhoto メッセージをまだ作成していなかったので、String 型の値を引数にとる LoadStreamPhoto を Msg 型に追加します。

---

[3] https://package.elm-lang.org/packages/elm/time/latest/Time#every
[4] https://package.elm-lang.org/packages/elm/browser/latest/Browser-Events

```
| | LoadStreamPhoto String
```

　次に、この LoadStreamPhoto 用の処理を update 関数の一番下のところに追加しましょう。

```
LoadStreamPhoto data ->
    let
        _ =
            Debug.log "WebSocket data" data
    in
    ( model, Cmd.none )
```

　ここでは WebSocket イベントの生文字列データを data という名前の変数に入れ、data の中身を見るためにデバッグ用のテクニックを使っています。ここで使っている Debug.log 関数は、引数に与えられた値を JavaScript のコンソールに表示するものです。この関数に与える最初の引数は、コンソール内でどのメッセージなのかを区別するために使う文字列のラベルで、2つ目の引数がコンソールに表示したい任意の型のデータです。もちろん、これは技術的には Debug.log がコンソールに表示するという副作用によって、関数の純粋さを捻じ曲げてしまっていることになります。でも、基本的にはアプリケーションをローカル環境でデバッグする際に使うものですから、目をつぶっておいてあげましょう。

　また、Elm の文法には式はあっても文がないため、ここでは let 式を「ハック」することで data をコンソールに表示するようにしています。Debug.log 関数は第 2 引数をそのまま返しますが、ここではその返り値をアンダースコア（_）に代入することで無視しています。

　ここまでのコードが code/real-time/Picshare04.elm と一致していることを確認し、再コンパイルしてください。ブラウザーで開発者ツールのコンソールを開き、その状態でアプリケーションを開きます。数秒待つと、以下のスクリーンショットのように WebSocket のデータが表示され始めるはずです。これで、アプリケーションが新しい写真の JSON 文字列を受信できていることが分かります。

```
WebSocket data: "{\"id\":6,\"url\":\"https://programming-elm.surge.sh/
6.jpg\",\"caption\":\"Pretty Flowers\",\"liked\":false,\"comments\":
[],\"username\":\"the_botanist\"}"

WebSocket data: "{\"id\":5,\"url\":\"https://programming-elm.surge.sh/
5.jpg\",\"caption\":\"Contemplation\",\"liked\":false,\"comments\":
[],\"username\":\"be_still\"}"

WebSocket data: "{\"id\":4,\"url\":\"https://programming-elm.surge.sh/
4.jpg\",\"caption\":\"Tree Canopy\",\"liked\":false,\"comments\":
[],\"username\":\"elpapapollo\"}"
```

お疲れ様でした。Elm で WebSocket サーバーとやりとりできるようにするのはとっても簡単でした。JavaScript コードの方もほとんどシンプルなものでしたが、今後 Elm コアチームが提供する WebSocket の Elm パッケージがリリースされたら、きっと最小限の労力ともっと少ないボイラープレートで実現できるようになると思います。

さて、WebSocket からデータを受け取るだけでは意味がありません。そのデータをアプリケーションで実際に使う必要があるのです。そこで、ここからは頭を切り替えて、WebSocket から受け取ったデータをデコードし、それをフィードに追加していきます。

▶ WebSocket データを処理する

さて、HTTP 経由で受信した写真データを Photo 型に変換したように、ここでも JSON から Photo 型に変換し、その写真データをフィードの一番上に追加する必要があります。ただ、ここでは受け取った写真データをそのままフィードの最初に追加するのではなく、キューに追加するようにします。写真を即時にフィードの頭に追加してしまうと、古い写真を画面の下に押し込むことになってしまいます。ユーザーがどれか写真を眺めているときに、それが急に視界から消えてしまったらどうでしょうか。びっくりしてしまいます。それでは困るので、ここでは新しい写真が来ていることをユーザーに通知するバナーを表示します。ユーザーがそのバナーをクリックして初めて、新しい写真をキューから取り出してメインフィードに追加するのです。

モデルとサブスクリプションを更新する

写真を入れておくキューとして、Model 型に streamQueue というフィールドを新規作成しましょう。initialModel もこの型の変更に合わせて変更します。この streamQueue は写真のリストなので Feed 型が使えます。

```
real-time/Picshare05.elm
type alias Model =
    { feed : Maybe Feed
    , error : Maybe Http.Error
    , streamQueue : Feed
    }

initialModel =
    { feed = Nothing
    , error = Nothing
    , streamQueue = []
    }
```

　次に JSON データのデコードを実装していきます。decodeString 関数を JSON.Decode モジュールからインポートしてください。

```
import Json.Decode exposing (Decoder, bool, decodeString,
                             int, list, string, succeed)
```

　Http モジュールの場合は、リクエスト時に渡したデコーダーで勝手に JSON データをデコードしてくれていましたが、今回は subscriptions 関数の中で手動でデコードする必要があります。subscriptions 関数を以下のように変更しましょう。

```
subscriptions model =
    WebSocket.receive
        (LoadStreamPhoto << decodeString photoDecoder)
```

　WebSocket.receive の引数がおもしろい感じになっています。
　ここで使っている << という演算子は**左合成演算子**です。これは 2 つの関数を 1 つの関数に合体させるものです。この演算子を使うと、片方の関数の返り値を次の関数の引数として数珠つなぎにすることができます。この数珠つなぎされた関数全体に渡される引数は、つながれている最初の関数が受け取ります。この演算子が左側を向いているように見えることから分かるように、関数は右から左に評価されていきます。
　ここではこの関数の合成を利用して、文字列の引数を受け取る関数を作成しています。まず、この引数をデコードして Result Json.Decode.Error Photo を返します。そしてその結果を LoadStreamPhoto に渡すことで、最終的にメッセージが作成されています。上記のコードを無名関数で明示的に書くと、以下のようになります。

```
WebSocket.receive
    (\json -> LoadStreamPhoto (decodeString photoDecoder json))
```

　さて、WebSocket.receive 関数は実際のところ引数に対しては**文字列を受け取る関数**であることしか求めておらず、技術的にはそういう型の関数ならどんなものでも渡すことができます。しかし、subscriptions で使う際には、その関数の返り値が Msg でないとコンパイラーの型チェックを通ることができません。LoadStreamPhoto は Msg 型を返しているので、以前の版では LoadStreamPhoto だけを WebSocket.receive の引数に渡しても型が合っていました。JSON のデコード処理を加えた今回はどうでしょうか？ LoadStreamPhoto は関数なので、関数合成でデコード処理後の値を渡してやれば、全体として Msg を返す関数になります。しかし、前処理が加わったことにより、LoadStreamPhoto に渡されるのは文字列ではなくなりました。Result Json.

Decode.Error Photo を受け取る必要があります。メッセージコンストラクターの引数が変わったのですから、update 関数でも LoadStreamPhoto の分岐で Result Json. Decode.Error Photo を扱う必要があります。

写真データをキューに入れる

　では、実際に LoadStreamPhoto コンストラクターの引数を Result 型に変更しましょう。このときついでに FlushStreamQueue という別のコンストラクターも追加します。これは後ほどキューの中身を取り出して反映させるときに使います。

```
| LoadStreamPhoto (Result Json.Decode.Error Photo)
| FlushStreamQueue
```

　これで update 関数を変更すれば LoadStreamPhoto メッセージから写真データを受け取れます。update 関数内の LoadStreamPhoto に関する分岐を以下のように置き換えてください。

```
LoadStreamPhoto (Ok photo) ->
    ( { model | streamQueue = photo :: model.streamQueue }
    , Cmd.none
    )

LoadStreamPhoto (Err _) ->
    ( model, Cmd.none )
```

　LoadFeed で使った入れ子のパターンマッチをここでも利用しています。これによって、LoadStreamPhoto に内包される値が成功時のものかエラー時のものかによって処理を分けられます。エラーの場合はここでもまた全部無視するテクニックを使っています。写真データが存在する時には :: 演算子を使って model.streamQueue に追加しています。この :: 演算子は **cons** 演算子として知られているもので、左側の値を右側のリストの先頭に追加した新しいリストを作成します。

　ここではいったん FlushStreamQueue の分岐は無視しておきます。以下のように現在のモデルをそのまま返すようにしましょう。

```
FlushStreamQueue ->
    ( model, Cmd.none )
```

　お疲れ様でした。これで写真をキューに入れることができました。ユーザーに「新しい写真が来てるよ」と通知するバナーの作成に取り掛かりましょう。

通知用バナーを追加する

　ここで作成するバナーには 2 つの機能が必要です。まず新しい写真の数を表示する機能。そして、ユーザーにクリックされたらフィードに写真を追加する機能です。これを追加するために、viewContent の上に viewStreamNotification という関数を新しく作成しましょう。

```
viewStreamNotification : Feed -> Html Msg
viewStreamNotification queue =
    case queue of
        [] ->
            text ""


        _ ->
            let
                content =
                    "View new photos: "
                        ++ String.fromInt (List.length queue)
            in
            div
                [ class "stream-notification"
                , onClick FlushStreamQueue
                ]
                [ text content ]
```

　キューが空のときはバナーを非表示にしています。一方でキューに写真が入っているときは、"View new photos: "（「新しい写真を見る」）というメッセージを、新しい写真の枚数と一緒に表示しています。新しい写真の枚数を取得するには List.length 関数を使っています。また、ユーザーがキューを空にしてフィードに追加できるように onClick ハンドラーを追加し、引数に FlushStreamQueue を渡しています。

　では実際にこの viewStreamNotification をビューに反映させましょう。以下のように viewContent 内にある Nothing の分岐、つまりエラーがない場合の分岐を変更します。バナーはフィードの上に表示されなければならないので、viewFeed よりも上に追加しましょう。

```
Nothing ->
    div []
        [ viewStreamNotification model.streamQueue
        , viewFeed model.feed
        ]
```

　では、通知バナーがちゃんと動作することを確認しましょう。これまでのコードが code/real-time/Picshare05.elm と一致していることを再度確認してコンパイルし

てください。アプリケーションを開くと数秒後に通知バナーがポップアップ表示されるはずです。でも、update で FlushStreamQueue の分岐を適切に処理していないので、まだクリックしても何も起きません。これからその実装をします。

Picshare

View new photos: 3

キューの中身を反映させる

では FlushStreamQueue 用の処理を追加しましょう。コードの量自体はほんの少しですが、じっくりと見ていこうと思います。まず、キューの中身を空にして反映させる際には、model.streamQueue と model.feed を連結させる必要があります。++ 演算子を使えば、文字列の連結のようにリストも連結することができますが、model.feed は実際にはリストの Maybe なのでした。この型の不一致を解消するには、以下のように Maybe.map が使えます。

```
Maybe.map (\feed -> model.streamQueue ++ feed) model.feed
```

さて、Elm にはわざわざ無名関数や名前付きの関数を書かないで済ませるテクニックがあります。演算子を括弧で囲むと、それを関数に変換できるのです。たとえば以下の 2 つのコードは等価です。

```
[ 1, 2 ] ++ [ 3, 4 ]    -- returns [ 1, 2, 3, 4 ]
(++) [ 1, 2 ] [ 3, 4 ] -- returns [ 1, 2, 3, 4 ]
```

演算子を関数に変換した際には、演算子の左側に置いていたものを関数の第 1 引数に、右側に置いていたものを関数の第 2 引数として渡します。演算子を関数にしたものは、Elm の他の関数と同様にカリー化されており、部分適用することができます。つまり、演算子の左に置くものを事前に部分適用しておくことができるということです。

```
prepend1And2 = (++) [ 1, 2 ]
prepend1And2 [ 3, 4 ] -- returns [ 1, 2, 3, 4 ]
```

　この便利な機能を update 関数に使ってみましょう。以下のように FlushStreamQueue
の分岐を書き換えます。

```
real-time/Picshare06.elm
FlushStreamQueue ->
    ( { model
        | feed = Maybe.map ((++) model.streamQueue) model.feed
        , streamQueue = []
      }
    , Cmd.none
    )
```

　関数バージョンの ++ に対して部分適用を行うことで、model.streamQueue を演算子
の左に置くのと同じことができています。その上で、model.feed が Just のときには、
Maybe.map 関数がフィードを演算子の右側に置く値として渡しています。なお、ここ
では引数の順序が重要になります。新しい写真たちをフィードの上に追加するために
は、model.streamQueue の方を演算子の左に置かなくてはなりません。またキューを
フィードに追加した後は、写真が重複したりしないようにキューを空にすることも大
切です。

　アプリケーションを再コンパイルしてブラウザーを更新してください。通知バナー
がポップアップしたらクリックしましょう。新しい写真がフィードの上に追加される
はずです。順番は必ずしも一致しないですが、木の写真、キャンドルの写真、花の写
真が表示されると思います。

　お疲れ様でした。JSON デコードとリストの知識を応用して、WebSocket を使った
リアルタイムなアプリケーションを作る方法を学びました。これで、このアプリケー
ションは実際の写真共有アプリケーションのように動作します。

5.3 学んだことのまとめ

この章ではたくさんのことを達成しました。

- リスト内の特定の写真データを更新する便利な方法を学びました。
- WebSocket と一緒に Elm のポートとサブスクリプションを使って、リアルタイムに写真フィードを更新する方法を学びました。

これで素晴らしい知識や経験の基礎を身につけましたから、もう自分で Elm アプリケーションを書くことができます。さらにこの基礎の上により高度な概念を積み重ねていきましょう。実際のアプリケーションは一般的に数百行を超えるような大きさになります。そこで次の章では、コード整理の方法や、より大きなコードベースを管理するテクニックを学んでいきます。

さらに大きな
アプリケーションを作る

　これまで何章かに渡って、サーバーとのやりとりなどの複雑な状態を持つElmアプリケーションを作成してきました。これらは複雑ではありましたが、作成するにあたってつまずくところの少ない小さなアプリケーションでした。しかし、残念ながら世の中のすべてのアプリケーションがそのように簡単にできるものではありません。Elmアプリケーションの規模が大きくなるにつれて、しっかり注意しないとすぐにメンテナンスできない代物になってしまいます。大規模なアプリケーションというものは、たくさんのメッセージを処理します。そのためupdate関数やview関数にたくさんの重複したコードが出てくることになり、長くて理解しにくくなってしまうのです。

　この章では話題を変えて、とあるアプリケーションをリファクタリングします。このアプリケーションは一見するとシンプルですが、実は拡張するにあたっての問題を抱えています。コードの行数で言えば、規模もそれほど大きくありません。それでも、これを通して実際の大規模なアプリケーションをメンテナンスしていくことの難しさが分かるはずです。

　ここでは、より保守しやすく拡張可能なElmアプリケーションを実現するために、

以下のようなパターンを使ってリファクタリングしていきます[1]。

1. コードを理解しやすいように、関数を小分けして整理します。
2. 複数のメッセージを統合して、update 関数を単純にします。
3. 状態の入れ子や拡張可能レコードを使うことで、アプリケーションをモジュール化します。
4. 再利用可能な補助関数を使って、ビューにおけるコードの重複を取り除きます。
5. ビューの状態を複数のフィールドから 1 つのカスタム型にまとめることで、実際にはありえない状態が起きるのを防ぎます。

6.1 ビューを整理する

　この節では、題材とするアプリケーションを解説し、その中の view 関数の問題点を洗い出します。このアプリケーションのコードを書いた前任者は、アプリケーションのすべてのビューを view 関数に十把一絡げに入れたままにしています。その結果、うず高く積まれた重複部分やまるで読める気がしないコードの山が形成されています。さすがにここまで来ると、一度 view 関数を整理するために時間をとった方がいいでしょう。新しい機能を追加するために毎度いちいち余計な時間を費やすことになってしまうからです。view 関数を別の関数にくくり出して、もう少しまともに理解できる状態にしていきます。

▶自分好みのサラダを作ろう！

　サラダイスという名前の大手レストランチェーンが、自分好みにカスタマイズしたサラダを作る新しいアプリケーションについて助けを求めています。このアプリケーションでは、次のことができます。

---

[1]　[訳注]ここで挙げた手法を使うこと自体が目的にならないように注意しましょう。本文中でもデメリットについて触れていますが、状況によってはむしろコードを読みにくく、管理しにくいものにしてしまう可能性があります。また、最初から完璧な設計でコードを書くことを狙う必要はありません。本文のやり方のように、まず愚直に書いてから困ったところで初めて書き直せば良いのです。Elm にはとても優秀なコンパイラーがありますから、リファクタリングを恐れる必要はないのです。1 ファイルの行数が増えることも問題ありません。これらについては Elm 公式ガイドである『An Introduction to Elm』(https://guide.elm-lang.org/) に似た内容が述べられています。詳しく知りたい方は、ウェブアプリケーションのモジュール化について言及したページ (https://guide.elm-lang.org/webapps/modules.html) や、モジュールの構造化について言及したページ (https://guide.elm-lang.org/webapps/structure.html) を参照してください。なお『An Introduction to Elm』には、訳者が主催している和訳プロジェクト (https://guide.elm-lang.jp/) が存在します。ボランティアによる運営のため、一部詰めが甘い部分もありますが、全体として読みやすく仕上がっているので、よければあわせてご覧ください。

- 顧客が好みの野菜、トッピング、ドレッシングを選んでサラダをカスタマイズできます。
- 顧客が連絡先を登録しておくことで、サラダが完成したときにお知らせが届きます。

　しかし、サラダイスにとっては何もかもがパラダイスなわけではありません。サラダイスとしてはアプリケーションに新機能を追加したいのですが、すでに今のコードの複雑さに「うわぁ」と気圧されています。そこで、アプリケーションに気持ちよく機能を追加できるように、まずはもっと管理しやすいコードにしたいと考えました。それであなたに助けを求めてきたのです。

　では、手始めに salad-builder というディレクトリーを作成してください。それから、本書サポートページのコード code/larger/salad-builder の中身を salad-builder ディレクトリーにコピーしてください。

　さて、これまでは手作業で Elm アプリケーションをコンパイル・実行してきましたが、今回のアプリケーションでは create-elm-app と Webpack を使って開発したりアプリケーションをビルドしたりします。このような Elm 開発を高速化するツールの詳細は次章で学びます。今は詳しく触れないので、とりあえず salad-builder ディレクトリーに入って npm で依存をインストールしてください。

```
npm install
```

　インストールが終わったら、次のコマンドでアプリケーションを起動します。

```
npm start
```

　開発サーバーが http://localhost:3000 で起動すると思います。ただし、他のプログラムが 3000 番ポートを使っている場合は、npm start コマンドを実行した際に別のポートが提示されます。アプリケーションが起動すると、ウェブブラウザーの新しいタブが自動で開かれます。

では、このアプリケーションを試してみましょう。サラダの組み合わせを決め、連絡先を入力したら、注文を送信してください。この際に、アプリケーション側で以下の確認を行っています。

- すべての連絡先情報が記入されているか
- メールアドレスが正しい形式になっているか
- 電話番号が10ケタの数字になっているか

送信すると、「Sending Order...」(「注文を送信中 ...」)というメッセージに続いて、送信した内容を表示する次のような画面が現れます。

なお、動作確認のために送信を意図的に失敗させることもできます。定数 sendUrl の値に fail クエリパラメーターを付けて https://programming-elm.com/salad/

send?fail に今までと同じデータを送信するだけです。先に読み進めるときには、忘れずにこのパラメーターを削除して元に戻しておいてください。

 サーバーをローカル環境で動かして、/salad/send API エンドポイントからデータを取得することもできます。付録 B「ローカルサーバーを実行する」の指示にしたがってサーバーを起動したうえで、sendUrl の値を http://localhost:5000/salad/send に変更してください。

▶モデルの中身を見てみよう

これでアプリケーションそのものへの理解が深まったので、今度はコードの中身を見ていきます。好きなエディターで src/SaladBuilder.elm を開いてください。

ファイルの上の方でモジュールをインポートしているところに目を移してください。モデルに関連するコードがその下に置いてあります。Model はここでは複数のフィールドを持ったレコードの型エイリアスです。building、sending、success、error というフィールドはそれぞれアプリケーションが取りうる状態を示しています。

```
type alias Model =
    { building : Bool
    , sending : Bool
    , success : Bool
    , error : Maybe String
    , -- other fields
    }
```

base フィールドはサラダのベースとなるもの、つまり野菜に関する情報を保持しています。base の型が Base になっていますが、これは Lettuce（レタス）、Spinach（ほうれん草）、SpringMix（新芽の盛り合わせ）のいずれかの値をとるカスタム型になっています。

```
type Base
    = Lettuce
    | Spinach
    | SpringMix

...

type alias Model =
    { -- other fields
    , base : Base
```

```
    , -- other fields
    }
```

Model 型には、他に toppings（トッピング）と dressing（ドレッシング）という
フィールドがあり、それぞれに対応した Topping と Dressing というカスタム型も定
義されています。

```
type Topping
    = Tomatoes
    | -- other values

type Dressing
    = NoDressing
    | -- other values

type alias Model =
    { -- other fields
    , toppings : Set String
    , dressing : Dressing
    , -- other fields
    }
```

ただし、toppings の型は Topping ではなく Set String になっています。ユーザー
がトッピングを選択したり取り除いたりするため、複数のトッピングを出し入れできる
型が必要になるのです。もちろんリストを使ってもいいのですが、リストはそういっ
た操作のための関数がデフォルトでは用意されていないため、トッピングを追加した
り削除したり、トッピングがすでに追加されていないか確認したりするコードを自分
で書かないといけません。Set 型ならそういう操作をする関数が最初から用意されて
いるのです。

Set[2] は Elm の標準 API に用意されている型で、リストのように複数の項目を保持す
ることができます。リストとは異なり、値の重複を防ぎ、値を自動的にソートし、特
定の値が存在するかどうか簡単に確認することができます。Set 型の唯一の欠点は、格
納する値が **comparable（比較可能な値）** でなければならないということです。比較
可能な値には Int、Float、Char、String があります。List や Tuple も、その要素
が比較可能な値であれば全体としても比較可能な値になります。Elm では、組み込み
の comparable という特別な型変数を使って比較可能な値を表現します。型変数にこ
の名前が使われているとき、Elm は比較可能な値だと判断し、比較可能な同じ型の値
同士（例：Int 型の値と Int 型の値）で比較することができます。

Set 型は comparable 値を要求していますが、カスタム型の Topping は比較可能な型

---

[2] https://package.elm-lang.org/packages/elm/core/latest/Set

ではありません。そこで、一度 String に変換してから Model の toppings フィールドに格納する必要があるのです。update 関数の ToggleTomatoes についての分岐を見てみると、どのように String 型でトッピングを格納しているかが分かります。Topping 型の近くで定義している toppingToString という関数を使ってトッピングを文字列に変換しているのです。

```
{ model | toppings = Set.insert (toppingToString Tomatoes) model.toppings }
```

　最後に、Model には連絡先情報を格納するための name、email、phone というフィールドがあります。

▶ビューを分割する

　モデルに関する他のコードを飛ばして、view 関数に進みます。view 関数はヘッダーとコンテンツ部分の2つのパートからなります。ヘッダーはただの h1 タグです。一方でコンテンツ部分の方はどう見ても単純ではないので、こちらを重点的にリファクタリングしていきます。

```
view : Model -> Html Msg
view model =
    div []
        [ h1 [ class "header" ]
            [ text "Saladise - Build a Salad" ]
        , div [ class "content" ]
            [ if model.sending then
                -- display a sending message
              else if model.building then
                -- display the salad builder
              else
                -- display a confirmation message
            ]
        ]
```

　コンテンツ部分は巨大な if-else 式の中に200行ものコードが詰まっています。これは非常に読みにくく、また多くのコードが重複しています。サラダイスがあなたを雇った理由がわかりましたね！ view 関数が1つだけでは保守するのが大変です。この中からバグを見つけないといけないとしたらどうでしょうか？ 全体に目を通すのに数分はかかりますよね？ もっと長い view がある大規模アプリケーションを想像してください……ご愁傷さまです。
　このじゃじゃ馬コードちゃんの手綱を握るためには、1つ1つ着実にリファクタリングしていく必要があります。まずは view を複数の関数にくくり出してまとめるの

が手っ取り早いです。コードの重複をどうにかする方法は本章の後半で扱います。

さて、if-else 式をじっくり見てみましょう。

- model.sending が True のときには送信中だと表示します。
- model.building が True のときにはサラダの構成を指定する画面を表示します。
- どちらも False のときには送信結果画面を表示します。
- model.success フィールドについては特に確認しません。

何やらこの 4 つのフィールドと if-else 式からは嫌な臭いがしますが、それについてはまた後ほど取り扱います。

このようにコンテンツ部分は、送信中の画面、サラダの構成を指定する画面、送信結果画面の大きく 3 つに分けることができます。さらに、サラダの構成を指定する画面では、model.error の値とパターンマッチングを使ってエラー表示もしています。これで 4 つのパーツに分けることができました。これらを別々の関数としてくくり出すことで view を整理しましょう。

まず、view の上に送信中の画面を表示する viewSending という定数を作成します。if model.sending then の下にあるコードをこの viewSending に移動します。

larger/examples/SaladBuilder01.elm

```
viewSending : Html msg
viewSending =
    div [ class "sending" ] [ text "Sending Order..." ]
```

view 関数とは異なり、viewSending は引数に Model を必要としないため、単純に Html msg という型にします。こうしておくことで、バグの原因を探すときにコードに目を通すのがずっと楽になります。もしもそのバグがモデルに関連するものだったら、モデルに依存していない viewSending が潔白であることがすぐに分かるからです。

エラーを表示するための関数 viewError を viewSending の下に作成します。else if model.building then の下にある case 式だけを viewError に移動してください。

```
viewError : Maybe Error -> Html msg
viewError error =
    case error of
        Just errorMessage ->
            div [ class "error" ] [ text errorMessage ]

        Nothing ->
            text ""
```

　viewError はモデル全体を引数にとるのではなく、Maybe Error だけを引数にして
います。viewSending のときに説明した通り、こうやって型を単純にすることで、バ
グを見つける際にどこを見たら良いのかが簡単に分かるようになります。

　Error 型がまだ存在していないので作成しましょう。カスタム型 Base の上に String
の型エイリアスとして作成します。この Error 型エイリアスを使うと、型注釈で「こ
こは文字列の Error を想定している」と明示することができます。

```
type alias Error =
    String
```

　次に、サラダの構成画面に関する関数 viewBuild を viewError の後に追加します。
else if model.building then の下にある残りのコードをここに移動してください。
viewBuild 関数はモデルに含まれる複数のフィールドを必要としているため、モデル
全体を引数にしています。また、viewBuild は入力イベントが Msg 型の値を生成する
ので、型注釈が Html msg ではなく、Html Msg を返すようにしてください。

　また、このままだとエラーが表示されなくなってしまうので、viewBuild が使って
いる div の最初の子として viewError を呼ぶようにします。これらのプロセスを経る
と、viewBuild の最初の数行は次のようになっているはずです。

```
viewBuild : Model -> Html Msg
viewBuild model =
    div []
        [ viewError model.error
        , section [ class "salad-section" ]
            [ -- more code not displayed
            ]
```

　あともう 1 箇所分岐が残っています。viewBuild の後に viewConfirmation という
名前の新しい関数を作成してください。ここに最後の else 節に含まれるコードを移
動します。

```
viewConfirmation : Model -> Html msg
viewConfirmation model =
    div [ class "confirmation" ]
        [ h2 [] [ text "Woo hoo!" ]
        , p [] [ text "Thanks for your order!" ]
        , -- table code not displayed
        ]
```

　viewBuild と同じように、viewConfirmation もモデルの複数のフィールドに依存

します。そのためモデル全体を引数にとるようにしています。

　お疲れ様です！4つの関数を作成することで、ビューをいい具合にまとめることができました。ついでにデバッグしやすくなるという副次効果も得られています。viewBuild だけが Html Msg を返し、それ以外はどの関数も Html msg を返しています。Html msg というのが型変数 msg に入る型を具体的に固定していないことを考えると、Html msg を返す3つの関数は、メッセージを生成しないと見なせます。そうなると、クリックイベントの扱いに関わるバグが発生したとき、デバッグの際にはこれらの関数をわざわざ見なくても良いのです。

　これでビューのそれぞれの状態に応じた補助関数ができました。続いてもう少し view 関数をまとめてみましょう。現状では div [class "content"] の中に空の if-else 式があります。

```
if model.sending then
else if model.building then
else
```

　新しく作成した補助関数は、この if-else 式の中で使う必要があります。ただ、その前にこの if-else 式も別の関数に移動しましょう。view 関数内に if-else 式がベタッと書かれていると読みにくくなってしまうからです。view の上に viewStep という関数を作って、この if-else 式を移動します。viewStep の引数にはモデルをとるようにして、その状態に応じて適切な補助関数を呼び出すようにします。また、viewStep 内部で呼んでいる viewBuild が Html Msg を返すので、viewStep 自体も Html Msg を返すようにします。

```
viewStep : Model -> Html Msg
viewStep model =
    if model.sending then
        viewSending
    else
        viewConfirmation model
```

　view についてはあと一息です。div [class "content"] がとるリストの中で viewStep を呼ぶようにしてください。最終的に view 関数は以下のようになっているはずです。

```
view : Model -> Html Msg
view model =
    div []
        [ h1 [ class "header" ]
            [ text "Saladise - Build a Salad" ]
        , div [ class "content" ]
```

```
            [ viewStep model ]
        ]
```

　ここまでのコードが、本書サポートサイトからダウンロードしたコードの code/larger/examples ディレクトリーに入っている SaladBuilder01.elm と一致していることを確認してください。アプリケーションを起動して、コンパイルが成功してちゃんと動いていることをウェブブラウザーで確認してください。

　これで view を全部整理できました。より小さな関数に小分けすることで、より読みやすく、またバグの原因を見つけやすいコードになりました。viewBuild と viewConfirmation にはまだ重複コードがいくつかありますが、それについては後で修正します。先に Msg 型と update 関数の改善をしましょう。

6.2　メッセージをもっとシンプルにする

　update 関数は、コードが重複していたり、不必要に複雑な書き方になってしまっています。本節では、update 関数が処理するメッセージを削減することで、もっとシンプルなものにします。ここでは複数のメッセージを、パラメーターが付いた1つのメッセージに集約する方法を学びます。

　SaladBuilder.elm の下部にある update 関数を見てみましょう。この関数はコードが100行以上にもおよび、問題が生じています。

```
update : Msg -> Model -> ( Model, Cmd Msg )
update msg model =
    case msg of
        SelectLettuce ->
                ( { model | base = Lettuce }
                , Cmd.none
                )
    -- other branches
```

　ToggleTomatoes、ToggleCucumbers、ToggleOnions のメッセージ間でコードの重複があるのです。さらに、サラダのベースを選択する部分やドレッシングを選択する部分のような、サラダに関する他のメッセージにも重複があります。

　まず、問題の1つは Msg 型が不必要に15個の型を持っていることです。

```
type Msg
    = SelectLettuce
    | SelectSpinach
    | SelectSpringMix
    | -- 12 more values
```

Msg 型の値は、カスタム型の Base、Topping、Dressing を有効に活用すべきです。

どういうことか説明するために、Msg の値である SelectLettuce、SelectSpinach、SelectSpringMix を例として見てみます。これらはどれも Base 型の特定の値で model.base フィールドを更新するために使われています。たとえば、SelectLettuce は model.base を Lettuce にするために使われています。

このように、現状ではメッセージと値を 1:1 に対応させています。これを変更して、メッセージがフィールドに設定したい値を内包するようにするのです。このテクニックを使うと、SelectLettuce、SelectSpinach、SelectSpringMix を SetBase という 1 つのメッセージにまとめることができます。この際、SetBase が Base 型の値を内包するようにします。では、実際に試して理解を深めましょう。3 つのメッセージを、以下のように SetBase で置き換えます。

```
type Msg
    = SetBase Base
    | -- other Msg values
```

カスタム型の値はコンストラクター関数になることを思い出してください。SetBase は Base 型の値を受け取るコンストラクターになっているはずです。では、viewBuild の中にあるラジオボタンのコードを変更して、今回新しく定義した SetBase メッセージに、このラジオボタンで更新したい Base 値を包むようにしましょう。具体的には以下のような置き換えになります。

- SelectLettuce を SetBase Lettuce に置き換えます
- SelectSpinach を SetBase Spinach に置き換えます
- SelectSpringMix を SetBase SpringMix に置き換えます

この置き換えをすると、たとえば、レタスに関する onClick ハンドラーは次のようになるはずです。

```
, onClick (SetBase Lettuce)
```

ここでは onClick に対して、Base 型の値を内包した SetBase メッセージを渡しています。これにより、ユーザーがラジオボタンを選択したときには、update 関数内でこの Base 型の値を使うことができます。

update 関数の側では、SelectLettuce、SelectSpinach、SelectSpringMix の分岐を 1 つにまとめます。以下のように、これらを SetBase に関する分岐に置き換えましょう。

```
SetBase base ->
    ( { model | base = base }
    , Cmd.none
    )
```

　特定の Base 型の値に対して 1:1 対応で Msg 型の値を作成するのではなく、SetBase に内包されている Base 型の値を取り出して、その値で model.base を更新しています。これによって、update の分岐が減っただけではなく、コードの重複も減っています。よくできました。

　今やったことをドレッシングやトッピングの選択部分にも適用して、コード重複を減らします。ドレッシングの選択については、ベースの選択でやったのとほとんど同じです。下記のステップにしたがって改善しましょう。

1. SelectNoDressing、SelectItalian、SelectRaspberryVinaigrette、SelectOilVinegar を、Dressing 型の値を引数にとる SetDressing という 1 つのコンストラクターに集約します。

   ```
   SetDressing Dressing
   ```

2. viewBuild が SetDressing を使うように更新します。SetDressing には適切な Dressing 型の値を引数として渡しましょう。たとえば、「ドレッシングを希望しない」を選択する onClick ハンドラーは次のようになります。

   ```
   , onClick (SetDressing NoDressing)
   ```

3. update 内のドレッシングに関する分岐をまとめて SetDressing の分岐のみにします。選択されたドレッシングの種類を SetDressing から取り出し、その値で model.dressing を更新します。その結果、コードは以下のようになります。

   ```
   SetDressing dressing ->
       ( { model | dressing = dressing }
       , Cmd.none
       )
   ```

　トッピングの選択についても、基本的にここまでの例を参考にすれば修正できます。ただ、これまでには必要なかった追加の手順が少し必要になります。次のステップにしたがってください。

1. ToggleTomatoes、ToggleCucumbers、ToggleOnions を ToggleTopping コンストラクターに集約します。この新しく登場した ToggleTopping という値は引数として2つの値をとります。1つ目が Topping 型の値で、2つ目は Bool 型の値です。2つ目の値は、ユーザーがそのトッピングを選択したのか除外したのかを知るためのものです。具体的には ToggleTopping は以下のようになります。

```
ToggleTopping Topping Bool
```

2. viewBuild を変更して ToggleTopping を使うようにします。この ToggleTopping には、適切な Topping 型の値を渡して呼び出します。本来 ToggleTopping は引数を2つとりますが、ここでは Topping 型の引数を部分適用します。これができるのは、カスタム型を定義するときに自動生成されるコンストラクター関数がカリー化されているからです。このように部分適用することで、ユーザーが実際にチェックボックスをクリックすると、onClick ハンドラーが Bool 型の引数を追加で ToggleTopping に渡します。たとえば、トマトを付けたり外したりする onClick ハンドラーは、以下のようになります。

```
, onCheck (ToggleTopping Tomatoes)
```

3. update 内のトッピングに関する分岐を ToggleTopping に集約します。この分岐では、ToggleTopping に内包されている選択／選択解除された Topping 型の引数と、選択／選択解除を表す Bool 型の引数を取り出します。改善前のコードには model.topping を更新するところにも、選択時と選択解除時でコードの重複がありました。これを解決するために、if-else の中身を let 式に移動し、ToggleTopping の Bool 型の引数の値に応じて、Set 型の toppings フィールドを更新する関数を決定するようにします。この更新に使う関数は、トッピングを追加するときには Set.insert になり、取り除くときには Set.remove になります。これらを踏まえて ToggleTopping の分岐を以下のようにしてください。

```
ToggleTopping topping add ->
    let
        updater =
            if add then
                Set.insert

            else
                Set.remove
    in
    ( { model
```

```
                      | toppings = updater (toppingToString topping) model.toppings
                  }
              , Cmd.none
              )
```

　お疲れ様です。めちゃくちゃ改善されました！ 無駄に 15 個もあった Msg の値が 8 つになりました。update 内の分岐も減らし、コードの重複もたくさん削りました。これでかなりコードが改善されました。次節に進む前に、手元のコードが本書サポートページからダウンロードした code/larger/examples ディレクトリー内の **SaladBuilder02.elm** と一致していることを確認してください。また、現在のコードが npm start でコンパイルできていることも確認しておいてください。では、次はモデルを見ていきます。

6.3　モデルの状態を入れ子にする

　現在の Model は、ビューの状態、サラダの構成に関する情報、連絡先情報など、アプリケーションにおいて異なる役割のフィールドが十把一絡げに入っています。これによって、update 関数があまりにも多くの責務を担ってしまっています。そのままだとアプリケーションをこれからも拡張していくのが大変なので、これを解決するためにモジュール化が必要になります。モジュール化をしないと update 関数は時間の経過に伴ってどんどん膨れ上がり、扱いにくくなってしまうのです。

　本節では、Model のうち、サラダの構成に関わる部分を管理するために入れ子構造を使います。サラダの状態を更新するための専用の update 関数とメッセージ型を作成することで、アプリケーションをモジュール化します。また、状態を入れ子にすることの利点と欠点についても学びます。

▶サラダに関する情報をくくり出す

　サラダの状態を管理する方法の 1 つが、base、toppings、dressing フィールドを持つ Salad レコード型を作成することです。それにより、Model 内に複数散らばっていたフィールドを Salad 型の salad フィールド 1 つだけに置き換えることができます。

　では、この方針で進めてみます。型エイリアス Salad を Model の上に作成します。

larger/examples/SaladBuilder03.elm

```
type alias Salad =
    { base : Base
    , toppings : Set String
```

```
    , dressing : Dressing
    }
```

　次に、Model 内にある、サラダに関する 3 つのフィールドを salad フィールドで以下のように置き換えます。

```
type alias Model =
    { -- view state fields
    , salad : Salad
    , -- contact fields
    }
```

　initialModel 内では、サラダに関する 3 つのフィールドの値を、入れ子にした salad フィールドのレコードに移動します。

```
initialModel =
    { -- view state values
    , salad =
        { base = Lettuce
        , toppings = Set.empty
        , dressing = NoDressing
        }
    , -- contact values
    }
```

　この段階では、アプリケーションをコンパイルすることができません。viewBuild、viewConfirmation、encodeOrder、update がモデル内の入れ子になった salad フィールドにアクセスせずに、変更前のサラダに関するフィールドに直接アクセスしようとしてしまうからです。これらの関数を修正する前に、Msg 型と update 関数をまずモジュール化しましょう。

　ここでは Salad 型のために専用のメッセージと専用の update 関数を用意します。そうすることで、メインの update 関数からサラダに関連する分岐を取り除くことができ、シンプルにすることができます。

　もちろん、サラダに関連するメッセージを Elm のランタイムから受け取るためには、メインの update 関数のお世話にならないといけません。この場合、メインの update 関数は、サラダの update 関数へのルーターのような振る舞いをすることになります。これについてはもう少し後で見ましょう。まずはサラダ専用に、メッセージ型と update 関数を作成します。

　メインの Msg 型の上に SaladMsg 型を追加します。SetBase、ToggleTopping、SetDressing を Msg から SaladMsg に移動します。

```
type SaladMsg
    = SetBase Base
    | ToggleTopping Topping Bool
    | SetDressing Dressing
```

　SaladMsg 型の値と Salad 型の値をとって Salad 型の値を返す updateSalad 関数を作成します。

```
updateSalad : SaladMsg -> Salad -> Salad
updateSalad msg salad =
    case msg of
```

　次に SetBase、ToggleTopping、SetDressing の分岐を update から updateSalad に移動します。このとき、updateSalad の引数 salad に合わせて、移動したコードの各分岐において model を salad に書き換えるようにしてください。また、updateSalad は Cmd を返す必要がないので、タプルの代わりに更新後のサラダに関する状態だけを返すようにしてください。たとえば、updateSalad の最初の case 式は以下のようになります。

```
case msg of
    SetBase base ->
        { salad | base = base }
    -- other branches
```

　これで、値として与えられた SaladMsg からサラダの状態を更新する、独立した updateSalad 関数ができました。

▶ サラダに関する状態を連携させる

　SaladMsg 型も updateSalad 関数も、update と viewBuild 内に書かなければ使われません。基本的な流れとしては、ユーザーがサラダを構成したときに viewBuild が SaladMsg を発行するようにします。そして、update の側では SaladMsg の値を updateSalad に渡すことで、入れ子になったサラダの状態を更新できるようにします。
　もう一度 viewBuild に目を移しましょう。結果的には、実はすでに SaladMsg 値を発行するようになっています。たとえば、最初のラジオボタンは onClick のハンドラー内で SetBase を呼んでいます。この SetBase は今では Msg ではなく SaladMsg に属しているため、viewBuild が SaladMsg 値を発行するようになっているのです。
　しかし、viewBuild の型を調べてみると、ある問題があることに気づきます。返り値が Html Msg なのです。この型からすると、viewBuild は Msg 型の値を発行しない

といけません。しかし、ここでは SaladMsg 型の値を返したいのです。Elm の型シス
テムはこれを許してくれません。

　この問題は、SaladMsg 値を**内包する**新しい Msg 値を作ることで解決できます。Msg
の値に、新しく SaladMsg という値を次のように追加します。

```
type Msg
    = SaladMsg SaladMsg
    -- other Msg constructors
```

　SaladMsg が 2 度出てきて紛らわしいので、もう少し噛み砕きます。最初の SaladMsg
は Msg 型の値を生成する**新しいコンストラクター**です。2 つ目の SaladMsg は先ほど
作成した SaladMsg **型**です。一方はコンストラクターという**値**で、もう一方は**型**なの
で、両者に同じ名前を付けることができるのです。

　Elm 界隈ではこのように名前を付けることが多いですが、もちろん Msg の値を
SaladMsgWrapper のような別の名前にしても構いません。

　さて、これで SaladMsg のラッパーが追加されました。これを使って viewBuild を
修正しましょう。サラダ関連のフィールドにアクセスするコードがすぐ近くにあるの
で、ついでにこれも model 直下のフィールドから model.salad 下のフィールドにア
クセスするように修正します。以下のように、最初のラジオボタンの checked 属性と
onClick 属性を変更してください。

```
, checked (model.salad.base == Lettuce)
, onClick (SaladMsg (SetBase Lettuce))
```

　これでサラダのベースに関する情報には、model.salad.base を通してアクセスす
るようになりました。また、SaladMsg ラッパーに SetBase Lettuce を内包させまし
た。この要領で、サラダのベースに関する他のラジオボタンも変更してください。

　サラダのトッピングについてはいったん置いておいて、ドレッシングに関するラジ
オボタンも同じ要領で変更してください。たとえば、ドレッシングに関する最初のラ
ジオボタンは、以下のような checked 属性と onClick 属性になるはずです。

```
, checked (model.salad.dressing == NoDressing)
, onClick (SaladMsg (SetDressing NoDressing))
```

　ここでサラダのトッピングに話題を戻しましょう。ToggleTopping 値を SaladMsg
ラッパーを使うのはこれまでと同じですが、包み方は今までと異なります。トッピン
グに関する最初のチェックボックスを変更して、次のような checked 属性と onCheck

属性を持つようにしましょう。

```
, checked (Set.member (toppingToString Tomatoes) model.salad.toppings)
, onCheck (SaladMsg << ToggleTopping Tomatoes)
```

ここでは、ToggleTopping と SaladMsg コンストラクター関数を連結するために、左合成演算子 << を使っています。この << 演算子は ToggleTopping を最初に呼びます。さて、ToggleTopping は Topping 型と Bool 型の 2 つの引数をとるのでした。ということは、ToggleTopping に Topping 型の値を部分適用すると、Bool 型の値が渡されるのを待つ関数が返ってきます。この Bool 型の値は、ユーザーがチェックボックスを実際にチェックするときに Elm が渡してくれます。これで ToggleTopping 型の値が生成されるのです。その後 << 演算子によってさらに SaladMsg ラッパー関数にその結果が渡されて、最終的に Msg.SaladMsg 型の値が作成されます。ここの << 演算子は以下のような関数を構築する役割を担っているわけです。

```
toggleToppingMsg : Topping -> Bool -> Msg
toggleToppingMsg topping add =
    SaladMsg (ToggleTopping topping add)
```

トッピングに関する残りのチェックボックスも同じように修正してください。それが終わったら update 関数に移りましょう。update 関数内にある case 式の最初の分岐に以下のものを挿入してください。

```
SaladMsg saladMsg ->
    ( { model | salad = updateSalad saladMsg model.salad }
    , Cmd.none
    )
```

先ほどお伝えした通り、サラダに関連するメッセージを Elm のランタイムから受け取るのはメインの update 関数です。この update 関数は、ファイルの一番下のところで main という定数を通して The Elm Architecture に渡されています。update は発行されるすべてのメッセージを受け取りますが、updateSalad は update のように直接メッセージを The Elm Architecture から受け取ることができません。そこで、update から updateSalad にメッセージを横流しする必要があるのです。これを実現するために、update は SaladMsg ラッパーに包まれている SaladMsg 型の値を saladMsg という定数に代入して、updateSalad に model.salad とともに渡しています。updateSalad は新しい Salad 型の値を返すので、その値で model.salad を更新しています。

　最後に viewConfirmation 関数と encodeOrder 関数を修正してコンパイルできる

ようにしましょう。それぞれ model.salad を通してサラダに関する情報にアクセスするように、次の通り修正してください。

- model.base → model.salad.base
- model.toppings → model.salad.toppings
- model.dressing → model.salad.dressing

　ここまでのコードが、本書サポートサイトでダウンロードしたコードの code/larger/examples ディレクトリーに入っている SaladBuilder03.elm と一致していることを確認してください。アプリケーションを起動してみて、実際にコンパイルが成功してちゃんと動いていることを確認してください。

▶状態の入れ子についての総括

　サラダに関する状態を入れ子にすることで、いろんな方法でコードをきれいにすることができました。入れ子になっていることで、「きっとメインのモデルとサラダに関する状態を分離しているのだな」と推測できるようにもなります。また、SaladMsg 型と updateSalad 関数を別に作ることで、update 関数が管轄する範囲を小さくシンプルにできます。

　しかし、同時にいくつか問題も発生しました。ビュー関数の中には、viewBuild のサラダに関する情報と viewConfirmation の連絡先に関する情報のように、別の情報を同じレイアウトで表示しなくてはならないものがあります。また、責務の分離もうまくできていません。たとえばサラダに関する部分のみを扱うような関数に切り分けることができずに、関数がモデル全体を引数として受け取るようになっていました。そのせいで、サラダに関するフィールドにアクセスするには毎回内部で model.salad という形にしなければなりませんでした。これは煩雑な感じがします。

　アプリケーションがさらに大きくなっていくと、この入れ子構造の状態を使い続けることで加速度的に煩雑さが増えていきます。そのうえ、さらに悪い問題も出てきます。たとえば、サラダイスが「ユーザーが出前を頼めるようにして、支払いに関する詳細情報を入力するようにしてほしい」と言い出したらどうでしょうか？ model.delivery.payment.address.line1 みたいな果てしなく続く入れ子地獄で苦しみ続けることになります。

　入れ子地獄を垣間見てみましょう。たとえば、updateDelivery 関数を作って line を更新しようと思ったら、それだけで次のようなコードを書かないといけません。

```
updateDelivery msg delivery =
    case msg of
        SetLine1 line1 ->
        let
            payment = delivery.payment
            address = payment.address
        in
        { delivery
            | payment =
                { payment
                    | address = { address | line1 = line1 }
                }
        }
```

　レコード更新構文を使うためには、入れ子になったレコードを別々の定数にまず代入しなくてはならないのです。入れ子になったレコードの更新構文はこのように厄介で理解しにくくなってしまいます。もちろん、入れ子のフィールドごとにupdate* といった補助関数を定義してやることもできますが、関数内に出てくる補助関数の定義を探すためにコード中を目まぐるしく飛び回ることになります。

　私からのアドバイスとしては、入れ子になった状態を使わないか、Saladの例でやったように控えめに使うことです。状態を入れ子にする際には、最大でも1段階までの入れ子にするようにしましょう。

6.4　拡張可能レコードを使う

　サラダに関する状態を整理できたので、今度は連絡先情報に関する状態を扱っていきましょう。状態の入れ子に関する落とし穴を見てきたので、この節では別の方法を使いましょう。拡張可能レコードを使うことで、入れ子を使わずにContact型を作成する方法を学びます。この方法でも連絡先情報に関連したフィールドだけを変更するupdateContact関数を作ることができます。

▶連絡先情報のための拡張可能レコードを作成する

　今回の手法でも専用の型エイリアスとしてContact型を作成します。でも、入れ子の手法で作ったような型エイリアスとは少し異なります。Salad型エイリアスの下に、次のようなコードを追加してください。

larger/examples/SaladBuilder04.elm

```elm
type alias Contact c =
    { c
        | name : String
        , email : String
        , phone : String
    }
```

　これが**拡張可能レコード**と呼ばれるものです。拡張可能レコードはいわゆる「インターフェース」に似たものです。拡張可能レコードに定義されているフィールドを全部持っているレコードは、その拡張可能レコードの具体的な1つの型であると言えます。たとえば、上記の拡張可能レコード Contact は name、email、phone という String 型のフィールドを持つ**あらゆる型**が Contact であると言っています。

　先頭の { c | という構文では、ここに定義しているフィールドを含むすべての型を総称して c という名前を付けています。c は小文字なので型変数です。この型変数は型エイリアスの定義の左辺にも含めて type alias Contact c のように宣言する必要があります。

　たとえば以下のレコードは Contact であると言えます。

```elm
{ name = "Jeremy", email = "j@example.com", phone = "123" }
```

　また、次のように age という追加のフィールドが付いているようなレコードも Contact です。

```elm
{ name = "Tucker", email = "t@example.com", phone = "123", age = 11 }
```

　次のレコードは、phone フィールドを含んでいないので Contact **ではありません**。

```elm
{ name = "Sally", email = "s@example.com" }
```

　さて、ここでは拡張可能レコードを使って連絡先情報をモジュール化することを考えていきます。まずは連絡先情報専用のメッセージと、Contact レコードを扱うための updateContact 関数を作る必要があります。今回の場合、Contact レコードは実際には Model そのものになります。Model 型自体が name、email、phone という String 型のフィールドを持っているので、事実上 Contact に違いありません。状態を入れ子にする代わりに拡張可能レコードを使うのは、アプリケーションをモジュール化する上で何だか直感に反しているかもしれません。これがなぜ便利なのかはこの後すぐに

分かるので、もう少しお待ちください。

　ひとまずは、連絡先情報専用の独立したメッセージ型を定義しましょう。以下のように、SaladMsg の下に ContactMsg を作成し、Msg 型の SetName、SetEmail、SetPhone を ContactMsg に移動してください。

```
type ContactMsg
    = SetName String
    | SetEmail String
    | SetPhone String
```

　サラダに関する状態についてやったのと同じように、ContactMsg 型の値をラップする ContactMsg ラッパーを Msg の中に作成してください。

```
type Msg
    -- other Msg values
    | ContactMsg ContactMsg
    -- other Msg values
```

▶連絡先に関する状態を連携させる

　お待たせしました。ここで連絡先に関する状態に拡張可能レコードを採用した理由が分かります。次のように update の下に updateContact 関数の定義を追加してください。

```
updateContact : ContactMsg -> Contact c -> Contact c
updateContact msg contact =
    case msg of
```

　この updateContact 関数は ContactMsg 型の値と Contact c 型の値を引数として受け取り、Contact c 型の値を返します。Contact に型変数 c をくっつけなければならないことに注意してください。型注釈によると、updateContact は Contact である型なら何でも受け取ることができます。ゆえに、Model レコードを渡すことも可能です。実際にこの後 Model レコードを渡します。

　update から SetName、SetEmail、SetPhone の分岐を移動して updateContact の定義を完成させてください。これらの分岐内で使われている model を contact に変更し、タプルとコマンドを取り除いて更新後のレコードのみを返すように変更します。この変更を行うと、updateContact 内の case 式は以下のようになります。

```
case msg of
    SetName name ->
```

```
        { contact | name = name }
    -- other branches
```

　次に update 内で updateContact と連携します。SaladMsg の分岐の下に、次のように ContactMsg の分岐を追加してください。

```
ContactMsg contactMsg ->
    ( updateContact contactMsg model
    , Cmd.none
    )
```

　ここでは contactMsg を ContactMsg ラッパーから取り出して、model とともに updateContact に渡しています。そしてその updateContact の返り値を新しいモデルとして採用しています。updateContact 関数はその型注釈からも分かるように、連絡先に関連するフィールドのみを変更しています。model に含まれるその他のフィールドを変更したり削除したりすることはありません。
　拡張可能レコードは、**型を狭める**という概念を実現するために利用しています。この**型を狭める**というのは、関数がとる引数を本当に必要なものだけに制限するということです。今回のケースでは、Contact 型を使わないで Model 型の値を直接 updateContact に渡すことも、やろうと思えばできました。しかし、それでは連絡先情報と無関係なフィールドにも updateContact がアクセスできることになってしまい、関心の分離という原則を崩してしまいます。
　今回の例では、Model 型の値を直接 updateContact に渡す代わりに、Contact レコードという本当に必要な型に狭めました。このように、拡張可能レコードを使用することで、モジュール化と関心の分離という恩恵を、フィールドの入れ子のような厄介なことをせずに実現できるのです。
　では、viewBuild を修正して本節のまとめとしましょう。SaladMsg 型の値を SaladMsg ラッパーに包んだのと同じように、ContactMsg 型の値も ContactMsg ラッパーで包む必要があります。ContactMsg 型の値である SetName、SetEmail、SetPhone を、<< 演算子を使って ContactMsg ラッパーで包みます。たとえば、名前入力欄の onInput ハンドラーは次のようになります。

```
, onInput (ContactMsg << SetName)
```

　入力欄にユーザーが実際に文字を入力すると、Elm が String 型の値を onInput の引数に渡してくれます。その後 << 演算子によって、Elm が渡した String 型の値を SetName にくっつけたものが ContactMsg に渡されます。こうして、晴れて Html Msg

型の値になるのです。

　実はこれで完了です。連絡先情報の状態を入れ子にしなかったので、他の関数を特に修正する必要がないのです。入れ子を使わないので、先の例で見た様々な問題を回避することができます。

　もちろん、入れ子を使わずに拡張可能レコードを使う方法にも、やはり多少の欠点があります。Model 型と Contact 型で、明示的に name、email、phone フィールドをそれぞれ同じように宣言する必要があります。もし Model のフィールドが大量にあったら、型の宣言も初期状態の定義も二度手間になり、とても面倒です。しかし、私個人としては、これは入れ子を使ってコードを複雑にすることを避けるためのトレードオフとして受け入れています。

　いずれにせよ、大規模なアプリケーションを触っているうちに、状態の入れ子と拡張可能レコードの使い方のちょうどいい塩梅が見えてくると思います。それぞれの選択肢の感覚を身につけて、可読性を向上させながらコードの複雑さを減らす一番すっきりしたやり方を選択してください。

　手元のコードが本書サポートページからダウンロードした code/larger/examples ディレクトリー内の SaladBuilder04.elm と一致していることを確認し、コンパイルして起動できることを確認してください。以降ではコードの重複をなくす方法を見ていきます。

6.5　ビューの重複コードを取り除く

　これで Msg、Model、update を管理しやすく分割できました。次はビューの改善に戻りましょう。この節では、再利用可能な補助関数を作成して viewBuild のコードの重複をなくします。それによって、将来的に新しい文字入力欄を簡単に作成できるようにします。

▶ 再利用可能なセクションを作成する

　入力欄のコード重複を除去するのは少し厄介なので、先にフォームのセクション部分を改善しましょう。フォーム内の section タグには "salad-section" というクラス名が繰り返し登場しています。またこれらのセクションはどれも h2 タグの見出しと入力欄からできています。まずこのセクションを作成する部分を、再利用可能な関数としてくくり出しましょう。viewBuild の上に viewSection 関数を以下のように追加してください。

larger/examples/SaladBuilder05.elm

```
viewSection : String -> List (Html msg) -> Html msg
viewSection heading children =
    section [ class "salad-section" ]
        (h2 [] [ text heading ] :: children)
```

　この viewSection 関数は 2 つの引数をとります。String 型の heading という引数と、Html msg の List 型である children という引数です。viewSection 関数は section タグを作成し、その子要素のリストに引数 children を使っています。ここでは、子要素のリストの先頭に :: 演算子を使って h2 タグをくっつけています。これによって、viewSection は子要素の最初の要素として h2 タグを表示することができるのです。

　次に viewBuild を変更して、内部で viewSection を使うようにします。すべての section タグを viewSection を呼ぶように置き換えてください。このとき、h2 タグを削除し、h2 タグに表示していたテキストを viewSection の最初の引数として渡します。たとえば、最初の section は以下のようになるはずです。

```
, viewSection "1. Select Base"
    [ label [ class "select-option" ]
        [ input
            -- remaining code for selecting base
```

▶トッピングの選択部分を再利用可能にする

　では、フォームの入力部分に移っていきましょう。トッピングのチェックボックスがフォームの中で一番シンプルなので、まずはここから始めます。ここのチェックボックスはどれも同じパターンになっています。具体的には、"select-option" クラスを持った label 関数を共通して持っています。そしてこの label 関数の子要素にはチェックボックス本体とトッピング名を示す text 関数が共通して入っています。どのチェックボックスも checked 属性と onCheck 属性で同様のロジックを重複して指定しています。

　これらの重複部分を再利用可能な関数としてくくり出してみます。viewBuild の上に、以下のように viewToppingOption 関数を作成してください。

```
viewToppingOption : String -> Topping -> Set String -> Html Msg
viewToppingOption toppingLabel topping toppings =
    label [ class "select-option" ]
        [ input
            [ type_ "checkbox"
            , checked (Set.member (toppingToString topping) toppings)
```

```
                   , onCheck (SaladMsg << ToggleTopping topping)
                   ]
                   []
            , text toppingLabel
            ]
```

この関数は String 型の toppingLabel という引数をとり、label 内の text 関数に
渡しています。checked 属性では topping と toppings という 2 つの引数を利用して
います。これらを使ってトッピングが選択されているかを判定します。最後に onCheck
属性です。ここでは ToggleTopping に topping 引数を部分適用させ、その部分関数
を SaladMsg ラッパーと合成しています。この手法は以前扱いました。

viewBuild を修正する前に、選択可能なトッピングの種類を一箇所にまとめるため
に viewToppingOption を使う別の補助関数を作成します。viewSelectToppings と
いう名前で viewToppingOption の下に関数を追加してください。

```
viewSelectToppings : Set String -> Html Msg
viewSelectToppings toppings =
    div []
        [ viewToppingOption "Tomatoes" Tomatoes toppings
        , viewToppingOption "Cucumbers" Cucumbers toppings
        , viewToppingOption "Onions" Onions toppings
        ]
```

toppings という Set 型の引数をとり、トッピングごとに viewToppingOption を呼
んでいます。この viewSelectToppings を使って、viewBuild のトッピングに関する
セクションをすべて置き換えてください。

```
, viewSection "2. Select Toppings"
    [ viewSelectToppings model.salad.toppings ]
```

コードがずらずらと長く続いていたところが整理され、viewBuild のどこで何を
やっているのかが少し分かりやすくなりました。これで実際にトッピングの選択肢を
表示しているのがどこかすぐに見つけられます。

▶ラジオボタンを再利用可能にする

チェックボックスに対して行った手法はラジオボタンでも使えます。ただしここでは、
もう少し汎用的に再利用できる関数を作ることにします。この関数はサラダのベース
に対してもドレッシングに対しても使えます。

　viewBuild 内でラジオボタンを使っているところを 1 つ見てください。チェック
ボックスの使い方にかなり似ているはずです。まず、label、text、実際のラジオ
ボタンを持っています。ラジオボタンの checked 属性と onClick 属性が他の部分と
重複しているのもチェックボックスによく似ています。この重複を除去するために、
viewRadioOption 関数を作って再利用します。viewSection の下に次のように定義を
追加してください。

```
viewRadioOption :
    String -> value -> (value -> msg) -> String -> value -> Html msg
viewRadioOption radioName selectedValue tagger optionLabel value =
    label [ class "select-option" ]
        [ input
            [ type_ "radio"
            , name radioName
            , checked (value == selectedValue)
            , onClick (tagger value)
            ]
            []
        , text optionLabel
        ]
```

　型注釈が何だかすごいことになっています。読み解くために引数を 1 つずつ見てい
きましょう。

- radioName は String 型の引数で、関数内で name 属性に渡されています。ご存
  知かとは思いますが、この name 属性は HTML のラジオボタンにおいて、関連
  あるボタンをグループ化するための属性です。
- selectedValue は、そのラジオボタンを含むグループにおいて現在選択されて
  いる値のことです。selectedValue の型は value なので型変数です。型変数と
  いうことはどんな型でも受け入れられるということです。自分自身が選択され
  ているかどうかを判断するために selectedValue と value 引数を比較してい
  ます。
- tagger は関数で、value 型の値をとって msg 型の値を返します。msg 型も型変
  数なので、メッセージを示すどんな型でも受け入れることができます。関数内
  では value 引数にこの tagger を適用することでメッセージを作成し、それを
  onClick ハンドラーに渡しています。これは元のコードで SetBase を Lettuce
  に適用して渡していたことに似ています。
- optionLabel は label タグの中にある text ノードに渡す String 型の引数で
  す。

- value 引数はそのラジオボタンが持つ値です。value **型変数**が value 引数の型です。
- Html msg はこの viewRadioOption の返り値で、msg は型変数です。実際に msg 型がどんな型になるかは、tagger 引数が返すメッセージの型によって決まります。

　今回定義した viewRadioOption は少し複雑に思えるかもしれませんが、再利用性が高くなっています。value 型変数を使っていることで、この関数を Base という値にも Dressing という値にも使えるのです。あるいは将来的に別の値やメッセージの型を使うようになったときにも再利用できます。

　トッピングの場合と同じように、サラダのベースとドレッシングに対してラジオボタンが取りうる選択肢を列挙する関数を追加します。まずは viewRadioOption の下に viewSelectBase 関数を以下のように作成してください。

```
viewSelectBase : Base -> Html Msg
viewSelectBase currentBase =
    let
        viewBaseOption =
            viewRadioOption "base" currentBase (SaladMsg << SetBase)
    in
    div []
        [ viewBaseOption "Lettuce" Lettuce
        , viewBaseOption "Spinach" Spinach
        , viewBaseOption "Spring Mix" SpringMix
        ]
```

　viewSelectBase 関数は、現在選択されている値を currentBase 引数として受け取ります。let 式の中で viewRadioOption にいくつかの引数を部分適用した viewBaseOption 関数を作成しています。これで実現しようとしているのは、viewRadioOption をサラダのベース専用にカスタマイズした viewBaseOption という関数を再利用することです。

　viewBaseOption を作成するところでは、まずラジオボタンの name 属性を "base" に設定しています。次に selectedValue として currentBase を渡し、tagger として (SaladMsg << SetBase) を渡しています。このようにあらかじめ設定した関数を使うことで、同じ引数の再入力を避けることができます。それによって、特に name 属性の誤入力を避けることができます。最後に各行のラジオボタンに即した値を viewBaseOption の引数として与えています。

　viewSelectDressing 関数を作成して、これまでと同様のことをドレッシングに対しても行いましょう。

```
viewSelectDressing : Dressing -> Html Msg
viewSelectDressing currentDressing =
    let
        viewDressingOption =
            viewRadioOption
                "dressing" currentDressing (SaladMsg << SetDressing)
    in
    div []
        [ viewDressingOption "None" NoDressing
        , viewDressingOption "Italian" Italian
        , viewDressingOption "Raspberry Vinaigrette" RaspberryVinaigrette
        , viewDressingOption "Oil and Vinegar" OilVinegar
        ]
```

viewSelectDressing は viewSelectBase と同じ構造をしています。使っている値やメッセージがドレッシング用のものになっていることのみが異なります。

viewBuild 内のラジオボタンを viewSelectBase と viewSelectDressing で置き換えてください。サラダのベースを選ぶところは以下のようになっているはずです。

```
, viewSection "1. Select Base"
    [ viewSelectBase model.salad.base ]
```

ドレッシングを選択するところは次のようになっています。

```
, viewSection "3. Select Dressing"
    [ viewSelectDressing model.salad.dressing ]
```

これでかなりいいコードになりました。viewBuild 関数の可読性を大きく向上することができました。

▶文字入力を再利用可能にする

viewBuild には、まだ連絡先情報のところに重複コードが残っています。それを解決するために、チェックボックスとラジオボタンで行ったことを適用して、再利用可能な文字入力関数を作ってみましょう。viewSelectToppings の下に viewTextInput 関数を追加します。

```
viewTextInput : String -> String -> (String -> msg) -> Html msg
viewTextInput inputLabel inputValue tagger =
    div [ class "text-input" ]
        [ label []
```

```
                    [ div [] [ text (inputLabel ++ ":") ]
                    , input
                        [ type_ "text"
                        , value inputValue
                        , onInput tagger
                        ]
                        []
                    ]
                ]
```

viewTextInput 関数は 3 つの引数をとります。まず inputLabel 引数です。これ
は入れ子になった div タグ内で使い、何を入力するかを説明するラベルにしています。
次に inputValue 引数です。input タグの value 属性に設定し、現在の値が表示され
るようにしています。

最後の引数が tagger です。これは viewRadioOption の tagger 引数に似ていま
す。この tagger は String 型の引数を受け取って msg 型の値を返す関数です。これ
を onInput と一緒に使うことで、ユーザーが打ち込んだ文字を受け取れるようにして
います。

viewTextInput を集めて viewContact と名付けたものを viewBuild の上に追加し
ます。

```
viewContact : Contact a -> Html ContactMsg
viewContact contact =
    div []
        [ viewTextInput "Name" contact.name SetName
        , viewTextInput "Email" contact.email SetEmail
        , viewTextInput "Phone" contact.phone SetPhone
        ]
```

今までにも入力フィールドを集約するタイプの関数が出てきましたが、この関数は
少し異なります。contact 型の値を引数にとるまではいいのですが、Html Msg では
なく Html ContactMsg 型の値を返しています。今までと異なり、入力が起きたとき
に << 演算子を使って値 ContactMsg を ContactMsg ラッパーに合成するようなことを
していません。どうしてこのようにしたかは、viewContact を viewBuild に統合し
てみれば分かります。

ここでは viewBuild 内にある連絡先情報のセクションを viewContact を使うよう
に置き換えます。Model 型は viewContact が受け取る引数の型 Contact として扱う
ことができたので、ここではモデル全体を渡しています。この置き換えの際に、誤っ
て連絡先情報内の送信ボタンを削除しないように気をつけてください。ここまでで連
絡先情報のセクションは以下のようになっているはずです。

```
, viewSection "4. Enter Contact Info"
    [ viewContact model
    , button
        [ class "send-button"
        , disabled (not (isValid model))
        , onClick Send
        ]
        [ text "Send Order" ]
    ]
```

　このコードをこのままコンパイルすると、型エラーになります。これは viewBuild 関数が Msg 型のメッセージを返すのに対して、viewContact が ContactMsg 型のメッセージを返すからです。もちろんこれを解決するために、従来のように値である ContactMsg を ContactMsg ラッパーに合成する手法も使えます。ただここでは、Html. msg 関数を使って修正するという別の方法を紹介したいと思います。viewContact を呼んでいるところを以下のように修正してください。

```
Html.map ContactMsg (viewContact model)
```

　ContactMsg ラッパーと、viewContact の結果である Html ContactMsg 型の値を Html.map に渡しています。

　Html.map 関数は引数として関数を受け取り、Html に包まれたメッセージに対してその関数を適用します。今回のケースでは、ユーザーが連絡先情報のフィールドどれか1つに文字を入力すると、Html.map は**値**である ContactMsg を受け取り、ContactMsg **ラッパー**に渡します。その後、ラッパーに包まれたメッセージを update 関数に渡します。

　Html.map は List.map のようなものと考えましょう。Html 型がリストのようなものと考えるのです。もしリストが ContactMsg 型の値を持っていたら、その値を次のようにラップしますよね？ これと同じです。

```
List.map ContactMsg [ SetName "Jeremy", SetEmail "j@example.com" ]
-- returns [ ContactMsg (SetName "Jeremy")
--         , ContactMsg (SetEmail "j@example.com")
--         ]
```

　Html.map を使うことでコードのモジュール化が進みます。この手法によって、連絡先情報だけに依存した viewContact 関数を書くことができ、Msg 型と粗結合にすることができます。この viewContact をメインのビューに組み込む際には、Html.map を使って型システムを満たすようにする必要があります。

　必要ならこの手法を viewSelectBase などの他の関数に対して適用することもでき

ます。値である SaladMsg を直接 SaladMsg ラッパーに合成する代わりに、Html.map 関数に SaladMsg ラッパーと viewSelectBase の結果を渡して呼ぶようにします。

お疲れ様でした！ これで viewBuild をとてもきれいにまとめることができました。これなら、将来的に新しい機能を追加するときにも簡単に対応できます。それに加え、デバッグをするときにバグを引き起こしている箇所を特定しやすくなります。これは今回書いた補助関数の型を狭めたことによる恩恵です。たとえば連絡先情報のフィールドに問題があるときは、連絡先に関する引数を受け取っている関数にのみ着目すれば良いのです。

手元のコードが本書サポートページからダウンロードした code/larger/examples ディレクトリ内の SaladBuilder05.elm と一致していることを確認し、コンパイルが通ることを確認してください。

6.6 ありえない状態をとれないようにする

最後にもう一手間の調整を加えることで、サラダ構成画面の保守性を飛躍的に高めることが可能です。注目するポイントはこのアプリケーションがビューの状態を表すために使っている 4 つのフィールド building、sending、success、error です。この節ではこれらのフィールドが実際にはありえない値の組み合わせになることで、状態を一意に判定できなくなったりバグの原因になったりすることを見ていきます。その後、フィールドを 1 つに統合することでこれらの問題を解決します。

▶ フィールドを統合する

現在の実装には問題があります。それは、現状のように 4 つのフィールドを使うと、ビューが取りうる状態の中の 1 つを取りこぼしてしまうことです。どういうことか詳しく見てみましょう。viewStep では、何を表示するか判定するために if-else 式を使って 4 つのフィールドの状態をチェックしています。チェックする順番は開発者の自由で、ここではまず sending をチェックし、その後 building をチェックするようにしています。success フィールドの値は特にチェックしておらず、else 節の中で True の値になっていると見なしています。

このロジックでは、sending、building、success が仮にすべて False でも viewConfirmation の結果が表示されることになります。現状では Model がこのような本来ありえない状態になるのを抑止する仕組みが何もありません。そのため、initialModel や update 関数においてこのようなありえない状態にならないように、開発者が細心の注意を払って扱う必要があるのです。

コード量が増えるにつれてこの問題はますます大きくなります。本来ありえない状

態が起きないことを保証するために漏れなくテストを書く必要があります。開発者としては胃がキリキリする思いです。その対策として、ビューにおける状態の表現方法を改善することでバグをうっかり紛れ込ませるのを防ぐことができます。この表現方法によって型システムの力を借りることで、ありえない状態が起きないようにするのです。カスタム型 Base の上にカスタム型 Step を追加してください。

larger/examples/SaladBuilder06.elm

```elm
type Step
    = Building (Maybe Error)
    | Sending
    | Confirmation
```

上記の Step 型はビューの状態ごとに専用の値を用意しています。Building はサラダを構成している状態、Sending は注文を送信している状態、Confirmation は注文結果の確認画面を表示している状態です。Building はさらに Maybe Error 型のパラメーターを持っています。サラダを構成している画面ではエラーを表示する可能性があるからです。

Model の 4 つのフィールドを取り除き、代わりに新しく step というフィールドに置き換えましょう。

```elm
type alias Model =
    { step : Step
    , -- salad and contact fields
    }
```

initialModel も同様に対応します。ここでは step フィールドの初期値として Building Nothing を設定しておきましょう。アプリケーションはサラダの構築をしている状態から始まっており、その際まだエラーが存在しないからです。

```elm
initialModel =
    { step = Building Nothing
    , -- salad and contact values
    }
```

次に viewStep を変更し、model.step の値に応じてパターンマッチをするようにしましょう。

```
case model.step of
    Building error ->
        viewBuild error model

    Sending ->
        viewSending

    Confirmation ->
        viewConfirmation model
```

　ここでは、step が Building のときに viewBuild、step が Sending のときに viewSending、step が Confirmation のときに viewConfirmation を呼んでいます。Building の分岐では、さらに error を取り出して viewBuild の引数として渡しています。この分岐での処理に合わせて、viewBuild が error を引数にとれるように変更しましょう。

```
viewBuild : Maybe Error -> Model -> Html Msg
viewBuild error model =
    div []
        [ viewError error
        , -- sections
        ]
```

　次に、update 関数内の Send メッセージの分岐と SubmissionResult メッセージの分岐を修正して step フィールドのみを変更するようにします。

```
Send ->
    let
        newModel =
            { model | step = Sending }
    in
    ( newModel, send newModel )

SubmissionResult (Ok _) ->
    ( { model | step = Confirmation }
    , Cmd.none
    )

SubmissionResult (Err _) ->
    let
        errorMessage =
            "There was a problem sending your order. Please try again."
    in
    ( { model | step = Building (Just errorMessage) }
    , Cmd.none
    )
```

分岐内の処理がかなりシンプルになりました。

- Send の分岐では step の値を Sending にセットしています。
- SubmissionResult (Ok _) の分岐では step の値に Confirmation をセットしています。
- SubmissionResult (Err _) の分岐では step の値を Building に戻し、Building の Just 内にエラーメッセージを渡しています。

　やることはこれだけです！4つのフィールドを1つに削減し、ビューの状態を厳密にコードに落とし込めるカスタム型を作成しました。これでありがちなバグを避けることができます。さらにコードをテストしたり拡張したりするのも、より簡単になりました。ありえない状態が起きる局面があったら、このように積極的に型システムに頼って改善しましょう。

　手元のコードが本書サポートページからダウンロードした code/larger/examples ディレクトリー内の SaladBuilder06.elm と一致していることを確認してください。アプリケーションを起動して、コンパイルが通って動くことも確認しましょう。

6.7 学んだことのまとめ

変更に次ぐ変更で目まぐるしい章でした。サラダの構築システムを抜本的に改善したおかげで、サラダイスは今後の機能拡張でも手伝ってほしいと言ってくれています。この章で実現したことを振り返ります。

1. view 関数を小分けして整理しました。
2. わらわらしたメッセージを、パラメーター付きのメッセージにまとめ上げることでシンプルにしました。
3. 状態の入れ子や拡張可能レコードを使うことで、サラダや連絡先に関する状態をモジュール化しました。
4. フォーム入力に関する補助関数を作成することで、コードの重複を除去しました。
5. ありえない状態の組み合わせが起きないように、別々だったフィールドを1つにまとめました。

これらの手法を用いることで、大規模な Elm アプリケーションを簡単に拡張・保守できるようになりました。

このサラダイスのアプリケーションにはさらに改善の余地があります。viewConfirmation 内の表に重複が残ったままになっているのです。これを自身で修正してみてください。改善するためにはまず、表の行を作成する補助関数を作成します。それからラベルと値のリストからテーブルを作成する補助関数を作ります（ヒント：ペアを要素に持つリストが必要になるかもしれません）。もし自力で難しければ本書サポートページからダウンロードした code/larger/examples ディレクトリー内の SaladBuilderFixed.elm をちらっと見てみるといいでしょう。

これであらゆる規模のアプリケーションを管理できるようになったので、次はアプリケーションのデバッグとデプロイについて見ていきましょう。次の章では、素晴らしいツールを使うことで開発時間を短縮したり、Elm アプリケーションをデバッグしたりデプロイしたりする方法を学びます。

強力なツールを使って開発や
デバッグ、デプロイをする

前章では将来的に拡張していきやすい、もっとメンテナンスしやすいアプリケーションを作るために以下の内容を扱いました。

- 補助関数を使って共通部分をくくり出す
- メッセージをラップしたメッセージを作成することでモジュール化する
- モデル内の状態を入れ子にする
- 拡張可能レコードを活用する

これらの保守性を高める施策によってリファクタリングに費やす時間を削減することができ、生産性を高めることに成功しました。一方でこのようなアプリケーションの構造を変えるやり方以外にも生産性を高める方法が存在しています。

この章では、いろいろなツールや概念を身につけます。それによってコードのデバッグがより簡単になり、開発速度も高めることができ、自分で作った Elm アプリケーションをスムーズにデプロイすることができます。

さて、Elm コンパイラーはコンパイル時にとても役に立つアドバイスをしてくれます。しかしエラーやバグの中にはランタイムにしか見つからないものもあります。そういったもののデバッグに役立つ情報も手に入ったら、生産性が上がると思いませんか？ 実は Debug モジュールを使うことでランタイムに使われている値を覗き見ること

ができます。また、毎度手作業でコードをコンパイルするのも開発時間の浪費になっていると思いませんか？ Elm Reactor や Create Elm App といったツールを使うことで開発をもっと高速化しましょう。最後にリリースできるところまで完成したら、Create Elm App の機能を使ってアプリケーションを自動でビルド・デプロイしてみましょう。

7.1　Debug モジュールを使ってデバッグする

　Elm を使っている限り、JavaScript で発生してしまうようなバグのほとんどを防ぐことができます。たとえば JavaScript では関数を呼ぶ際に与える引数の数を間違ったり、間違った型の引数を渡したりすることができてしまいます。その結果ランタイムエラーや意図しない型変換によるバグが引き起こされます。Elm コンパイラーは静的型によってこの手の問題が起きないように我々を守ってくれているのです。

　そうは言ってもバグというのは静的型のミスマッチだけが原因ではありません。そもそもビジネスロジックが間違っていたら、いくら Elm でもコンパイラーをすり抜けてバグになってしまいます。ユーザーに対してバグが入り込んだアプリケーションを提供するわけにはいきませんから、そういった種類の問題に対するデバッグ手法は至上命令なのです。

　Elm におけるデバッグは、昔ながらのデバッガーを使う他の多くの言語とは異なります。ステップ実行などで処理を中断しながら状態をチェックするタイプのデバッガーは、命令型の言語を前提としているからです。命令型の言語においては、関数型言語における関数やメソッドには課されない役割があります。それは、データを上書きしたり、副作用を引き起こしたりすることです。こういった事情から、命令型言語においてはデバッガーにコード中の式を 1 行ずつ実行させ、ステップごとにコードがどう処理されたかを確認しなければならないのです。

　一方で Elm におけるデバッグは以下のような理由によって、昔ながらのデバッグ手法よりもシンプルです。

- 主にデバッグしやすい小規模・単目的の関数を合成することで全体のコードを作るから
- 副作用が起きるかどうかや、変数の値が上書きされているかについて気にする必要がないから
- 実際に多くのバグの原因となっている型の不一致や null 参照のエラーがコンパイラーによって防がれるから

　ゆえに、Elm では実行を途中で止めて変数の状態などを確認しながらデバッグする必要がないのです。

　Elm で書かれたアプリケーションにおけるバグは、実装しているロジックそのものの間違いに起因するものがほとんどです。そのためデバッグにおいては、そのロジック処理が実際に参照しているデータの中身を覗く方法さえあれば問題ありません。この節ではまず Debug モジュールを使います。このモジュールを使うことで、関数内部で使っている値を確認できるようになります。具体的には Debug.log と Debug.todo という関数を使って、ワンちゃんについての説明内容を表示するシンプルなアプリケーションをデバッグしてみます。

▶ Debug.log を使ってログを出力する

　Debug.log はすでに 5 章「WebSocket でリアルタイム通信を行う」において、WebSocket の生データをコンソールに出力するために使いました。復習のため簡単に説明します。Debug.log 関数は 1 つ目の引数として String 型の値をとり、ログに出力する内容のラベルとして使います。2 つ目の引数として受け取った値は、そのまま JavaScript のコンソールに表示します。この 2 つ目の引数にはあらゆる型を渡すことが可能です。Debug.log の返り値は第 2 引数の値をそのまま返すようにしていて、これによって値の中身を確認しながらそのまま処理を止めずに次に進むことができます。

　Elm の REPL を開き、以下のコマンドを実行して Debug.log 関数を試してみましょう。

7
章

```
> Debug.log "hello" "world"
hello: "world"
"world" : String

> Debug.log "dog" { name = "Tucker" }
dog: { name = "Tucker" }
{ name = "Tucker" } : { name : String }

> Debug.log "maybe" (Just 42)
maybe: Just 42
Just 42 : Maybe number
```

　それぞれの例において、Debug.log は受け取った 2 つの引数をコンソールに表示し、第 2 引数を返り値として返しています。たとえば、"hello" と "world" を Debug.log に渡した例では、hello: "world" と表示したうえで、文字列 "world" を返しています。

　Debug.log 関数は、パイプライン演算子を使った変換処理における途中の値を表示するのにもめちゃくちゃ便利です。以下の例を REPL で試してみてください。

```
> list = List.range 1 10
[1,2,3,4,5,6,7,8,9,10] : List Int

> list \
|    |> List.map (\n -> n * 2) \
|    |> Debug.log "doubled" \
|    |> List.filter (\n -> n > 6) \
|    |> Debug.log "filtered" \
|    |> List.map (\n -> n * n)
doubled: [2,4,6,8,10,12,14,16,18,20]
filtered: [8,10,12,14,16,18,20]
[64,100,144,196,256,324,400] : List Int
```

この例では以下の処理を行っています。

1. List.range 関数で 1 から 10 までのリストを生成する
2. List.map 関数でリスト内のすべての数値を 2 倍にする
3. List.filter 関数で 6 よりも大きい数値のみを残す
4. List.map 関数で残った数値を 2 乗にする

　なお、List.filter 関数はリスト内の要素を取捨選別した新しいリストを作成する
ものです。引数にとる関数は、リスト内のそれぞれの要素に対して True または False
を返します。この返り値が True になる要素は残し、False になる要素は結果から取
り除かれます。この選別を行った結果を新しいリストとして生成し、List.filter の
返り値として返します。
　上記の処理の間に Debug.log を仕込むことで、実際に各ステップの間で想定通りに
2 倍されたり取捨選択されたりしているかを確かめることができます。上記のコード
では Debug.log の第 2 引数を明示はしていませんが、パイプライン演算子のおかげで
その直前の変換結果が第 2 引数として渡されています。

▶ JSON のデコード結果を覗いてみる

　Debug.log 関数は JSON デコーダーの結果を確認するのにも本当に便利です。少し
復習すると、JSON データをデコードした結果は Result 型でした。これは成功（Ok）
または失敗（Err）のどちらかの値をとる型です。Debug.log を使うことで、デコード
処理に失敗した際にこの Err 値を確認して失敗の原因を探ることができるようになり
ます。
　では、ワンちゃんについての情報を持つ JSON データをデコードする簡素なアプリ
ケーションを作成し、Debug.log を使って Result 型の結果を確認してみます。まず

初めに debugging という名前のディレクトリーを作成してください。このディレクトリー内で Elm の新しいプロジェクトを以下の初期化コマンドで作成します[1]。

```
elm init
```

次に、elm/json と NoRedInk/elm-json-decode-pipeline パッケージをインストールしてください。

```
elm install elm/json
elm install NoRedInk/elm-json-decode-pipeline
```

elm init によって作成された src ディレクトリーの中に Debugging.elm という名前の新しいファイルを作成します。モジュール名 Debugging を定義し、必要な依存パッケージをインポートしています。

develop-debug-deploy/Debugging01.elm
```
module Debugging exposing (main)

import Html exposing (Html, text)
import Json.Decode as Json
import Json.Decode.Pipeline exposing (required)
```

import...as という記法は、モジュールをインポートすると同時にそのモジュールに短い名前を与えるものです。ここでは Json.Decode モジュールをインポートする際に、Json という名前に変更しています。これによって、「どこのモジュールが提供している関数か」を指定して関数を呼び出す際に、Json.Decode.(関数名) の代わりに Json.(関数名) の形式で呼び出すことができます。モジュールの別名には好きな名前を付けることができるので、Json.Decode にもっと短い J のような別名を付けることももちろん可能です。

次にワンちゃんに関する JSON データの変換先とする静的型を型エイリアスとして定義し、このレコード型に変換するデコーダーを作成します。以下のコードをインポート文の下に追加してください。

---

[1]　[訳注] ワンちゃんもすてきですが、実はこう見えて訳者はヤギさんが好きです。

```
type alias Dog =
    { name : String
    , age : Int
    }

dogDecoder : Json.Decoder Dog
dogDecoder =
    Json.succeed Dog
        |> required "name" Json.string
        |> required "age" Json.int
```

　分かりやすくするために、今回のアプリケーションはワンちゃんのJSONデータをハードコーディングされた文字列データとして受け取るものとします。以下のjsonDog定数をdogDecoderの下に追加してください。

```
jsonDog : String
jsonDog =
    """
    {
        "name": "Tucker",
        "age": 11
    }
    """
```

　jsonDog定数の下には、decodedDog定数を追加してください。これは実際にdogDecoderを用いてjsonDogをデコードした結果を返します。

```
decodedDog : Result Json.Error Dog
decodedDog =
    Json.decodeString dogDecoder jsonDog
```

　decodedDogの返り値はResult Json.Decode.Error Dogになっていますね？Resultの最初の型変数が、失敗時の値をErrコンストラクターで包んだものでした。つまり今回のデコード処理に失敗した場合には、Errコンストラクターに包まれたJson.Decode.Errorが返されることになります。

　最後にdecodedDogをページに描画するようにしましょう。decodedDogの下にviewDogという名前の関数を追加します。これはワンちゃんの名前と年齢を表示するものです。

```
viewDog : Dog -> Html msg
viewDog dog =
    text <|
        dog.name
            ++ " is "
            ++ String.fromInt dog.age
```

```
            ++ " years old."
```

　ここで**逆向きパイプライン演算子**と呼ばれる新しい演算子 <| が使われています。この演算子の右オペランドは、左オペランドとして渡された関数の最後の引数として渡されます。++ 演算子よりも優先度が低いため、上記の例では ++ で連結された文字列全体が、左側にある text 関数に引数として渡されています。

　<| 演算子は主に括弧の代わりとして、優先度をうまく指定したいときに使うと便利です。例として、上記の viewDog 関数を括弧で書き直したものと比較してみましょう。

```
text
    (dog.name
        ++ " is "
        ++ String.fromInt dog.age
        ++ " years old."
    )
```

　このように複数行の式を括弧で囲むのは、可読性も下がるうえに書きにくいものです。そのため、Elm 開発者はこういった状況では <| 演算子を使うことが多いです。

　decodedDog と viewDog 関数を連携させるために、最後に main 定数を作成します。viewDog 関数の下に次のコードを追加してください。

```
main : Html msg
main =
    case Debug.log "decodedDog" decodedDog of
        Ok dog ->
            viewDog dog

        Err _ ->
            text "ERROR: Couldn't decode dog."
```

　ここでは Debug.log にログ内容のラベルとして "decodedDog" を渡し、そのログ内容として decodedDog 定数を渡しています。Debug.log は返り値として第 2 引数の値をそのまま返すものでしたから、ここではその返り値 decodedDog に対してパターンマッチを行っています。もしデコードに成功していればデコードされたワンちゃんデータのレコードが viewDog に渡されます。逆に失敗した場合は、ざっくりとしたエラーメッセージが表示されます。

　ここまでのコードが本書サポートサイトでダウンロードしたコードの code/develop-debug-deploy/Debugging01.elm と一致していることを確認してください。確認したら以下のコマンドで Debugging.elm をコンパイルし、生成された debugging.html というファイルをブラウザーで開き、そこで開発者ツールを開いてください。

```
elm make --output debugging.html src/Debugging.elm
```

ワンちゃんJSONのデコードは成功し、"Tucker is 11 years old."（タッカーは11歳です）と画面に表示されているはずです。コンソールの側には、Debug.logがdecodedDog: Ok { age = 11, name = "Tucker" }と表示しているのを確認できるはずです。

▶デコードの失敗理由を詳しく調べる

Debug.log関数が成功時の値を確認できることは分かりました。でも、本当にやりたいのはデコード失敗時のデバッグ作業だったはずです。ということで、わざとJSONデコーダーを間違った実装に置き換えてみて、Debug.logがどんなログ出力を出すか見てみましょう。

では、うっかりして間違ったデコーダーとレコード型を用意してしまったという想定でコードを書き換えてみます。ageフィールドの型をInt型ではなくString型と勘違いしてしまったことにしましょう。Dog型エイリアスのageフィールドをString型に変更し、dogDecoderのageフィールド用のデコーダーをstringに変更します。また、その変更に合わせてviewDogのString.fromIntも一時的に取り除いておきます。

```
type alias Dog =
    { name : String
    , age : String
    }

dogDecoder =
    decode Dog
        |> required "name" Json.string
        |> required "age" Json.string

viewDog dog =
    text <|
        dog.name
            ++ " is "
            ++ dog.age
            ++ " years old."
```

アプリケーションを再コンパイルして、ブラウザーをリロードしてみてください。今度はブラウザーに "ERROR: Couldn't decode dog."（ワンちゃんJSONのデコードに失敗しました）と表示されているはずです。今回重要なのは、コンソールの方にdecodedDog: Err (Field "age" (Failure "Expecting a STRING" <internals>)) のような出

力が表示されていることです。

　Debug.log のログ出力では、Err コンストラクターに包まれたエラーメッセージによって**なぜ**デコード処理が失敗したかを確認できます。今回のケースでは、エラーメッセージが "Expecting a STRING"、すなわち age フィールドの型としてデコーダーが String 型の値を想定していたのにもかかわらず、実際の JSON がそれにマッチしていなかったことを述べています。

　この情報は、API ドキュメントをうっかり読み間違えて誤ったデコーダーを実装してしまった場合などに、とてつもなく有効です。アプリケーション開発中に Debug.log を使うことで、デコーダーに関する問題を解決するヒントを得られるのです。今回の問題に関して言えば、Dog と dogDecoder が age フィールドを Int 型としてデコードするように戻したら解決します。

　API によっては、たとえば本来存在するはずのフィールドが欠損してデータが送られてくる場合や、そもそも JSON データが壊れている可能性もあります。このような場合にも、デコード処理中の Debug.log によるログ出力に有用なエラーメッセージが表示されます。

　そのような場合に Result や Debug.log がどんなメッセージを出力するのか試してみましょう。JSON データを格納している jsonDog 定数を以下のように変更してみて、再コンパイル後に Debug.log がどんなログをコンソールに出すのか確認してみます。ただし、実際のエラーメッセージの内容は使っているウェブブラウザーによって異なります。ここに挙げたエラーメッセージは Chrome で確認したものです。

- "name" フィールドを削除した場合
  - Expected message: decodedDog: Err (Failure "Expecting an OBJECT with a field named 'name'" <internals>)（"name" フィールドを持つオブジェクトを想定していたが、実際のデータは異なる）
- オブジェクトを配列に包んだ場合
  - Expected message: decodedDog: Err (Failure "Expecting an OBJECT with a field named 'age'" <internals>)（"age" フィールドを持つオブジェクトを想定していたが、実際のデータは異なる）
- 閉じ波括弧を取り除いた場合
  - Expected message: decodedDog: Err (Failure "This is not valid JSON! Unexpected end of JSON input" <internals>)（JSON の形式がおかしい！ JSON データが変な終わり方をしている）
- "Tucker" という文字列を囲んでいる引用符記号を取り除いた場合
  - Expected message: decodedDog: Err (Failure "This is not valid JSON! Unexpected token T in JSON at position 21" <internals>)

（JSONの形式がおかしい！ JSONデータの21文字目で変な位置にいきなり
Tという文字が出てきて意味が分からない）

　こういったエラーメッセージによって、デコーダーやAPIの問題が実際にどこにあ
るのかを絞り込むヒントを得られます。とはいえもちろん、今回挙げた例の中にはそ
れほどヒントにならないようなものもあります。たとえばJSONオブジェクトを配列
で包んだ場合には、エラーメッセージがズバッと「JSONデータのオブジェクトを想定
している箇所に誤って配列が入っているよ」とは教えてくれていません。
　別の手法として、Json.Decode.Error型の値を、Json.Decode.errorToStringを
使うことでString型に変換する方法もあります。この関数は返り値の文字列に改行
記号を入れます。ただ、Debug.logでコンソール上に出力する際にこの改行を表示す
るにはいろいろ工夫が必要です。そこで、デバッグ時にのみ一時的にエラーを <pre>
タグで囲んで画面に出力してしまうのも1つの手です。

```
main =
    case decodedDog of
        Ok dog ->
            viewDog dog

        Err error ->
            Html.pre []
            [ text (Json.errorToString error) ]
```

　先ほど実験したように jsonDog を変更してエラーを発生させ、今回の手法で詳細な
エラーメッセージが表示されることを確認してみてください。

▶ Debug.todo を使う

　Debug.todo 関数もまた Elm アプリケーションをデバッグするのに使える素晴らし
いツールです。この関数を使うと、実装していない部分があってもコンパイルを通す
ことができます。これによって、後で考えたい関数や case 式の分岐のことを気にせ
ずに、それ以外の部分をテストすることができるようになります。
　ここで1つ注意しておきたいのが、Debug.todo を使うことで意図的にプログラムを
クラッシュさせてしまえることです。これまでに Elm はランタイムエラーが起きない
とお伝えしてきましたが、これは、まぁ、いわゆる1つの、はい、ランタイムエラー
です…… Debug.todo はアプリケーションをクラッシュさせることで、クラッシュし
たポイントに関連したいろいろ有用な情報を教えてくれます。実際の情報については
この後で確認しましょう。
　これは JavaScript における例外処理に似ているように聞こえるかもしれません。しか

し、この Debug.todo は開発時におけるデバッグ用途で**のみ**使うものです。そのことを再度念押しさせてください。Elm ではエラーを投げて例外処理をするよりも、Result や Maybe のような純粋な値を使って失敗をモデル化するべきです。そもそも Elm では Debug.todo によって作られたエラーをキャッチする方法すらないのですから。

　新しくワンちゃんデータに breed というフィールドを追加して、Debug.todo を試してみましょう。犬種は基本的には有限個なのでカスタム型で実装できます。ここでは簡単にするために 2 つだけ犬種を登録しましょう。Dog 型エイリアスの上に、次のようにカスタム型 Breed を追加してください。

```
type Breed
    = Sheltie -- シェルティー
    | Poodle -- プードル

 次にbreed（犬種）フィールドをDog型に追加します。

type alias Dog =
    { name : String
    , age : Int
    , breed : Breed
    }
```

　jsonDog 内では、犬種を文字列型で表現するようにしましょう。JSON がカスタム型を扱えないからです。jsonDog を以下のように変更してください。

```
{
  "name": "Tucker",
  "age": 11,
  "breed": "Sheltie"
}
```

　JSON 側において文字列で表される犬種データを Elm 側でカスタム型の値として表現するために、Breed 型用の新しいデコーダーが必要になります。Dog 型エイリアスの下に、String 型の値をとって Decoder Breed 型の値を返す decodeBreed 関数を作成します。

```
decodeBreed : String -> Json.Decoder Breed
decodeBreed breed =
    case Debug.log "breed" breed of
        "Sheltie" ->
            Json.succeed Sheltie

        _ ->
            Debug.todo "Handle other breeds in decodeBreed"
```

　decodeBreed の内部では、case 式によって String 型の bread 引数の値をチェック
し、適したデコーダーを返しています。この際に bread の値を Debug.log で確認す
るようにしています。

　最初のブランチでは decodeBreed が Json.succeed Sheltie を返すようにしてい
ます。succeed は与えられた値そのままを生成するデコーダーを作成します。

　ここでは今のところ decodeBreed は Sheltie だけに対処しています。それ以外の
犬種についてはワイルドカードにマッチさせて Debug.todo を使って無視しています。
Debug.todo は引数として文字列のメッセージを受け取り、クラッシュ後にそのメッ
セージを todo まわりの状況を伝える目的でコンソールに表示します。このようにす
ることで、Sheltie 以外の犬種を追加していない段階でも Sheltie のデコードが成功
するか確認できます。

　では次に dogDecoder と decodeBreed を統合しましょう。以下の新しいパイプライ
ン処理を dogDecoder の最後に追加してください。

```
|> required "breed" (Json.string |> Json.andThen decodeBreed)
```

　ここで required に渡すデコーダーを括弧でくくることを忘れないでください。こ
の括弧内でやっているのは、JSON における犬種の値をまず JSON.string でデコード
し、その結果を Json.andThen 関数を使って decodeBreed 関数にパイプライン演算子
で渡しています。この Json.andThen の型注釈は次のようになっています。

```
andThen : (a -> Decoder b) -> Decoder a -> Decoder b
```

　Json.andThen は現在のデコーダーを新しいデコーダーで**置き換える**ものです。ど
ういうことか理解するために順を追って説明します。

1. 第1引数として、Decoder 型の値を返す関数をとります（今回のケースでは
   decodeBreed 関数を引数にしています）。
2. 第2引数として、既存の Decoder をとります。
3. 既存の Decoder からデコードされた値を取り出し、第1引数のデコード関数に
   渡します。
4. この渡された値をデコード関数が処理して、その結果を新しいデコード結果と
   します。

　今回のケースでは Json.andThen は犬種を表す String 型の値を decodeBreed 関数
に渡し、その結果を JSON における breed フィールドの値をデコードした最終的な値

として採用しています。

　viewDog を変更して、ワンちゃんの説明に犬種も表示するようにしましょう。

```
text <|
    dog.name
        ++ " the "
        ++ breedToString dog.breed
        ++ " is "
        ++ String.fromInt dog.age
        ++ " years old."
```

　" the " という文字列と、dog.breed を breedToString で文字列に変換した行が追加されています。breedToString 関数はまだ存在していないので、カスタム型 Breed の下に次のように追加してください。

```
breedToString : Breed -> String
breedToString breed =
    case breed of
        Sheltie ->
            "Sheltie"

        _ ->
            Debug.todo "Handle other breeds in breedToString"
```

　ここでは Sheltie コンストラクターだけに対処しています。これも Debug.todo のおかげです。

　ここまでのコードが code/develop-debug-deploy/Debugging02.elm と一致していることを確認して再コンパイルしてください。"Tucker the Sheltie is 11 years old." (タッカーは 11 歳のシェルティーです。) と、ワンちゃんに関する情報が更新されているはずです。decodeBreed 内に仕込んだ Debug.log によって、コンソールの方にも breed: "Sheltie" というログが出ているはずです。

　では、decodeBreed 内の Debug.todo を発火させてみましょう。jsonDog 内の breed フィールドを "Poodle" に変更してみてください。再コンパイルしてコンソールを確認しましょう。Debug.log による breed: "Poodle" というログの他に、以下のメッセージが表示されているはずです (以下の内容は行が長くなりすぎないように筆者が手を加えて整形してあります)。

```
decodedDog: Err (
  Failure "This is not valid JSON!
  TODO in module `Debugging` on line 37
  Handle other breeds in decodeBreed" <internals>
)
```

　メッセージの最初に decodedDog という見出しが付いていますね？ そこから分かるように、実際にはこのメッセージは main 定数に仕込んだ Debug.log が出しています。37 行目の decodeBreed において、Debug.log がまず "Poodle"（プードル）という犬種が渡されたことを先に表示し、それから Debug.todo が「対処できない犬種が渡された」と教えてくれています（実際の実装によっては 37 行目ではない可能性もあります）。

　さて、Elm の公式パッケージの中には、実際の実装が JavaScript で書かれているものがあります。JSON デコードに関する関数もそういった実装がなされており、内部的には JSON.parse を使ってオブジェクトをパースし、その結果に対して開発者が Elm 側で書いたデコーダーを適用しています。JSON.parse は JSON 形式に正しくしたがっていないデータに対してはエラーを投げるので、実際にはこれらの処理を try-catch 構文で囲って例外に対処したうえで Elm の関数として提供しています。ゆえに Elm の関数を使う限りではアプリケーションにランタイムエラーが起きません。この実装から分かることとして、今回の例で Debug.todo がエラーを投げた際には、この try-catch 構文によってエラーが捕捉され、デコードに失敗したことが Result の Err 値によって純粋に表現されます。Err で包まれたエラーメッセージの内部には Debug.todo が吐き出した TODO エラーがソースコードの行番号と一緒に含まれており、これが Debug.log によってログ出力されているのです。

　このような Debug.log と Debug.todo の組み合わせはとても有用です。case 式における一部分岐の実装を先送りにしながら、実際にどんな値が case 式に送られているかを知ることができます。たとえばワンちゃんに関する API をいろいろ試している状況を考えてみてください。もともとアプリケーションがサポートするつもりがなかった犬種がサーバーから渡されていることも検知できます。

　その他にもスペルをミスしていたり、アルファベットの大文字・小文字の使い方が想定していたのと違ったりする場合にも気づけます。たとえば、breed フィールドの値をすべて小文字の "sheltie" に変更してみてください。再コンパイルすると上記のエラーメッセージが表示されるはずです。これはパターンマッチが文字列の大文字・小文字に対して厳密なため、"sheltie" という値では最初の分岐をすり抜けて TODO の分岐に入ってしまうからです。

　実際の対策としては、大文字・小文字の複数の組み合わせに対応したり、あるいはもっと単純にパターンマッチの前に String.toLower を使ったりすることで対応できます。ここで重要なことは、Debug モジュールを使うことで case 式の中に流れ込む値を可視化できるということです。もちろん、API の側が返すデータの形式をしっかりとドキュメントに記述しておくのが本来の理想的な形ではあります。

以前の Elm のバージョンである 0.18 では、Debug.todo の前身である Debug.crash が case 式内部の情報をもっといろいろ出力していました。たとえばワイルドカードのマッチを通ったことなどです。そのため、当時は今のように Debug.log を仕込む必要はありませんでした。Elm のコアチームがこの機能を Elm 0.19 や未来のバージョンで戻せば、Debug.todo だけでもデバッグが行えるようになります。

さて Debug.log や Debug.todo によって、与えられる犬種の大文字・小文字表記に一貫性がないことや、犬種としてビーグル犬もよく登場していることが分かったとします。コードを整理し、カスタム型 Breed に新しく Beagle（ビーグル犬）という値を追加することで公開に堪えうるアプリにしましょう。

develop-debug-deploy/Debugging03.elm

```elm
type Breed
    = Sheltie
    | Poodle
    | Beagle
```

次に decodeBreed において、Debug.log と Debug.todo を削除し Poodle と Beagle の対処ができるようにしましょう。

```elm
case String.toLower breed of
    "sheltie" ->
        Json.succeed Sheltie

    "poodle" ->
        Json.succeed Poodle

    "beagle" ->
        Json.succeed Beagle

    _ ->
        Json.fail ("Unknown breed " ++ breed)
```

同じように breedToString において、Debug.todo を削除してその他の犬種にも対応できるようにします。

```
breedToString breed =
    case breed of
        Sheltie ->
            "Sheltie"

        Poodle ->
            "Poodle"

        Beagle ->
            "Beagle"
```

最後に main 内の case 式から Debug.log を削除します。

```
case decodedDog of
```

　これで正式にシェルティー、プードル、ビーグルをサポートできました。その他の犬種に関しては、Json.fail 関数が "Unknown breed " ++ breed というエラーを返すデコーダーを返しています。これによってサポート外の犬種が渡されたことも検知できます。このエラーを返すデコーダーは、実際のデコード処理時に Err の値になります。

　さて、Json.fail 関数を使うとワンちゃん JSON のデコード処理全体が失敗してしまいます。そこで代替手段として Breed に第 4 の値 Unknown を追加し、サポート外の犬種に関しては Json.success で Unknown を返すようにします。こうすることで正式なサポートをしていない種類のワンちゃんについても画面に表示することができます。

　お疲れ様でした。Debug モジュールについての学習は以上です。これで Debug.log を使って値を覗き見る方法や、Debug.todo を使って一部だけ関数を実装する方法が分かりました。これらは少し風変わりな JSON デコーダーを扱わないといけない場合にとても重要です。その他にも、ここでは andThen や fail などの Json.Decode に用意された便利な関数について学びました。次の節ではいくつか別のツールを使って開発を高速化する方法を学びます。

7.2 Elm アプリケーションの開発やデプロイを高速化する

Elm コンパイラーは Elm アプリケーションの開発において欠かせないものです。しかし現状の開発サイクルにはいくつかの欠点があります。まず開発のフィードバックループが遅いということです。手動でコードを再コンパイルして変更点をブラウザーで確認するという作業が必要になっています。さらに今の作り方では実は本番投入するには不十分です。コンパイル結果の JavaScript は最適化されていませんし、ミニファイもされていません。Elm はコンパイルされたコードを最適化する方法は提供していますが、ミニファイのための方法は提供していません。ミニファイとは JavaScript のコード容量を削減する技術です。必要のない空白を削除したり、変数名を短くしたり、使われていないコードを除去したりします。ミニファイされていないコードは人間が読みやすいようにいろいろ文字数が多くなっているため、ブラウザーがそのコードをダウンロードする際に余計な時間がかかってしまいます。

こういった問題に対処するため、開発サイクルを高速化したり、本番運用に堪えうるコードを生成したりするツールの導入が必要になってきます。この節では、Elm が公式に提供している開発サーバーをざっくり見た後で、もっとパワフルなサードパーティツールである Create Elm App を触ってみます。その他にも Elm アプリケーションをホスティングするために Surge などのプラットフォームにも目を向けます。これらの例に触れることで、Elm アプリケーションの開発やデプロイを高速化するために自分の環境に最も適したツールを選ぶヒントが得られるはずです。

▶ Elm Reactor を起動する

実は Elm には Elm Reactor と呼ばれる開発サーバーがもともと用意されています。この Elm Reactor を使うことでコードをコンパイルしたりブラウザーで確認したりするのが簡単になります。では、少し前の章で扱った Picshare アプリケーションで実際に試してみましょう。もし Picshare アプリケーションの完成版を持っていなかったら、本書のコードダウンロードページから code/develop-debug-deploy/picshare-complete ディレクトリーをダウンロードしておいてください。picshare-complete ディレクトリー内で以下のコマンドを実行します。

```
elm reactor
```

これによって開発サーバーが起動し、アプリケーションにアクセスするための URL が表示されます。以下のようなメッセージが表示されているはずです。

```
Go to <http://localhost:8000> to see your project dashboard.
```

デフォルト設定では Elm Reactor は 8000 番ポートで起動しようとします。もしも他のプログラムが 8000 番ポートを使っていて起動に失敗する場合は、以下のように 8001 番などの別のポートを指定することもできます。

```
elm reactor --port 8001
```

ブラウザーで Elm Reactor が起動している URL を開くと、以下の図のように picshare-complete ディレクトリー内のファイル一覧が表示されているはずです。

Elm Reactor は基本的には静的ファイル用のウェブサーバーで、一部 elm ファイル用の機能が備わっています。たとえば elm ファイルを 1 つ選んでクリックすると、Elm Reactor は単にそのソースコードを表示させるのではなく、そのファイルをコンパイルしてアプリケーションとして表示します。

では、src ディレクトリーをクリックし、その中の Picshare.elm を再度クリックしてください。Picshare アプリケーションがロードされて写真のフィードが表示されるはずです。しかし 1 つ問題があります。アプリケーションのスタイルが全く適用されていません。Elm Reactor が生成した HTML ファイルは、以前使っていた CSS ファイルを読み込んでいないのです。

この問題は Elm 内で CSS を読み込むようにすることで解決できます。一時的に以下のコードを view 関数に追加してください。

```
view model =
    div []
        [ div [ class "header" ]
            [ h1 [] [ text "Picshare" ] ]
        , div [ class "content-flow" ]
            [ viewContent model ]
        , Html.node "link"
            [ Html.Attributes.rel "stylesheet"
            , Html.Attributes.href "../main.css"
            ]
            []
        ]
```

このコードに出てくる Html.node は任意の HTML タグを作成できるものです。こ
こでは rel 属性として "stylesheet"、href 属性として "../main.css" を値に持つ
<link> タグを作成しています。

ブラウザーをリロードするとアプリケーションの見た目がいい感じになっているは
ずです。ただし「いいね」ボタンが表示されていません。先ほどと同様に index.html
内に Font Awesome の CSS ファイルを読み込む <link> タグを作成しましょう。先ほど
と異なるのは rel 属性と href 属性に与える値だけです。この状態で再度リロードす
ると、「いいね」ボタンもうまく表示されるはずです。

Elm Reactor の最も素晴らしい機能はファイル変更時の半自動コンパイルです。先ほ
どの実験では、Elm Reactor を使うとブラウザーをリロードしたときにコードの変更に
追従した内容が表示されていることが分かりました。手動でファイルをコンパイルす
る必要はなかったのです。

Elm Reactor は開発時に Elm アプリケーションをうまく扱うための強力なツールで
すが、制約もあります。まず CSS の <link> タグを、一般的に置かれる場所である
<head> タグ内に設置することができません。それに加え、WebSocket の写真フィード
がうまく動いていないことに気づいたかもしれません。ポート用の JavaScript をアプ
リケーションに連携する方法が存在しないのです。さらに使っているうちにだんだん
ブラウザーを手動でリロードする作業が面倒くさくなってくるかもしれません。

ということで、ここからは以下の機能を提供してくれるサードパーティツールを使
います。

- コンパイル処理を全自動化する
- ブラウザーのリロード処理もやってくれる
- <head> タグ内で CSS を読み込むように HTML をカスタマイズできる
- ポートも使える

ターミナルで Elm Reactor を終了するには Ctrl+C キーを押してください。

▶ Create Elm App

Elm Reactor の問題点を克服するために、Create Elm App というもっと機能が多いツールを導入します。Create Elm App [2] は、新しい Elm プロジェクトを始めるときに最初のボイラープレートを書く手間を省いてくれるコマンドラインツールです。新しいアプリケーションをスキャフォールディングしてくれて、すばやく開発フィードバックを得られる開発サーバーを提供し、Webpack [3] によってデプロイ用にアプリケーションにアセットをバンドルしてくれます。

バンドルというのはフロントエンドアプリケーションをビルドする際のメジャーな手法です。ソースコードのファイルとアセット、すなわち CSS や画像などを、ブラウザーがダウンロードする1つ（状況によっては2つ以上にすることも可能です）のファイルにまとめます。これによってまだ HTTP 1.1 を使っているブラウザーやサーバーのパフォーマンスを向上させることができます。HTTP 1.1 では1つのコネクションで1つの HTTP リクエストしか扱えないため、バンドルによってアプリケーションとアセットを1つにしておくことで HTTP リクエストの本数を減らしてパフォーマンスが上がるのです。HTTP 2 では1つのコネクションで複数のファイルをサーバーが送信できるため、この問題はほとんど解決します。

では、Picshare アプリケーションで Create Elm App の開発サーバーを試してみましょう。それができたらアプリケーションをバンドルしてデプロイするのにも使ってみます。では、まず npm を使って Create Elm App のバージョン 3.0.4 をグローバルにインストールします（もちろん最新版をインストールしてもいいですが、この本で使っているバージョンにしておくことでバグや本書の内容との差異に惑わされなくなります）。

```
npm install -g create-elm-app@3.0.6
```

インストールが終わると、パスが通っている場所に create-elm-app と elm-app の2つのバイナリーが置かれているはずです。1つ目の方のバイナリーを使って新しいアプリケーションのディレクトリー構造を生成しましょう。新しく picshare-elm-app というディレクトリーを作成し、以下のコマンドをそのディレクトリー内で実行してください。

```
create-elm-app picshare
```

---

[2] https://github.com/halfzebra/create-elm-app

[3] https://webpack.js.org/

　このコマンドを実行すると、新しい `picshare` ディレクトリーが作成され、いくつか Elm のパッケージがインストールされます。コマンドの実行が終了すると、elm-app バイナリーを使ったサンプルコマンドと一緒に実行が正常終了したことを示すメッセージが表示されます。

```
cd picshare
```

　作成された `picshare` ディレクトリー内にはいくつかのファイルとサブディレクトリーがあるはずです。`src` ディレクトリーには Elm、JavaScript、CSS ファイルが、アプリケーションをバンドルする際に必要な他の各種アセットとともに格納されています。`public` ディレクトリーにはブラウザーでアプリケーションを表示する際に使われる `index.html` が入っています。なお、バンドルの必要がないアセットは `public` ディレクトリーに入れても大丈夫です。`tests` ディレクトリーはテスト用のファイルが入っています。Elm のテスト方法については 9 章「Elm アプリケーションをテストする」で学びます。

　このアプリケーションのメインエントリーポイントは `src/index.js` ファイル内にあります。

```
import './main.css';
import { Elm } from './Main.elm';
import registerServiceWorker from './registerServiceWorker';

Elm.Main.init({
  node: document.getElementById('root')
});

registerServiceWorker();
```

　Create Elm App が作成する JavaScript のコードは最新のバージョンで書かれており、これを Babel[4] でコンパイルしています。とはいえ、JavaScript のいまめかしい記法に慣れていなくても心配はいりません。このエントリーファイルがやっているのは基本的には次のことだけです。

1. CSS を `src/main.css` からインポート
2. Elm アプリケーションを Elm という名前で `src/Main.elm` からインポート
3. ServiceWorker を登録するための関数である `registerServiceWorker` をイン

---

[4]　https://babeljs.io/

ポート^[5]

4. Elm アプリケーションを root という ID を持つ div 要素の内部に初期化

CSS や Elm を直接 JavaScript にインポートできるのは何か違和感を覚えるかもしれません。Create Elm App の基礎となる Webpack の設定では、JavaScript 以外のファイルをインポートしたときに Webpack がそれを検知して特別な作業を行うことができるのです。たとえば、CSS をインポートすると Webpack はローカル開発時にはスタイルタグとして生成し、本番環境にデプロイするときには実際のスタイルシートを生成します。

今回注目してもらいたいのは Elm をインポートしているところです。このインポートによって Webpack が Elm のツールを使って Elm ファイルをコンパイルし、コンパイル結果の JavaScript モジュールを返します。この JavaScript モジュールは init メソッドを持っており、Create Elm App はこのメソッドを使って Elm アプリケーションを DOM に埋め込みます。実際の DOM 構造は public/index.html から来ており、Create Elm App の開発サーバーはこれをブラウザーに返します。

Create Elm App の elm-app バイナリーを使って以下のコマンドを実行し、開発サーバーを立ち上げてください。

```
elm-app start
```

サーバーが http://localhost:3000 で動いていることを知らせるメッセージが、Create Elm App によって表示されるはずです。上記のコマンドはそれだけではなく、自動でブラウザーの新しいタブを開き、アプリケーションを表示してくれます。ブラウザーの方では次の図で示したようなデフォルトのアプリケーションが表示されます。

Your Elm App is working!

では、デフォルトの Elm アプリケーションをいじって、開発サーバーがどんな仕事をしてくれるのか見てみましょう。src/Main.elm をエディターで開いてください。このファイルの構造は Picshare で作ったものと似ているはずです。まず Model があ

---

[5] https://developer.mozilla.org/en-US/docs/Web/API/Service_Worker_API

り、Msg 型があり、init というタプルがあり、update 関数があり、view 関数があり、main プログラムがあります。

view 関数内の text を "Create Elm App is awesome!" に変更して保存してください。

```
view model =
    div []
        [ img [ src "/logo.svg" ] []
        , h1 [] [ text "Create Elm App is awesome!" ]
        ]
```

ブラウザーの方に目を移して、マジカル☆な出来事に心を震わせてください。ブラウザーを自分でリロードしていないのに、表示されているテキストが "Create Elm App is awesome!" に変わっているのです！

Create Elm App は Webpack の**ホットモジュールリローディング**と呼ばれる機能を使っています。この機能はソースファイルの変更を検知してブラウザーのリロードなしに差分を反映してしまうのです。これで開発中に瞬時にフィードバックを得られます。

この感動的な素晴らしい機能は CSS にも適用されます。確認のために src/main.css をエディターで開き、h1 のフォントサイズを 60px に変更して保存します。

```
h1 {
  font-size: 60px;
}
```

何とブラウザーで表示しているフォントサイズが瞬時にして大きくなっているじゃあないですか！ Create Elm App を使うことで、コンパイラーなどのツールを都度使ったり手動でブラウザーをリロードして変化を確認したりする手間をかけずに済みます。これでアプリケーション開発そのものに集中することができるのです。

▶ Picshare が Create Elm App 上で動くようにする

これで Create Elm App がどのような仕事をしてくれるのかが分かりました。ということで、これを Picshare アプリケーションに使ってみましょう。そのまま picshare ディレクトリー内で以下のステップにしたがい、Picshare アプリケーションが Create Elm App 上で動くようにしましょう。

1. elm-app の開発サーバーを Ctrl+C キーで終了します。
2. Picshare の依存パッケージをインストールします。

```
elm install elm/json
elm install elm/http
elm install NoRedInk/elm-json-decode-pipeline
```

3. 先 ほ ど の picshare-complete/src ディレクトリーから Picshare.elm と
   WebSocket.elm のファイルを持ってきて src ディレクトリーにコピーします。
   この際、今作成した src/Picshare.elm ファイルにおいて、前節で CSS を読み
   込むために追加した Html.node "link" タグを削除しておいてください。

4. main.css ファイルを先ほどの picshare-complete ディレクトリーから持って
   きて、Create Elm App が自動生成した src ディレクトリー内の同名ファイルに
   上書きコピーします。

5. public/index.html 内に Font Awesome のライブラリーを読み込むタグを追加
   します。

   ```
   <link href="https://programming-elm.com/font-awesome-4.7.0/css/
   font-awesome.min.css" rel="stylesheet">
   ```

6. public/index.html 内の <title> タグの内容を Picshare に変更します。

   ```
   <title>Picshare</title>
   ```

7. picshare-complete/index.html から <script> タグ内の IIFE の内容 (アプリ
   ケーションを初期化するために使っていたコード) を持ってきて、src/index.
   js に加えます。
   この際、src/index.js 内で Elm アプリケーションをインポートするところを ./
   Main.elm から ./Picshare.elm に変更しておいてください。

   ```javascript
   import './main.css';
   import { Elm } from './Picshare.elm';
   import registerServiceWorker from './registerServiceWorker';

   var app = Elm.Picshare.init({
     node: document.getElementById('root')
   });

   app.ports.listen.subscribe(listen);

   function listen(url) {
     var socket = new WebSocket(url);

     socket.onmessage = function(event) {
       app.ports.receive.send(event.data);
   ```

```
        };
    }

    registerServiceWorker();
```

これに合わせて `Elm.Main.init` を呼び出すところも `Elm.Picshare.init` に変更してください。前回やったようにその結果を app として受け取り、WebSocket通信用のポートにつなげます。

8. 開発サーバーを再起動します。

```
elm-app start
```

　これによって、先ほど開発サーバーが開いたブラウザーのタブで動いている Picshare アプリケーションが更新されるはずです。Picshare を Create Elm App の制御下に置くことで、開発サーバーによるホットリローディングの恩恵を受けられるのです。
　では、開発サーバーの挙動を確認するために、新しいコメントを追加する順番をいじってみましょう。まずサーフィンの写真に新しいコメントを追加します。通常はこの新しいコメントは既存コメントの下に表示されるはずです。`src/Picshare.elm` をエディターで開き、`saveNewComment` 関数において一時的に新しいコメントが最初に追加されるように `::` 演算子を使って変更し、保存してください。

```
| comments = comment :: photo.comments
```

　別のコメントも追加してみてください。ファイルを変更しただけなのに、マジカル☆な感じに実際に他のコメントの上に追加されていくはずです。開発サーバーはブラウザーのタブをリロードすることなく Picshare モジュールを新しいものに置き換え、コメントを末尾に追加する古いコードから先頭に追加する新しいコードに変更しているのです。では、`saveNewComment` 関数に加えた変更を元に戻して保存してみましょう。

```
| comments = photo.comments ++ [ comment ]
```

　これで Create Elm App によって元の `Picshare` モジュールに切り替わりましたが、先ほど加えた新しいコメントは既存コメントの上に表示されたままになっています。これは以前追加されたデータが、すでにアプリケーションの状態の一部として扱われているからです。確認のために別のコメントをさらに追加してください。今度は変更前

と同じように、最初のコメントの下に追加されるはずです。再度確認しますが、これらの変更はブラウザーを手動でリロードしないで起きているのです。

Create Elm App のホットリローディングはとっても便利なものです。しかし欠点もあることを忘れてはなりません。Model や初期モデルに対して変更を加えたとしても、これらの変更が必ずしもホットリローディングでアプリケーションに正しく反映されるとは限らないのです。もしもホットリローディング後にモデルを変更して何か変なことが起きたら、手動でブラウザーをリロードする必要があります[6]。

▶ Picshare をデプロイする

ここまでは Elm アプリケーションの開発サイクルを高速化する手法に着目してきました。ただ最終的には開発したアプリケーションを実際に公開する必要があります。その際、先に述べた通りアプリケーションのビルド方法について重要な 2 つのポイントがありました。コンパイルされたコードは最適化もミニファイもされていないのです。

コードの最適化については elm make 時に --optimize フラグを付けることで可能になります。picshare-elm-app/picshare ディレクトリー内で以下のコマンドを試してみてください。

```
elm make --output optimized.html --optimize src/Picshare.elm
```

実行すると optimized.html というファイルが現在のディレクトリーに作成されます。これをブラウザーで開いてみてください。アプリケーションが起動し、特に問題なく写真のフィードを読み込むはずです。スタイルが当たっていないことは気にしなくても大丈夫です。Elm から HTML ファイルを作成したのですから、Picshare の CSS を参照してないのは当然のことです。

ここで重要なのは、先ほどのコマンドによって最適化された JavaScript が生成されていることです。いくつかの最適化が施されてファイルサイズが減少しています。ここで行った最適化は具体的には以下のような手法です。

- レコードのフィールド名を短くする
- カスタム型のコンストラクターに対応したオブジェクトを生成しなくてもいい場合は生成しない

---

[6] ［訳注］訳者は Create Elm App に対して肯定的ではありません。Create Elm App を試したうえで parcel（https://ja.parceljs.org/）などのツールも調べてみて、自分にあったツールを選んでください。

　最適化されたコードは他にもデバッグ用の機能を除去しています。つまり Debug モジュールが使えません。

　残念なことに、コードのミニファイに関しては Elm コンパイラーは何もしてくれません。このままだとユーザーはアプリケーションをダウンロードするために長い時間待つ必要があります。そこで、Create Elm App はこの問題をたった 1 つのシンプルなトリックで解決します。

　Create Elm App が提供する build コマンドを使うと、ミニファイするだけでなく Elm の --optimize フラグで最適化もしてくれます。では、実際に本番用の Picshare アプリケーションを Create Elm App でビルドしてみましょう。optimized.html を削除してから以下のコマンドを実行してください。

```
elm-app build
```

　コンパイルされた JavaScript ファイルと CSS ファイルの一覧がだらだらっと表示された後に、次のようなメッセージが表示されるはずです。なお、JavaScript ファイルと CSS ファイルの名前やサイズは、実際に手元で試した結果と完全には一致しません。

```
Creating an optimized production build...
Compiled successfully.

File sizes after gzip:

  11.63 KB  build/static/js/main.8a4d6a26.chunk.js
  4.68 KB   build/static/js/vendors~main.3ca81432.chunk.js
  1.47 KB   build/static/css/main.2e2b4d3a.chunk.css
  759 B     build/static/js/runtime~main.d53d57e4.js
```

　これが終わると build というディレクトリーが新規作成されて、以下のように index.html ファイルとコンパイル・ミニファイされた JavaScript や CSS ファイルが内部に生成されます。

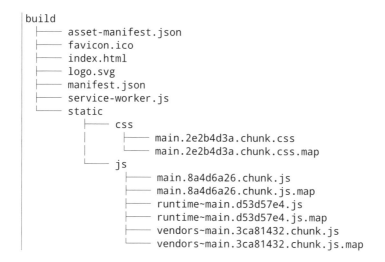

```
build
├── asset-manifest.json
├── favicon.ico
├── index.html
├── logo.svg
├── manifest.json
├── service-worker.js
└── static
    ├── css
    │   ├── main.2e2b4d3a.chunk.css
    │   └── main.2e2b4d3a.chunk.css.map
    └── js
        ├── main.8a4d6a26.chunk.js
        ├── main.8a4d6a26.chunk.js.map
        ├── runtime~main.d53d57e4.js
        ├── runtime~main.d53d57e4.js.map
        ├── vendors~main.3ca81432.chunk.js
        └── vendors~main.3ca81432.chunk.js.map
```

　この JavaScript や CSS のファイルを開いてみると分かりますが、ミニファイと難読化が施されていて解読が難しくなっています。ユーザーがアプリケーションを開いたときにダウンロードや起動を高速化するにはミニファイが必要なことを覚えておいてください。

　では、ビルドしたアプリケーションをテストしてみましょう。build ディレクトリーをサーブするために静的ウェブサーバーを使う必要があります。何を使ったらいいか分からない場合は npm serve[7] パッケージがお勧めです。以下のコマンドを実行して、ビルドされたアプリケーションのサーバーを立ち上げます。

```
npm install -g serve
serve build
```

　サーバーが起動すると URL がクリップボードに記録されます。この URL はターミナルにも表示されています。serve が教えてくれた URL をブラウザーで開くと、Picshare アプリケーションが読み込まれるはずです。

　お疲れ様でした。もうこれでほとんど終わりです。あと 1 つだけ残っているのはビルドしたアプリケーションをどこかに実際にデプロイする部分です。お勧めとしては Surge[8] や GitHub Pages[9] のような無料の静的ファイルホスティングサービスを使って

---

[7]　https://github.com/vercel/serve
[8]　https://surge.sh/
[9]　https://pages.github.com/

ホスティングする方法です。個人的に Surge が好きでセットアップも簡単なので、以降ではこちらを使います。

Surge の npm パッケージを以下のようにインストールしてください。

```
npm install -g surge
```

次に surge にプロジェクトのパスを -p オプションで渡し、build ディレクトリーを簡単にデプロイしてみます。

```
surge -p build
```

これを実行すると、Surge から「ログインするかアカウントを作成しろ」と要求してくると思います。さらにその後ドメイン名を聞いてきます。ここでは Return キーを押してデフォルト設定を採用して大丈夫です。最終的に Surge は build ディレクトリーの内容をアップロードし、成功したことを通知してくれます。全体としては以下のような内容がターミナルに表示されているはずです。

```
Welcome to Surge! (surge.sh)
Login (or create surge account) by entering email & password.

      email: myemail@example.com
   password:

Running as myemail@example.com

   project: build
    domain: utopian-thunder.surge.sh
    upload: [====================] 100% eta: 0.0s (14 files, 470215 bytes)
       CDN: [====================] 100%
        IP: 1.1.1.1

Success! - Published to utopian-thunder.surge.sh
```

ここに表示された URL を訪問すると、何と Picshare アプリケーションが動いています。大変お疲れ様でした。これで最初の Elm アプリケーションをデプロイできました！

7.3　学んだことのまとめ

この章ではたくさんのことを成し遂げました。

- Elm でのデバッグ方法を学び、Debug モジュールを使う経験をしました。
- 開発のフィードバックループを高速化するために、以下のようなツールを使いました。
  - Elm Reactor
  - Create Elm App
- 公開に堪えうる最初の Elm アプリケーションを、Create Elm App と Surge の力を借りてデプロイしました。

これで Elm アプリケーションを高速に作成・開発し、デプロイして世の中に公開するための道具が揃いました。新しいアプリケーションをビルドして公開する方法が分かったので、次は実際にありがちなシチュエーションとして既存のアプリケーションが存在する場合を考えましょう。次の章では JavaScript のコードとやりとりする方法を探り、JavaScript で書かれた既存のアプリケーションを Elm に移行していきます。

JavaScriptとの共生

前章では多機能なツール類を使うことで、Elm コードをデバッグしたり、開発における
フィードバックを即座に受けたり、Elm アプリケーションをデプロイしたりする
ことができました。これらのツールを使うことで、新しい Elm アプリケーションを一
から構築するのがとても楽しくなります。しかし、すべてのアプリケーションが「更
地から作成する」というタイプのプロジェクトではなく、既存のコードが存在してい
たり、何らかの制約を回避しなければならない場合もあります。

フロントエンドの開発者である限りは、たくさんの JavaScript と付き合っていくこと
からは逃れられません。もちろん、ここまで読み進めたあなたは Elm やその安全性に
メロメロになっているはずですから、何とかして今すぐにでも Elm を実務で使いたい
はずです。しかしそれには 1 つの問題があります。上司から「既存のアプリケーショ
ンを Elm で書き換えるなんて、コストに見合うのか？」と聞かれるのです。コードの
書き換えをするということは、その時間にできたはずの新機能開発ができなくなると
いうことです。

ありがたいことに、Elm はあなたの背中を押してくれます。既存の JavaScript アプリ
ケーションの内部で Elm を使い、新しい機能を Elm で実装することができるのです。

この章では、既存の JavaScript アプリケーションを、Elm によって改善していきます。
具体的には、ポートとフラグを使って Elm と JavaScript の間でデータの転送をします。
またポートを使って DOM にアクセスすることで、JavaScript を使ったファイルのアッ

プロードを行います。この章を読み終える頃には、Elm を使って既存の JavaScript アプリケーションに新機能を追加できるようになっています。このように徐々に Elm を導入していくことで、最終的には JavaScript アプリケーションを Elm に置き換えることができます。

8.1 Elm アプリケーションを組み込む

以降では次のような状況を想定します。あなたは仕事において、カレンダー、連絡帳、メモツールなどを含むオフィスソフトのメンテナンスをしています。このアプリケーションは JavaScript と React[1] で構築されています。

チームのプロダクトマネージャーがメモツールに画像アップロード機能を追加するチケットを切りました。あなたは React のことは好きですが、Elm の型安全性やランタイムエラーが起きないという強みが恋しくなっています。アプリケーション全体を Elm で書き直すことは許されませんが、新しい機能を Elm で作ることには上司も納得してくれそうです。

この節では、Elm を使って初期画像をアップロードするボタンを表示するようにします。まずは React アプリケーションの内部に Elm アプリケーションを組み込むことから始めます。その後の節で実際に画像をアップロードできるようにします。なお、React について知らなくても問題ありません。React については少しずつ説明していきます。ここで紹介する Elm と JavaScript の共生については特に React でしか使えない技術ではないので、どこにでもこの知識を応用することができます。

▶画像アップロード機能の前準備

実際に始める前に、まずは本書サポートページから既存アプリケーションのコードをダウンロードしておいてください。migrate-js-to-elm というディレクトリーを作成し、code/javascript/migrate-js-to-elm の中身をそこにコピーしておきます。このディレクトリー内で以下のコマンドを実行して、npm から依存ライブラリーをダウンロードします。

```
npm install
```

上記コマンドがいろいろダウンロードするのをしばらくお待ちください。終了した

---

[1]　https://reactjs.org/

ら次のコマンドを実行してアプリケーションを立ち上げます。

```
npm start
```

　開発サーバーが http://localhost:3000 で起動するはずです。もし別のプログラムが 3000 番ポートを使っている場合は、上記 start コマンドが「別のポートで起動した」と教えてくれるはずです。アプリケーションが起動するとブラウザーに新しいタブが開かれます。下図のように、"Info" というヘッダーと、メモのタイトルや本文のフィールドが表示されるはずです。

　入力欄に何か入力してからページをリロードしてみてください。リロード後も入力した内容がすべて残っているはずです。このアプリケーションは localStorage API [2] を使ってブラウザー上の情報を保持しているのです。

　さて既存のアプリケーションをいくらか触ったところで、新しい画像アップロード機能を追加しましょう。再確認ですが、ここではまずアップロードボタンの表示のみを行います。そう聞くと Elm の view 関数を実装するだけでいいように思えるかもしれません。しかし、JavaScript は Elm 側の関数を直接呼ぶことができません。もしそんなことを可能にしてしまったら、Elm 側の関数に任意の型を持つ引数を与えることができるようになり、Elm が持つ静的型によるうまみがなくなってしまいます。

　Elm はランタイムエラーが出ないように、JavaScript とのやりとりもきっちりと守っ

---

[2] https://developer.mozilla.org/en-US/docs/Web/API/Window/localStorage

てくれます。そのため今回のような用途においても、The Elm Architecture を使って本格的な Elm アプリケーションを作る必要があります。それで初めて、React アプリケーション内に Elm アプリケーションを埋め込むことが可能になります。

migrate-js-to-elm ディレクトリー内で Elm プロジェクトを初期化します。

```
elm init
```

src ディレクトリー内に ImageUpload.elm というファイルを作成してください。このファイルを開いて ImageUpload というモジュール名で main 関数をエクスポートするように記述します。

javascript/samples/ImageUpload01.elm

```
module ImageUpload exposing (main)
```

次に、Browser モジュールをインポートしたり、Html モジュールと Html.Attributes モジュールからいくつか関数を指定してインポートしたりします。

```
import Browser
import Html exposing (Html, div, input, label, text)
import Html.Attributes exposing (class, for, id, multiple, type_)
```

ここでは The Elm Architecture にしたがってアプリケーションを構築しているので、もちろんモデルが必要です。Model としてユニット型への型エイリアスを作成してください。

```
type alias Model =
    ()
```

最終的にはレコード型に変更しますが、今のところはユニット型を代替としておけば全く問題ありません。init 関数を作成して、返すタプルの要素に初期モデルであるユニット型の値と、初期コマンドである Cmd.none を指定してください。

```
init : () -> ( Model, Cmd Msg )
init () =
    ( (), Cmd.none )
```

次に init の下に view 関数を作成します。

```
view : Model -> Html Msg
view model =
    div [ class "image-upload" ]
        [ label [ for "file-upload" ]
            [ text "+ Add Images" ]
        , input
            [ id "file-upload"
            , type_ "file"
            , multiple True
            ]
            []
        ]
```

　ファイルのアップロードを実現するために type 属性の値を file にした input 要素を使っています。multiple 属性を付けることで、ユーザーが一度に複数のファイルを選択することができるようになります。

　通常の CSS ではブラウザーの制約のせいで type 属性が file の <input> タグに自由にスタイルを当てることができません。そこで代替として、<input> タグを隠し、その上にある <label> タグの方をボタンのように見せる CSS を当てます。<label> タグの for 属性に指定した値が <input> タグの id 属性と一致しているため、ユーザーが <label> タグの方をクリックしても画像のアップロードが可能なのです。

　view の下に Msg 型と update 関数を追加します。

```
type Msg
    = NoOp

update : Msg -> Model -> ( Model, Cmd Msg )
update msg model =
    ( model, Cmd.none )
```

　モデルが空っぽの現状では、もちろんモデルを編集する必要もありません。そこでここでは NoOp というダミーのメッセージを持たせています。update がこのメッセージを受け取ったときには現行の model をそのまま返し、コマンドも発行しません。

　update の下に subscriptions 関数を追加して Sub.none を返すようにしてください。

```
subscriptions : Model -> Sub Msg
subscriptions model =
    Sub.none
```

　最後に Browser.element を使って main を作成します。

```elm
main : Program () Model Msg
main =
    Browser.element
        { init = init
        , view = view
        , update = update
        , subscriptions = subscriptions
        }
```

　ファイル選択用のラベルを表示するだけのコードにしてはえらい大げさにしています。とはいえ、この Elm ファイルは最終的に画像をアップロードする機能も実装されるわけなので、Model、Msg、view、update、subscriptions はすべてこの後の節で使われます。ちゃんと意味があるのです。

▶ React に Elm を埋め込む

　今作った Elm アプリケーションは、React アプリケーションの React **コンポーネント**内に埋め込まなければなりません。React コンポーネントというのは、Elm で言うところの view 関数のことです。ただし、内部状態や追加の補助メソッドも持っています。
　ImageUpload.js というファイルを src 内に作成し、最上部に以下のコードを追加してください。

javascript/samples/ImageUpload01.js
```javascript
import React, { Component } from 'react';
import { Elm } from './ImageUpload.elm';
import './ImageUpload.css';
```

　このコードは ES2015 のインポート構文[3] です。前章でも少し扱いました。この構文は別の JavaScript ファイルをインポートするためのものです。ここでは React と Component を react パッケージからインポートしています。
　このアプリケーションは Webpack を使っており、JavaScript 以外のファイルもインポートできるように設定しています。だから、ImageUpload.elm をインポートできるのです。Elm アプリケーションをインポートした際には、コンパイルしたアプリケーションを含む、Elm という名前空間のオブジェクトを受け取ることができます。
　他に ImageUpload.css をインポートすることもできますが、これはすでに前章で説明しました。CSS をインポートしたときには、Webpack が <style> タグや <link>

[3] https://developer.mozilla.org/en-US/docs/Web/JavaScript/Reference/Statements/import

タグを使ってブラウザーに読み込ませてくれます。

　インポートした Component クラスを使って ImageUpload コンポーネントを作成しましょう。ES2015 のクラス構文[4] を使って Component クラスを拡張します。

```
class ImageUpload extends Component {
  constructor(props) {
    super(props);
    this.elmRef = React.createRef();
  }

  componentDidMount() {
    this.elm = Elm.ImageUpload.init({
      node: this.elmRef.current,
    });
  }

  render() {
    return <div ref={this.elmRef} />;
  }
}

export default ImageUpload;
```

　render メソッドは ImageUpload コンポーネントを表示するメソッドです。このメソッドは通常の HTML に見た目が似ている JSX[5] を返します。JSX は JavaScript オブジェクトを作成するための XML っぽい特殊な記法です。この JSX によって作成されるオブジェクトは実際の DOM 構造を表現したものであり、Elm の仮想 DOM のようなものです。Elm と同じように、React も仮想 DOM から実際の DOM を生成します。

　render 内では ref 属性を持つ <div> タグを作成しています。render はあくまでも仮想 DOM を返すものですから、実際の DOM に Elm アプリケーションを埋め込むには工夫が必要です。その方法が ref 属性です。最終的にはこの ref 属性を通して DOM 内の実際の <div> タグにアクセスできるようになります。ここでは JSX の特殊な波括弧構文 ref={this.elmRef} を使って ref に対してインスタンス変数 this.elmRef を渡しています。

　この this.elmRef は constructor メソッド内で、React の createRef メソッドを使って作成しています。ES2015 のクラスに詳しくない方向けに補足しておくと、constructor メソッドというのはクラスのインスタンスを作るものです。new（クラス名）と書くと、そのクラスの constructor メソッドが呼ばれてインスタンスの初期化が行われます。さて、React の ref というのは実際の DOM ノードに対する参照を保持したオブジェクトです。render 内で ref に値を割り当てておくと、render が出力し

---

[4]　https://developer.mozilla.org/en-US/docs/Web/JavaScript/Reference/Classes
[5]　https://facebook.github.io/jsx/

た仮想 DOM を React が処理するときに、実際の DOM ノードが ref に渡されます。

最後に、componentDidMount という React 特有のメソッドがあります。React がコンポーネントを実際の DOM にマウントするときにこのメソッドが呼ばれます。このとき、elmRef が参照している DOM ノードは this.elmRef.current というプロパティを通して触れるようになっています。この値を Elm.ImageUpload.init に渡す node プロパティの値として指定することで、React コンポーネント内部に Elm アプリケーションをマウントすることができます。なお、ここでは Elm の ImageUpload モジュールにアクセスするために、先にインポートした Elm という名前空間のオブジェクトを使っています。埋め込み後には、インスタンスの elm プロパティがアプリケーションオブジェクトを受け取ります。このアプリケーションオブジェクトは後ほど必要になります。

これで、ImageUpload Elm アプリケーションを表示するためのシンプルな React コンポーネントができました。このコンポーネントを他のファイル向けにエクスポートするには、このコンポーネントを export default ImageUpload でエクスポート[6] します。

コンポーネントを準備したので、次はアプリケーション全体にこのコンポーネントを組み込む必要があります。エディターで src/App.js を開いてください。最上部で ImageUpload コンポーネントをインポートします。

javascript/samples/App01.js

```javascript
import ImageUpload from './ImageUpload';
```

次に、App の render メソッド内で ImageUpload コンポーネントを表示させます。

```javascript
return (
  <div className="note">
    {/* previous content, don't replace */}

    <div className="note__images">
      <h2>Images</h2>
      <ImageUpload />
    </div>
  </div>
);
```

スタイルを当てる都合で、<div className="note__images"> タグの内部に ImageUpload

---

[6] https://developer.mozilla.org/en-US/docs/Web/JavaScript/Reference/Statements/export

コンポーネントを表示しています。その際、新しい JSX はまだトップレベルの `<div className="note">` タグの中に存在する必要があります。

`npm start` でローカル開発サーバーを起動してください。ブラウザー上には以下の図のように、"Images" というヘッダーと、"+ Add Images"（画像を追加する）と書かれた青くて大きなボタンが表示されているはずです。

　ボタンをクリックするとファイル選択のプロンプトが開かれるはずです。アップロードするファイルを選択することはできますが、まだアプリケーションがそのファイルを受け取ることはできません。その部分をこれから修正していきます。

8.2 ポートを使って画像をアップロードする

　現状では新しいファイルアップロード機能はファイル選択のプロンプトを開くだけです。実際にアップロードするためには選択されたファイルにアクセスする必要があります。これは Elm にとって興味深い問題を示しています。Elm は純粋な言語なので、選択されたファイルを取得するために DOM に直接アクセスするということができないのです。

　しかし、JavaScript は簡単に DOM とやりとりすることができます。だから Elm が JavaScript とお互いに話し合うことさえできれば Elm がファイルにアクセスできるようになります。現段階では彼らは言葉を交わしていません。私たちが Elm のことばっかり褒めているので JavaScript さんは Elm さんに嫉妬しているかもしれません。**ポート**の力を借りて彼らが和解するのを手助けしましょう。

　この節では Elm の側からポートを使って JavaScript にユーザーが画像をアップロードし終えたことを通知します。次に、JavaScript を使って画像ファイルのデータを読み込み、メモアプリの画像を更新します。

▶ポートを使って JavaScript に通知する

　ポートについては、5 章「WebSocket でリアルタイム通信を行う」で簡単に説明しましたが、ここではもっと詳しく説明します。ポートは、Elm が JavaScript の不純な世界と安全に通信できるようにする素晴らしい技術です。Elm と JavaScript は、ポートを介してお互いにメッセージを受信したり送信したりすることができます。ポートは実際

の海運における港（ポート）のようなものです。船は指定された港（ポート）にのみ停泊して、貨物を積み下ろしたり積み込んだりすることができます。同様に Elm のポートも、Elm と JavaScript がメッセージやデータを交換するために指定されたポイントです。次の図は、JavaScript と Elm の間のポート通信を表しています。

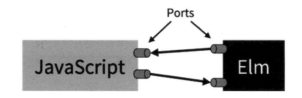

　画像のアップロード処理にはこのポートを使います。ユーザーがプロンプトから画像を選択した後に Elm から JavaScript に通知します。その後、JavaScript は画像を受け取って Base64 エンコードされた URL に変換します。最後に JavaScript がメモを更新して Elm 側に画像 URL を送り返すことで画像が表示されます。

　src/ImageUpload.elm をエディターで開いてください。今回はポートを使うので、ImageUpload モジュールを**ポートモジュール**に変更する必要があります。キーワード port をモジュール宣言の前に付けてください。

javascript/samples/ImageUpload02.elm

```
port module ImageUpload exposing (main)
```

　次に uploadImages という名前のポートを Model 型エイリアスの上に作成します。

```
port uploadImages : () -> Cmd msg
```

　port というキーワードに続き、ポートの名前、型注釈を書くことでポートを作成することができます。ポートは必ずコマンドまたはサブスクリプションを返す関数でなければなりません。uploadImages ポートのようにコマンドを返すポートは**外に向いたポート**です。外に向いたポートは JavaScript にメッセージを送信します。

　外に向いたポートは、JavaScript に具体的なデータを送信する必要がないような場合にも、必ず引数をとる必要があります。今回のケースでは、uploadImages は引数としてユニット型を受け取っています。このポートはユーザーがプロンプトから画像を選択したことを JavaScript に通知できさえすればいいからです。

　さて、実際にはアップロードボタンが押されたときに、何らかの方法でこのポート

を呼ぶ必要があります。このポートはコマンドを返すものなので、update 関数の内部で呼ぶ必要があります。そのため、アップロードボタンは update が扱えるようなメッセージを生成する必要があります。

では、画像アップロードのための Msg 値を作成しましょう。NoOp 値を UploadImages という名前の値に置き換えます。

```
type Msg
    = UploadImages
```

ボタンがこの UploadImages を呼ぶために使うべきなのは、実は onClick ではありません。今回表示されている「ボタン」の正体は、実際には <label> タグでした。本来扱うべきイベントは type 属性が file の input 要素が発火させているものです。もしも onClick を追加すると、クリックした瞬間にイベントが発火してしまい、プロンプトで画像を選択したときには**発火しなく**なってしまいます。

onClick の代わりに使うべきなのが DOM の change イベントです。change イベントはユーザーが input 要素の値を変更したときに発火します。Html.Events モジュールには onChange 関数が存在しないですが、on 関数を使って自分で作成することができます。Html.Events から on をインポートしてください。

```
import Html.Events exposing (on)
```

この on 関数は任意のイベントに対してイベントハンドラーを構築できます。実は Html.Events に定義されている onClick などのイベントハンドラーは on を使って構築されています。

この on 関数は 2 つの引数をとります。1 つは文字列型のイベント名で、もう 1 つが JSON デコーダーです。Elm が DOM のイベントオブジェクトから必要なプロパティをデコードして取り出す際には、このデコーダーを用います。たとえば、onInput イベントでは event.target.value プロパティをデコードすることによって文字入力欄への入力値を取得しています。

今回の onChange イベントハンドラーは特に何かをデコードしなければならないものではありませんから、succeed 関数を使って常に成功するデコーダーを作成すれば問題ありません。

elm/json パッケージをインストールしてください。

```
elm install elm/json
```

それから Json.Decode から succeed をインポートします。

```
import Json.Decode exposing (succeed)
```

Html.Events が提供するイベントハンドラーは、update に渡すメッセージ値を引数にとるのが一般的です。onChange 関数の場合もこれにならってメッセージを引数にとるようにしましょう。実装としては、そのメッセージを succeed でラップすることになります。uploadImages ポートの上に onChange を以下のように追加してください。

```
onChange : msg -> Html.Attribute msg
onChange msg =
    on "change" (succeed msg)
```

view 内のファイル input に対して onChange イベントを使います。このとき、UploadImages を渡すようにします。

```
, input
    [ id "file-upload"
    , type_ "file"
    , multiple True
    , onChange UploadImages
    ]
    []
```

これでユーザーがプロンプトからファイルを選択した際に change イベントが発火して、Elm が UploadImages を update に渡して呼び出すことになります。update を修正して UploadImages に対応できるようにしましょう。

```
update msg model =
    case msg of
        UploadImages ->
            ( model, uploadImages () )
```

update が UploadImages を受け取ったとき、ポート uploadImages にユニット型の値を渡して呼んでいます。これによって、Elm は uploadImages からコマンドを受け取り、ポート uploadImages を待ち受けている任意の JavaScript 側のリスナーに通知します。このやりとりを次の図に示しました。

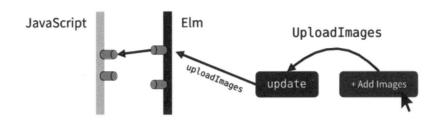

▶ JavaScript 側で画像データを読み込む

　これで Elm が uploadImages ポートを通して JavaScript 側のリスナーに通知できる
ようになりました。今度は JavaScript の実装です。JavaScript 側では、通知を受け取っ
たらファイルを取得し、画像データを読み込み、画像をメモに追加し、画像を Elm に
送り返して表示できるようにします。まずは画像をメモに追加するところから見てい
きましょう。

▶ App.js のメモを更新する

　src/App.js をエディターで開いてください。updateField の下に addImages メ
ソッドを追加します。

```
javascript/samples/App02.js
addImages(images) {
  this.update('images', this.state.note.images.concat(images));
}
```

　addImages メソッドは新しい画像が入った配列を引数にとります。この受け取った新
しい画像群をメモにもともと登録されていた画像群と結合します。それから、この結合
した画像の配列を使ってメモを更新します。update メソッドはこの際、localStorage
にも更新されたメモの内容を保存しています。

　現状では、App が localStorage からメモを読み込む際に、localStorage 上にメモ
データが存在しない場合はデフォルトのプロパティ値を使うようになっています。今
回追加した画像についても同じようにしましょう。新しく images プロパティを新設
してデフォルト値を指定します。fetchSavedNote が返すオブジェクトに、空配列を
持つ images プロパティを追加してください。

```
return {
  title: '',
  contents: '',
▶ images: [],
  ...note,
};
```

　なお、各種初期値の下にある ...note というコードは**スプレッド演算子**です。スプレッド演算子というのは、比較的新しい JavaScript の機能です。これは基本的に note に含まれる既存のプロパティを、今回 return で返そうとしているオブジェクトに「撒き散らす（スプレッドする）」ものです。初期値として設定したプロパティの中に、note にすでに存在するプロパティがある場合は、note のプロパティの方が優先されます。

　最後に render を更新して、メモの画像と addImages メソッドを ImageUpload コンポーネントに渡すようにしましょう。

```
<ImageUpload
  images={note.images}
  onUpload={this.addImages}
/>
```

　React の世界では、これら images や onUpload で指定しているようなものを **props** と呼びます。props は別のコンポーネントに値を渡すためのものです。値を {} で囲むと、そこに書かれた値がそのまま渡されます。今回の場合は note.images という配列と、addImages というメソッドが渡されていることになります。ImageUpload コンポーネントの側では、ここで指定した名前で prop を受け取ることができます。つまり、images と onUpload が prop 名になります。

　ImageUpload は images prop を使って Elm 側に画像を渡して表示させることができます。また、画像データを新しい画像の配列に読み込んだら onUpload prop を呼んで App にそのことを通知することもできます。addImages は prop として渡しているため、このままでは JavaScript の仕様によって this の中身が呼び出し元で別のものになってしまいます。これを回避して addImages の this が呼び出し元でも App インスタンスになるように、constructor メソッド内で束縛してください。

```
this.addImages = this.addImages.bind(this);
```

ImageUpload.js 内で画像を読み込む

　今度は ImageUpload コンポーネントで画像データを読み込んだり onUpload prop を使ったりする部分に取り掛かりましょう。src/ImageUpload.js をエディターで開いてください。

　まずは uploadImages ポートを待ち受けるようにする必要があります。以下のコードを componentDidMount の一番下に追加してください。

```
this.elm.ports.uploadImages.subscribe(this.readImages);
```

　ここでは、先ほど Elm モジュールを埋め込んだ際に結果として受け取ったアプリケーションオブジェクトを使っています。モジュールがポートモジュールの場合、アプリケーションオブジェクトは ports というプロパティを持ちます。この ports プロパティは Elm モジュールの側で定義したすべてのポートへの参照を持っています。

　ポートの subscribe 関数はコールバックを渡して呼び出すことで待ち受けが可能になります。ここでは uploadImages の subscribe 関数に readImages メソッドを渡して呼び出しています。readImages メソッドはすぐこの後に作成します。Elm が uploadImages ポートに何かメッセージを送るたびに、JavaScript 側では readImages メソッドが呼ばれます。

　クリーンアップしたりメモリリークを避けたりする目的で、ポートへの待ち受けを終えることも可能です。たとえば、React が何か別のものを表示しようとして ImageUpload コンポーネントをアンマウントする場合、もう uploadImages ポートを待ち受ける必要は全くありません。React 特有な別のメソッド componentWillUnmount を使うことでコンポーネントのクリーンアップが可能になります。以下のコードを componentDidMount の下に追加してください。

```
componentWillUnmount() {
  this.elm.ports.uploadImages.unsubscribe(this.readImages);
}
```

　すべてのポートに対して、unsubscribe 関数も用意されています。subscribe に渡した readImages メソッドをこの unsubscribe に渡して呼ぶことで、待ち受けを終了することができます。

　readImages メソッドは input 要素からファイルを取得して画像データを読み込む必要があります。render メソッドの上に readImages を追加してください。

```
readImages() {
  const element = document.getElementById('file-upload');
  const files = Array.from(element.files);

  Promise.all(files.map(this.readImage))
    .then(this.props.onUpload);
}
```

　ファイル用の input 要素を使ってファイルをアップロードすると、選択されたすべてのファイルが、DOM によってその input 要素の files プロパティに追加されます。ここでもう一度思い出していただきたいのが、Elm は直接 DOM にアクセスできないことです。直接アクセスするのは安全ではない処理であり、ランタイムエラーを引き起こしかねません。そのため、Elm は files プロパティを触ることができませんが、JavaScript なら可能です。

　readImages 内では、document.getElementById に今回対象とする input 要素の ID 属性 file-upload を渡すことで、その input 要素を取得しています。その後、element.files を通して選択された複数のファイルにアクセスしています。その際、Array.from に対してファイルを渡しています。これは files プロパティの値が本物の配列ではなく、Array-like オブジェクトだからです。Array.from を使うことで本物の配列に変換することができます。

　このように本物の配列にしたのは、files.map を使いたかったからです。配列の map メソッドは Elm の List.map 関数に似たものです。オリジナルの配列に含まれる各要素に対して関数を適用し、その結果を格納した新しい配列を作成します。

　今回のケースでは各ファイルに対して readImage メソッドを適用しています。この readImage はすぐこの後に追加するもので、Promise[7] を返します。この Promise はファイルの画像データが利用可能になった段階で解決されます。

　ここでは Promise.all でラップすることで、すべての画像の Promise が完了するのを待っています。Promise.all 関数は内部の Promise がすべて解決されたときに初めて解決される Promise を作成するものです。Promise.all の Promise が完了すると、最終的に選択されたファイルのすべての画像データが配列に入ったものが返されます。その後、then コールバックを使ってこの複数の画像を onUpload prop に渡します。

　本質的な処理は readImage メソッドにあります。readImages の上に以下のコードを追加してください。

```
readImage(file) {
  const reader = new FileReader();
  const promise = new Promise((resolve) => {
    reader.onload = (e) => {
      resolve({
        url: e.target.result,
      });
    };
  });
  reader.readAsDataURL(file);
  return promise;
}
```

[7] https://developer.mozilla.org/en-US/docs/Web/JavaScript/Guide/Using_promises

　まず、画像データを読み込むために FileReader [8] オブジェクトを作成していま
す。FileReader はファイルの読み込みが終了すると load イベントを発火させます。
FileReader のインスタンスに onload ハンドラーを与えることでこの load イベント
に対処できます。

　ここでは onload ハンドラーが e と名付けたイベントオブジェクトを受け取ってい
ます。画像データは e.target.result プロパティに格納されています。readImage は
画像データを結果に入れた Promise を返す必要がありましたから、onload ハンドラー
をラップした新しい Promise を作成しています。それから、Promise の resolve 関数
を使って、新しい画像オブジェクトを結果に入れるようにします。この画像オブジェ
クトは url プロパティに画像データを保持しています。

　Promise の外では readAsDataURL メソッドを file に対して呼ぶことで画像データ
を読んでいます。readAsDataURL メソッドはファイルの内容を Base64 エンコードさ
れた URL に変換するものです。処理が完了すると load イベントを発火させます。こ
のイベントは先ほどの onload 関数が捕捉します。

　最後に、readImage が promise 変数を返すようにします。

　ImageUpload コンポーネントにはもう 1 つ手を加える必要があります。constructor
の一番下で、readImages をこのインスタンスに束縛します。readImages は elm.
ports.uploadImages.subscribe のコールバックとして渡すため、この文脈における
this の参照を保持させるのです。

```
this.readImages = this.readImages.bind(this);
```

　お疲れ様でした！これで画像アップロード機能が部分的に実装されました。画像を
表示する部分がまだ残っていますが、それに関しては次節で扱います。

　ここまでの復習をしましょう。ユーザーがアップロードボタンをクリックして画像
をいくつか選択すると、ファイル用の input 要素が change イベントを発火させます。
Elm は UploadImages メッセージを update 関数にディスパッチします。これにより、
uploadImages ポートが呼ばれます。

　ImageUpload コンポーネントがポートからの通知を受け、input 要素からファイル
を受け取り、その画像データを読み込みます。その様子を次ページの図に示します。

---

[8]　https://developer.mozilla.org/en-US/docs/Web/API/FileReader

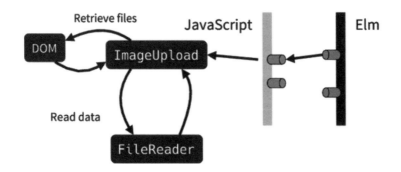

　最後に、ImageUpload コンポーネントは App コンポーネントに画像データを送信します。これにより、メモが更新されて localStorage に保存されます。

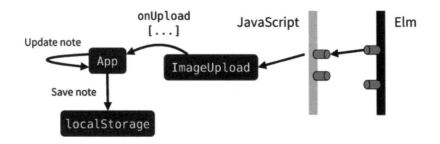

　npm start で開発サーバーを起動し、ブラウザーでアプリケーションを開いているタブに移動してください。アップロードボタンをクリックして、画像を 1 枚選択します。比較的小さい画像を選択してください。ブラウザーが localStorage の容量を5MB に制限しているためです。

　画像を 1 つ選択した後で、ブラウザーの開発者ツールを開いてコンソールで以下のコードを実行してください。

```
JSON.parse(localStorage.getItem('note')).images[0]
```

　以下のような長い Base64 エンコードされた url を持つオブジェクトが表示されるはずです（以下の URL の例はスペースを節約するために意図的に省略しています）。

```
{ url: "data:image/png;base64,iVBORw0KGgoAAAANSUhEUgAAB9AA..."}
```

　もしもオブジェクトを確認できずにエラーが出てしまった場合は、手元の App.
js、ImageUpload.js、ImageUpload.elm の各ファイルが、本書のサポートページ
からダウンロードしたコードの code/javascript ディレクトリーにある App02.js、
ImageUpload02.js、ImageUpload02.elm と一致することを確認してください。

8.3　アップロードされた画像を表示する

　これで画像のアップロードが可能になったので、次は表示部分に取り掛かります。本
節では、ポートを使って画像の新しい配列を Elm 側に送り返します。またフラグを使
うことで Elm アプリケーションを埋め込むときにもメモの画像を Elm 側に送るように
します。

▶ポートを通して新しい画像を受け取る

　App コンポーネントがメモを更新すると、再レンダリング処理が走ります。この処
理では ImageUpload コンポーネントも再レンダリングされます。ImageUpload コン
ポーネントにはメモ画像を images prop 経由で渡しているため、ImageUpload はその
タイミングで新しい画像群を Elm に送ることができます。

　React 特有のメソッドに componentDidUpdate というものがあります。これは親
コンポーネントから新しい prop を受け取ってコンポーネントを更新すると必ず呼ば
れます。これを利用して ImageUpload 内で新しい画像を取得して Elm に送ることが
できます。src/ImageUpload.js 内の、componentWillUnmount の下に次のように
componentDidUpdate を追加してください。

javascript/samples/ImageUpload03.js

```
componentDidUpdate() {
  this.elm.ports.receiveImages.send(this.props.images);
}
```

　React が componentDidUpdate を呼ぶ際、当該コンポーネントの prop はすでに this.
props.images 中に新しい画像を持っています。これらの画像を Elm に送信するため
に、新しいポート receiveImages の send 関数を使うことができます。

　receiveImages ポートは存在しないのでこれから追加しましょう。src/
ImageUpload.elm 内の、uploadImages の下に新しいポートを追加してください。

```
javascript/samples/ImageUpload03.elm
port receiveImages : (List Image -> msg) -> Sub msg
```

receiveImages ポートは引数として関数を受け取ります。この関数引数は List Image を受け取って msg を返します。この Image 型はすぐ後に定義します。

この関数はメッセージを返さなければならないので、List Image を引数にとる Msg 値を作成する必要があります。Msg 型に ReceiveImages という値を追加しましょう。

| | ReceiveImages (List Image)

receiveImages ポートにまた目を戻してください。これは Sub msg を返しています。サブスクリプションを返すポートは**内に向いた**ポートです。JavaScript は内に向いたポートを使ってサブスクリプションを通して Elm にデータを送信します。これは 5 章「WebSocket でリアルタイム通信を行う」で WebSocket のサブスクリプションから写真データを取得した方法に似ています。

でもちょっと待ってください…… JavaScript が任意のデータを Elm に送信できると聞くと、何だか安全性を損ねる危険を感じませんか？ それを確認するために、まずは内に向いたポートでデータをどのように受け取るのか見てみましょう。驚いたことに、内に向いたポートのデータ用にデコーダーを用意する必要はありません。Elm は内に向いたポートの型注釈からデコーダーを自動で作ってくれるのです。このデコーダーを使って、ポートからやってくるデータをデコードします。もしも JavaScript が誤ったデータを送り込んできたことでデコードに失敗すると、Elm はエラーを投げます。

そうなんです。嫌な予感の通り、Elm の内に向いたポートはランタイムエラーを投げる可能性があるのです。その構造上、send 関数はエラーを投げるため、JavaScript はランタイムエラーに遭遇します。

何にせよ、これが JavaScript の安全ではない世界であることを覚えておいてください。とはいえポートは JavaScript とのやりとりにおける例外の可能性を最小限に抑えてくれています。もしも JavaScript が Elm の関数を直接呼び出すことができたとしたら、今よりもずっと多くの例外が飛び出てきたことでしょう。内に向いたポートを通してデータを送るときは、それが正しいデータであることに気をつけましょう。とはいえ正直なところ、これは全部 JavaScript で書かれたアプリケーションよりも安全です。少なくともどこで例外が起きうるか分かっていれば、ランタイムエラーを引き起こすリスクを最小限にできます。

　例外が起きるのを避たければ、内に向いたポートが Json.Decode.Value[9] を受け取るようにする方法もあります。Json.Decode.Value は Json.Decode モジュールが提供しているもので、JavaScript のあらゆる値を表現できます。自前のデコーダーを用意して、そのデコーダーでデコードすることもできます。そのためには subscriptions 関数内でメッセージのコンストラクターに結果を渡す前に、Json.Decode.decodeValue[10] を使います。その場合、メッセージのコンストラクターが Result をラップするように変更する必要もあります。もしもデコードに失敗したら、例外の代わりに Err 値を受け取ることになるので、フォールバック処理を追加することができます。

　Json.Decode.Value をデコードする例は、本書サポートページからダウンロードできるコードの code/javascript/complete-migration ディレクトリーにあります。このコードは本章の最後に示す課題を実装したものです。まず自分で課題を解いてみたい方はまだ見ないでください。

　このポートはサブスクリプションを返すので、Elm における他のサブスクリプションと同じように扱えます。ファイルの一番下にある subscriptions を次のように変更してください。

```
subscriptions model =
    receiveImages ReceiveImages
```

　ここでは receiveImages ポートに ReceiveImages コンストラクター関数を渡して呼び出しています。JavaScript が画像の配列を送信してくると、Elm がその配列を List Image にデコードして、結果を ReceiveImages でラップします。

　update 内で ReceiveImages の対処をする前に、Image 型を作成しましょう。以下のコードを onChange 関数の下に追加してください。

```
type alias Image =
    { url : String }
```

　この Image 型は url フィールドを持ったレコード型です。ImageUpload コンポーネントで作成した画像オブジェクトに良く似ています。

　次にモデルを変更して画像のリストを保持するようにします。Model 型の定義を以下のように変更してください。

```
type alias Model =
    { images : List Image }
```

また、init も変更して画像の空リストを持つ初期モデルを作成します。

```
init () =
    ( Model [], Cmd.none )
```

これで Image 型を作成して Model 型も更新したので、いよいよ update 内で ReceiveImages に対処できるようにします。以下の分岐を update に追加してください。

```
ReceiveImages images ->
    ( { model | images = images }
    , Cmd.none
    )
```

　メモ画像の実態は App コンポーネントが持っています。Elm のモデルはこれのコピーを持っているにすぎません。ゆえに、今現在モデルに入っているデータは無視して、ReceiveImages から取得した新しいコピーを最新の画像データとして上書きします。
　では、これらの画像を表示してみましょう。まずは各画像を表示する関数から作成します。view 関数の上に以下のような viewImage 関数を追加してください。

```
viewImage : Image -> Html Msg
viewImage image =
    li [ class "image-upload__image" ]
    [ img
        [ src image.url
        , width 400
        ]
        []
    ]
```

　この viewImage 関数は li 要素の中に img を表示します。src 属性の値には Base64 エンコードされた image.url フィールドの値を指定しています。サイズを指定して見た目を揃えるために、width 属性に 400 という画像幅を指定しています。
　ファイル上部のインポートのところで、Html と Html.Attributes を更新し、img、li、ul、src、width を読み込むように変更する必要があります。

```
import Html exposing (Html, div, img, input, label, li, text, ul)
import Html.Attributes exposing (class, for, id, multiple, src, type_, width)
```

　最後に、view 関数を修正して全画像を表示するようにします。view 内の input 要素の下に次のコードを追加してください。

```
, ul [ class "image-upload__images" ]
    (List.map viewImage model.images)
```

　ul 要素の子要素になるリストを作成するために、List.map を使って各画像に対して viewImage を呼んでいます。

　ImageUpload.js と ImageUpload.elm が本書サポートページからダウンロードしたコードの code/javascript ディレクトリーに含まれる ImageUpload03.js と ImageUpload03.elm に一致していることを確認してください。確認したら開発サーバーを立ち上げて、いくつか画像をアップロードしてみてください。プロンプトで画像をいくつか選択すると、アップロードボタンの下にそれらの画像が表示されるはずです。以下に示したサンプル画面のスクリーンショットは Elm のロゴ画像をアップロードしたものです。

　JavaScript がどのように Elm に画像を送信したのか復習してみましょう。次の図にその様子を図示してみました。ImageUpload が App から新しいメモを受け取ると、receiveImages ポートを使って Elm に画像の配列を送信します。Elm は subscriptions を通して取得した画像を ReceiveImages メッセージに包みます。これによって ReceiveImages メッセージが update に送信され、取得した画像のリストでモデルを更新します。最後に次ページの図のように view に新しいモデルを渡して呼ぶことで、画像を表示します。

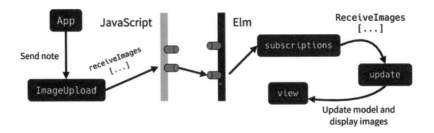

▶フラグを使って初期画像を受信する

　画像アップロード機能の完成に向けて、あと 1 つだけやることが残っています。ア
プリケーションを開いた状態でブラウザーをリロードしてみてください。メモのタイ
トルや本文は再表示されるはずですが、アップロードした画像が消えてしまいます。

　localStorage にはまだ画像が残っています。以下のコードを開発者ツールのコン
ソールで実行して確かめてみてください。

```
JSON.parse(localStorage.getItem('note')).images.length
```

　これを実行して得られる画像の枚数は 1 以上になっているはずです。今問題なのは、
ImageUpload コンポーネントが Elm アプリケーションを埋め込むときにこの保存され
ている画像を送信していないことなのです。

　React が ImageUpload 内の componentDidMount メソッドを呼ぶのは、当該コンポー
ネントが 1 つ以上の新しい prop 値を受け取ったとき（あるいはコンポーネントが自身
の状態を更新したとき）だけです。コンポーネントが最初にマウントされたときには呼
ばれないのです。ということはメモに何らかの変更があるまでは receiveImages ポー
トも呼ばれないことになります。これを修正して、メモのタイトルと画像がいい感じ
に表示されるようにしましょう。

　この問題を修正するにはフラグが使えます。フラグは Elm アプリケーションを埋め
込むときに渡される初期データです。今回のケースでは、Elm の画像アップローダーに
保存されている画像をフラグとして渡す必要があります。フラグを使うことで、ファ
イルアップロード用の要素において "file-upload" という ID が別々に指定されてい
るのをまとめることもできます。

　src/ImageUpload.js に戻り、componentDidMount メソッド内で画像アップロー
ダーを埋め込んでいる部分を次のように修正してください。

javascript/samples/ImageUpload04.js

```javascript
this.elm = Elm.ImageUpload.init({
  node: this.elmRef.current,
  flags: {
    imageUploaderId: IMAGE_UPLOADER_ID,
    images: this.props.images,
  },
});
```

Elm.ImageUpload.init に渡すオブジェクトに flags プロパティを追加しています。フラグは任意のデータ型を受け入れ可能です。ここでは 2 つのプロパティを持つオブジェクトを採用しています。

imageUploaderId プロパティはファイル用 input 要素の ID を保持しています。ID をハードコーディングするのではなく、画像アップローダーを埋め込むときに指定するようにできるのです。これによって ID の衝突を防ぐことができ、画像アップローダーを再利用できるようになります。IMAGE_UPLOADER_ID 定数は後で作成します。images プロパティの方は画像を保持しています。ImageUpload の prop から画像を取得できるのでした。

IMAGE_UPLOADER_ID 定数を ImageUpload コンポーネントの上に追加してください。

```javascript
const IMAGE_UPLOADER_ID = 'file-upload';
```

また、readImages 内でファイル用 input 要素にアクセスしているところも、ハードコーディングの代わりに IMAGE_UPLOADER_ID を使いましょう。

```javascript
const element = document.getElementById(IMAGE_UPLOADER_ID);
```

これで ImageUpload コンポーネントについては終わりです。次に Elm 側を修正してフラグを受信して使えるようにしましょう。onChange 関数の下に、次のように Flags 型エイリアスを追加してください。

javascript/samples/ImageUpload04.elm

```elm
type alias Flags =
    { imageUploaderId : String
    , images : List Image
    }
```

この Flags 型は JavaScript 側から渡されたオブジェクトに良く似ています。imageUploaderId と images というフィールドを持ったレコードです。

このデータを利用するためには、各フィールドの値をモデルに入れる必要があります。まずは Model 型エイリアスが imageUploaderId フィールドを持つように変更しましょう。

```
type alias Model =
    { imageUploaderId : String
    , images : List Image
    }
```

ここで Elm アプリケーションは init 関数を必要とすることを思い出してください。init 関数は初期状態と初期コマンドのタプルを返すものでした。フラグで渡された情報を使って初期化する必要があるような場合に備えて、この init 関数はフラグを引数として受け取っています。ここまではフラグを受け取るときにユニット型の値 () を使うことで無視してきました。今回は新しく作成した Flags 型を引数として受け取る必要があります。init を次のように変更してください。

```
init : Flags -> ( Model, Cmd Msg )
init flags =
    ( Model flags.imageUploaderId flags.images, Cmd.none )
```

内に向いたポートの場合と同じように、Elm が自動でフラグをデコードしてくれます。この init 関数は初期モデルを構築するために、デコードされた flags の imageUploaderId フィールドと images フィールドを使っています。しかし、Elm にデコード作業を任せるのは別のランタイムエラーを生むリスクがあります。このリスクも Json.Decode.Value を受け取るようにして自分でフラグをデコードすることによって回避することができるものです。

さて、Flags と Model が同じ構造をしていることに気づいたかもしれません。そのため flags をそのまま初期状態に流用することができます。それでもいいのですが、Flags と Model は別の概念なので、私個人の意見としてはこれを分けて扱いたいと考えています。フラグは設定値であり、モデルは状態です。たまたまフラグの設定値を初期状態作成に使えているだけのことです。さらに言えば、場合によってはフラグは初期状態の一部しか含んでいないこともあります。ゆえに、Flags と Model は分けて扱ったほうが良いと考えます。

　現状では、コードをコンパイルしようとしても一番下の main 定数のところに型エラーが出るはずです。Program の最初の型変数が flags だったことを思い出してください。

```
type Program flags model msg = Program
```

　今の main 定数についている型注釈は () になっていますが、Elm はこれが Flags であるはずだと推論しているのです。型注釈を以下のように修正してください。

```
main : Program Flags Model Msg
```

　最後に、ハードコーディングされている file-upload という ID を取り除き、代わりにモデルの imageUploaderId フィールドを使います。view の label 要素と input 要素を変更してください。

```
[ label [ for model.imageUploaderId ]
    [ text "+ Add Images" ]
, input
    [ id model.imageUploaderId
    , type_ "file"
    , multiple True
    , onChange UploadImages
    ]
    []
```

　お疲れ様でした。これで ID が複数箇所に別々に出てくるのを改善し、画像アップローダーが再利用可能になりました。さらに重要なこととして、これで埋め込んだときに localStorage に保存された画像を受け取ることができているはずです。
　ImageUpload.js と ImageUpload.elm が本書サポートページからダウンロードしたコードの code/javascript ディレクトリーに含まれる ImageUpload04.js と ImageUpload04.elm に一致していることを確認してください。確認したらアプリケーションをリロードしましょう。アップロードボタンの下に以前アップロードした画像が表示されているはずです。

8.4 学んだことのまとめ

大変お疲れ様でした。ここでは Elm を使って JavaScript アプリケーションに複雑な機能を追加しました。

- 既存の React アプリケーション内部に Elm アプリケーションを埋め込みました。
- onChange イベントハンドラーを自分で定義し、ユーザーが画像を選択したタイミングで JavaScript にポート経由で通知するようにしました。
- FileReader と Promise を使って画像を Base64 エンコードされた URL に変換し、別のポート経由で Elm にその URL を送り返しました。
- Elm アプリケーションを埋め込んだ際に、過去にアップロードした画像が表示されるようにしました。

これで JavaScript アプリケーションに Elm を導入する準備ができました。新機能を Elm で追加したり、アプリケーションの既存の部分を Elm で置き換えたりすることができます。これを繰り返すことでアプリケーション全体を徐々に Elm に置き換えることができます。

実際に、本章のメモアプリケーションでやってみてください。React アプリケーションの残りの部分を Elm に移植していきましょう。それをするには、既存の React コンポーネントと ImageUpload.elm を 1 つの Elm ファイルに統合する必要があります。そのファイルで画像のアップロードをしたり、メモの状態をモデルで管理したり、ポートを通して localStorage にメモを保存したりします。また、アップロードされた画像に対してだけではなく、保存されているメモの内容もフラグを通して復元する必要があるはずです。

さらなるチャレンジとして、フラグと内に向いたポートを改善して Json.Decode.Value を受け取るようにしてみましょう。デコーダーを作成して Json.Decode.decodeValue で値を自分でデコードしましょう。このようにして、起きうる例外を除去することができます。

　最終的には React のコードをなくすことができるはずです。残る JavaScript のコード
は画像データを読み込むところと、`localStorage` API でやりとりするところだけにな
るはずです。途中で少し助けが必要になったら、本書サポートページからダウンロー
ドしたコードの `code/javascript/complete-migration` ディレクトリーの中を覗い
てみてください。

　実は Elm には elm/file [11] というファイルを扱うためのネイティブなパッケージが用
意されています。ここではポートについて触れたり、既存の JavaScript プロジェクト
と Elm の共生に焦点を当てたかったため、使いませんでした。もしもさらに上を目指
すのであれば、ファイルを扱うために使っている JavaScript コードやポートを除去し、
代わりにネイティブな elm/file パッケージを使うのを最終的なチャレンジにしていた
だいても構いません。

　ここまでで Elm アプリケーションをリリースできるようになり、JavaScript アプリ
ケーションに Elm を追加できるようになりました。次は Elm コードのテストについて
見ていきましょう。次章では Elm の関数や Elm アプリケーションをどのようにテスト
するかを学んでいきます。

8
章

---

[11]　https://package.elm-lang.org/packages/elm/file/latest/

Elmアプリケーションを
テストする

ここまでは Elm アプリケーションを作成する部分に焦点を当ててきました。The Elm Architecture を使って自分のアプリケーションを作ってみたり、アプリケーションのスケーリングのために効果が高い方法を使ったり、デバッグやデプロイを高速化したり、既存の JavaScript プロジェクトと Elm を共生させたり…… Elm の型安全性のおかげで、バグを生まずにこれらのほとんどが可能になりました。しかし、アプリケーションのビジネスロジック部分に関するバグはまだ取りきれません。

本章では、Elm コードのテストによってこのジレンマを解消します。テストによって、コードが想定通りに動くことを保証し、バグが入り込まないようにすることができます。テスト駆動開発を採用し、elm-test パッケージを使って日付を扱うライブラリーを作成・テストします。次に、そのライブラリーが満たすべき性質を満たしているかどうか、具体的なケースのテストなしに、ファズテストによって検証します。最後に、この日付ライブラリーに依存した Elm アプリケーションのテストを行います。この章を読み終える頃には、Elm のライブラリーやアプリケーションをテスト駆動で開発できるようになり、バグが入り込むのを防げるようになります。

9.1 Elm におけるテスト駆動開発

7章「強力なツールを使って開発やデバッグ、デプロイをする」において、静的型があるからといってすべてのバグを防げるわけではないことを学びました。Picshare において、新しい写真をフィードの最初に追加するつもりが最後に追加してしまうというバグがありました。

```
feed ++ model.streamQueue
```

この feed と model.streamQueue は同じ型を持っているため、Elm の型システムでもバグに気づくことができません。もしテストがあればこういったバグも防げたはずです。

他にもテストによってモジュールの API をより良く設計できるようになります。こういった手法は、開発者の間で**テスト駆動開発**（TDD）、またはテスト駆動デザインと呼ばれます。開発者の中にはテスト駆動開発とテスト駆動デザインが別物だと主張する者もいれば、同じものだと主張する者もいますが、ここではその議論はしません。そんなものは、JavaScript においてセミコロンを使うのと使わないのとどちらが正しいかを議論するようなものです。

意味論はここでは触れないで、TDD を実際にどう使っていくかに焦点を当てます。基本的には、コードを書く前にテストを書くというものです。これによって、コードが満たすべき要件を明確にし、実現したい API に関するフィードバックを集めることができます。実際にコードを書く前にその API が使いにくかったりテストしにくいことが分かるのであれば、何度もコードを書き直さなくて済むのです。

本節では TDD によって日付を扱う小さなライブラリーの作成を始めます。elm-test パッケージを使って、何をテストしているのかひと目で分かるようにテストを書きます。その後、テストによって得られたフィードバックをもとに、日付ライブラリーの実装を行います。

▶ elm-test を使う

実際に始める前に、まず Elm で何をテストすべきかについて触れます。Elm コードのほとんどは関数でできています。Elm の関数は純粋ですから、関数の**ユニットテスト**が簡単に実現することができ、しかもコードのほとんどすべてをテストすることができます。ユニットテストはソフトウェアを構成する小さな部品を1つ、分離してその挙動を検証するものです。関数のユニットテストによって、ある関数が特定の引数に対して特定の値を返すことを確認することができます。例として以下の sayHello

関数を考えましょう。

```
sayHello : String -> String
sayHello name = "Hello, " ++ name
```

　ユニットテストによって、"Tucker" という文字列を渡したときに "Hello, Tucker" という文字列が返ってくることを検証できます。

　アプリケーションにおいて補助モジュールを作成する場合、そのモジュールがエクスポートする関数をユニットテストするべきです。本章の後の方で見るように、そのモジュールを使っているアプリケーションをテストする際には**統合テスト**を使います。統合テストでは、アプリケーションにおける各部位が正しく連携できていることを検証します。

　まずは TDD によるユニットテストを考えます。日付ライブラリーの TDD を実現するためには、elm-test が必要です。この elm-test ライブラリーは 2 つの要素で構成されています。1 つはテストを書くための Elm パッケージで、もう 1 つはテストを実行するための npm パッケージです。npm パッケージの方は以下のコマンドでインストールします。

```
npm install -g elm-test
```

　これで実行パス上に elm-test のバイナリーが置かれました。elm バイナリーと elm-test バイナリーを使ってプロジェクトのテストに必要な諸々をセットアップすることができます。まずは awesome-date というディレクトリーを新規作成し、その中で Elm プロジェクトの初期化を行ってください。

```
elm init
```

　次に、awesome-date ディレクトリー内で以下のコマンドを実行してテスト用のセットアップを行います。

```
elm-test init
```

このコマンドによって elm-explorations/test[1] パッケージが elm.json の test-dependencies に追加されました。同時に tests ディレクトリーも作成されています。この tests 内には Example.elm という名前で、サンプルのテストファイルが作成されています。このサンプルファイルを削除して、AwesomeDateTest.elm というファイルを新規作成してください。テストモジュールの名前はそのファイル名に一致している必要があるので、このファイルのモジュール名は AwesomeDateTest になります。以下のようにモジュールが suite をエクスポートするようにしてください。suite はこの後すぐに定義します。

test-applications/AwesomeDateTest01.elm

```
module AwesomeDateTest exposing (suite)
```

今回は "Test" という接尾辞を付けましたが、代わりに "Spec" などを接頭辞または接尾辞にしても問題ありません。ポイントとなるのは、テストコードのモジュール名とソースコードのモジュール名を別の名前にしなくてはならないところです。だから今回の例では、名前の衝突を避けるために "Test" をテストモジュールの名前に付加したのです。次に、Expect モジュールと Test モジュールを elm-test からインポートします。

```
import Expect
import Test exposing (..)
```

Expect モジュールはアサートのための関数や、関数の出力値が期待した通りか検証する関数を含んでいます。一方、Test モジュールの方はテストを定義したりまとめたりするための関数を含んでいます。Test からはすべてを直接使えるようにインポートしていますが、Expect はモジュール名を頭に付けるのを必須にしています。では、最初のテストを書いてみます。新しいテストスイートを以下のように作成してください。

```
suite : Test
suite =
    describe "AwesomeDate" []
```

Test 型の定数 suite を定義しています。Test 型は Test モジュールが提供しているものです。Elm 開発者の間では、この定数に suite という名前を付けるのが一般的ですが、tests や testSuite などのように別の名前を付けても構いません。elm-test の

---

[1]　https://package.elm-lang.org/packages/elm-explorations/test/latest/

実行プログラムは名前を気にはしないからです。単にテストモジュールがエクスポートしている Test 型の定数を全部実行するだけなのです。

　テストを構成するのには、describe 関数を使っています。これは Test モジュールが提供しているものです。引数にとるのは、テストに関する説明をする String 型の値と、さらに Test 型の値を列挙したリストです。基本的には describe は関連するテストをまとめるものだと考えればよいでしょう。

　awesome-date ディレクトリー内で、最初のテストスイートを実行してみましょう。

```
elm-test
```

コンパイル後に、次のようなメッセージが表示されてテストに失敗するはずです。

```
× AwesomeDateTest
    This `describe "AwesomeDate"` has no tests in it. Let's give it some!
```

　実際のテストが存在していないので追加しろといっています。さっそく修正していきましょう。

▶ 失敗するテストを書く

　AwesomeDate モジュールでは、日付データの作成と、そのデータから年度などの日付に関する情報を取り出すことを可能にする構想を持っています。まずはその部分をテストしましょう。では、AwesomeDate モジュールをインポートしてください。このモジュールは実際にはまだ存在しません。

test-applications/AwesomeDateTest02.elm
```
import AwesomeDate as Date exposing (Date)
```

　import..as 記法は 7 章「強力なツールを使って開発やデバッグ、デプロイをする」で扱いました。これは長いモジュール名に短い別名を与えるものでした。ここでは AwesomeDate をインポートする際に、Date という別名を与えています。この場合はさらに Date 型をインポートしています。

　テストするためにはサンプルの日付データが必要です。このサンプルデータを用意

するのは、実装を始める前に AwesomeDate API を考えるきっかけになります。実際に
考えてみましょう。日付は年、月、日の情報を持ちます。ですから、これらの値をと
る create 関数が必要になるはずです。suite 定数の上に、exampleDate 定数を作成
します。ここではまだ実装されていない create 関数を使っています。

```
exampleDate : Date
exampleDate =
    Date.create 2012 6 2
```

　exampleDate を定義するために、create 関数に 2012、6、2 という引数を与えてい
ます。これは 2012 年の 6 月 2 日だと解釈される想定です。では exampleDate から年
部分を取り出す部分をテストしましょう。describe のリストに以下のような新しい
テストを追加してください。

```
describe "AwesomeDate"
    [ test "retrieves the year from a date"
            -- 「日付から年部分を取り出す」
        (\() -> Expect.equal (Date.year exampleDate) 2012)
    ]
```

　ここでは test 関数を使ってテストを書いています。test は Test モジュールが提供
しているもので、2 つの引数をとります。String 型のテストに関する説明と、実際の
テスト内容である関数です。この関数引数は、ユニット型 () をとって Expectation
型の値を返すものです。Expectation は Expect モジュールが提供しているアサート
用関数が使っているものです。
　上記の例では \() -> から始まる無名関数を使っています。2 章「状態を持つ Elm ア
プリケーションを作成する」で学んだように、() は値が空であることを示していま
す。パターンマッチはよく case 式の分岐で使われますが、このように無名関数で ()
にマッチさせることで、Elm の型システムに「() を受け取ることを想定しているんだ
な」と判断してもらえます。常に () の値をとるのであればこの引数は必要ないように
思うかもしれません。しかし、そうしてしまうとテストコードが即時に実行されてし
まうのです。実際に test 関数を評価したくなって初めて、このテストコードに () とい
う使われない引数を与えることで、実際に実行されるタイミングを**遅延**させることが
できるのです。
　無名関数で使われている Expect.equal 関数は与えられた 2 つの引数が等しいこと
を検証するものです。1 つ目の引数が**実際に**テスト対象のコードが返す値です。2 つ目
の引数にはそのコードの返り値として**想定している**値を渡します。今回のケースでは
結果が 2012 になることを想定しています。
　このテストを少し書き換えてみましょう。よくやる手法として、想定している値と

実際の値を区別するのにパイプライン演算子を使います。無名関数を以下のように書き換えてください。

```
(\() ->
    Date.year exampleDate
        |> Expect.equal 2012
)
```

　理想的には、1 行目がテスト対象になっているはずです。この例では Date.year 関数です。パイプライン演算子によってその評価結果は Expect.equal に渡されます。この書き方をすると、実際の出力値がパイプラインの最初に置かれ、想定する結果が最後に置かれます。結果としてテストが読みやすくなるのです。

　無名関数を使うことで 1 つ困るのが、構文エラーを避けるために関数全体を括弧で囲まないといけないことです。これは以下のようなカッコいい裏ワザを使うことで回避することができます。テストを以下のように書き直してみましょう。

```
describe "AwesomeDate"
    [ test "retrieves the year from a date" <|
        \_ ->
            Date.year exampleDate
                |> Expect.equal 2012
    ]
```

　括弧を取り去って、代わりにテストの説明と無名関数の間に <| 演算子を追加しています。この演算子は 7 章「強力なツールを使って開発やデバッグ、デプロイをする」で触れた逆向きパイプライン演算子です。右側のオペランドを左オペランドとして与えられた関数の最後の引数として渡すものです。これによって括弧を省略できるようになりました。

　ここでは () 引数をワイルドカード _ で置き換えることもしています。これは私の個人的な嗜好ですが、「引数の値を気にしないよ」という意図を示すために _ を使います。

　テストを追加できたので、elm-test を再度実行してみましょう。今回はコンパイルエラーが表示されるはずです。

```
The AwesomeDateTest module has a bad import:

    import AwesomeDate

I cannot find that module! Is there a typo in the module name?
```

「AwesomeDate モジュールが見つからない。モジュール名を打ち間違えていないか？」
と確認してくれています。

▶テストを修正する

コンパイルエラーを修正するために AwesomeDate モジュールを追加しましょう。
src/AwesomeDate.elm を作成して、以下のように AwesomeDate という名前でモジュー
ル宣言を行います。この際、Date 型、create 関数、year 関数をエクスポートするよ
うに書きます。

test-applications/AwesomeDate01.elm

```
module AwesomeDate exposing (Date, create, year)
```

次は Date 型を追加します。

```
type Date
    = Date { year : Int, month : Int, day : Int }
```

Date 型は値として Date だけを持つカスタム型です。見ての通り、カスタム型の型
名と、その値の 1 つを同じ名前にすることは問題ありません。Date 値は 3 つの Int 型
のフィールドを持っています。year、month、day です。

「レコードへの型エイリアスを作れば良いのでは？」と思ったかもしれません。それ
もできますが、ここではカスタム型を使った理由があります。もし型エイリアスにし
てしまうと、たとえば year フィールドに直接アクセスできるようになります。しかし、
この AwesomeDate モジュールをライブラリーとして公開することを考えると、Date
型の実装に依存したこのような部分は見せたくないはずです。だって、そんなことを
したらフィールド名を変えるたびに API の破壊的変更を生んでしまうじゃないですか。
もしライブラリーの利用者が新しいバージョンを使おうと思ったら、新しいフィール
ドに対応できるように自分のコードをいちいち書き換えないといけなくなってしまい
ます。

そういった事態を避けるために、**Opaque type** をエクスポートするべきです。Opaque
type にすれば、その型を型注釈の中でのみ使用可能にし、一方で実装の詳細は公開し
ないで済みます。その際に Opaque type を使った関数も提供できます。たとえば、先
ほどの year 関数は Opaque type を引数にとってその日付の年部分を返しています。こ
れがあれば、内部で使っている**フィールド名** year を後ほど変更しても、year **関数**の

型注釈を変更しない限り破壊的変更になりません。

　Date も Opaque type なので、日付を作成するためには、実装に依存しない API として create 関数を実装しなくてはなりません。さっそく create を Date 型の下に追加しましょう。

```
create : Int -> Int -> Int -> Date
create year_ month_ day_ =
    Date { year = year_, month = month_, day = day_ }
```

　create は 3 つの Int 型の引数 year_、month_、day_ をとっています。それからレコードを作成して Date コンストラクター関数に渡しています。引数名にアンダースコアを付けているのは、この後追加する year 関数との**シャドーイング**を避けるためです。どういうことでしょうか？もしも引数名を year にすると、create 関数内で year を使ったときに、別で定義した同名の関数ではなく引数の方を参照していることになります。year 関数を引数の year で上書き（シャドーイング）してしまうのです。Elm コンパイラーはこのような「どちらを参照しているのだろう」というあいまいな状態を禁止して、コードの可読性を向上してくれます。そこで引数名にアンダースコアを付けて、明確にどちらを意図しているのか示すのです（もちろんアンダースコアを使わなくても問題ありません。たとえば yr などのような引数名にしても大丈夫です）。

　最後に year 関数を実装してテストが通るようにしましょう。create の下に次の関数を追加してください。

```
year : Date -> Int
year (Date date) =
    date.year
```

　year の型注釈を見ると、Date 型の値を受け取って Int 型の値を返していることが分かります。実装の方は少し目を引きます。引数をそのまま date と書くのではなく、(Date date) としているのです。これは**引数分割束縛**と呼ばれるものです。case 式においてカスタム型の値を分割代入するのは以前にやりました。今回のようにカスタム型の値が Date のような 1 つの値しか持たない場合、関数の引数部分で分割代入ができるのです。それで、Date 型の値からレコード部分を取り出して、date.year を返すことができるわけです。

　AwesomeDate の足りなかった部分はこれですべて実装しました。elm-test を実行すると、テストがうまく通るようになっているはずです。

```
TEST RUN PASSED
Duration: 147 ms
Passed:  1
Failed:  0
```

　一時的にテストを壊して、テストが通らなくなることを確認しましょう。
AwesomeDate モジュールにおいて、year 関数が -1 を返すようにしてください。テス
トを実行すると以下のように失敗するはずです。

```
× retrieves the year from a date
    -1
    |
    | Expect.equal
    |
    2012

TEST RUN FAILED
Duration: 145 ms
Passed:  0
Failed:  1
```

　エラーメッセージには、実際の出力 -1 と、想定していた出力 2012 が示されていま
す。この表示はパイプライン演算子を使って書いたテストコードと似た構造をしてい
るため、実際の出力や想定している出力が誤っていることが見て分かりやすいです。
　お疲れ様でした。これで最初の Elm ライブラリーをテスト駆動開発できました。一
時的にテストが失敗するように書き換えた year 関数の実装を戻しておいてください。
次節に行く前に、TDD 方式で同じように month 関数と day 関数を実装してみましょう。
それができたら、ライブラリーのソースファイルとテストコードのファイルが本書サ
ポートページのコード code/test-applications/AwesomeDate02.elm および code/
test-applications/AwesomeDateTest02.elm と一致していることを確認してくださ
い。

9.2 検証用関数の使い方

ひとまず elm-test に慣れてきたので、elm-test の API にもう少し踏み込みます。ここまでは期待する結果を示すために、シンプルな Expect.equal を使ってきました。実は Expect モジュールにはこの他にも Expect.notEqual、Expect.lessThan、Expect.greaterThan などの検証用関数が用意されていて、Expect.equal では足りない場合にも対応しています。それぞれ名前から予想がつきますが、たとえば Expect.greaterThan（〜より大きい）は 2 番目の引数（パイプライン演算子の左側の値）が第 1 引数よりも大きいことを想定する関数です。どういうことか以下の例を見てください。

```
describe "greaterThan"
    [ test "expects second argument to be greater than first" <|
            -- 「2番目の引数が第1引数よりも大きいことを期待する」
        \_ -> 42 |> Expect.greaterThan 41
    ]
```

より詳しくは Expect モジュールのドキュメントページ[2]の例を見てください。

本節では、Expect.true や Expect.false のような検証用の関数を使って AwesomeDate を引き続きテスト駆動で開発していきます。その他に Expect.pass や Expect.fail を使って自分だけのオリジナルの検証用関数を作成します。

▶ True または False になることを検証する

Expect.true 関数や Expect.false 関数を使うことで、Bool 型の値をテストすることができます。Expect.true は Bool 型の True になることを検証し、Expect.false は Bool 型の False になることを検証するものです。AwesomeDate ライブラリーに、うるう年かどうかを確認する isLeapYear 関数を追加するためにこの 2 つの検証用関数を使ってみましょう。

ここで suite に新しいテストをそのまま追加するのではなく、テスト構造を整理します。まず suite 定数とそのテストを複製します。複製した定数を testDateParts という名前に変えてください。さらに、describe の引数を "date part getters"（日付部分のゲッター）と書き換えます。

---

[2] https://package.elm-lang.org/packages/elm-explorations/test/latest/Expect

```
test-applications/AwesomeDateTest03.elm
```

```
testDateParts : Test
testDateParts =
    describe "date part getters"
```

　suite 内にあるテストのリストを修正して testDateParts を渡します。describe は Test 型の値を返すものですから、describe の中にさらに describe を入れることができるのです。

```
suite : Test
suite =
    describe "AwesomeDate"
        [ testDateParts ]
```

　実際にテストを走らせて、今まで通りテストが通っていることを確認してください。確認したら testDateParts の下に testIsLeapYear 定数を追加します。

```
testIsLeapYear : Test
testIsLeapYear =
    describe "isLeapYear"
```

　この isLeapYear 関数は年数を受け取って True 型の値を返す必要があります。うるう年の場合は True、そうでなければ False を返します。グレゴリオ暦におけるうるう年は、4 で割り切れて 100 では割り切れないものです。ただ、その中でも 400 で割り切れるものは例外的にうるう年になります。たとえば、2012 は 4 では割り切れますが 100 では割り切れません。ゆえにうるう年です。3000 は 4 と 100 で割り切ることができますが、400 では割り切れません。ゆえにうるう年ではありません。2000 は 4 でも 100 でも割り切れますが、400 でも割り切れるのでこれもうるう年です。では、2012 年に対するテストをまず追加しましょう。

```
[ test "returns true if divisible by 4 but not 100" <|
    \_ ->
        Date.isLeapYear 2012
            |> Expect.true "Expected leap year"
]
```

　ここでは、まだ実装していない Date.isLeapYear 関数に対して 2012 を渡し、その結果をパイプライン演算子で Expect.true に渡しています。ここで isLeapYear が True を返すなら、Expect.true のテストに通ります。Expect.true は真偽値にのみ使

えるものですので、そのままではテストを実行して値が偽だったときに「偽でした」くらいしか教えられません。これではあまり役に立ちませんから、Expect.true はテスト失敗時のメッセージを文字列型の引数として受け取るのです。今回の場合は、テストの実行に失敗すると "Expected leap year"（うるう年になるはずだったのに……）と表示されます。

testIsLeapYear を suite 内のリストに追加してテストを実行してください。

```
suite =
    describe "AwesomeDate"
        [ testDateParts
        , testIsLeapYear
        ]
```

このままだと isLeapYear が存在しないのでコンパイルエラーが出てしまいます。AwesomeDate に次のような isLeapYear を追加して、テストに通る最低限の実装としましょう。この際に isLeapYear 関数のエクスポートも忘れないでください。

```
isLeapYear : Int -> Bool
isLeapYear year_ =
    let
        isDivisibleBy n =
            remainderBy n year_ == 0
    in
    isDivisibleBy 4
```

ここでは isDivisibleBy という補助関数を作成しています。そこで使っている remainderBy 関数は、割り算の余りを返すものです。年数を与えられた値で割った余りを求めています。もしも余りが 0 であれば、その年数は与えられた値で割り切れることになります。全体としては isDivisibleBy を使って年数が 4 で割り切れるかチェックしています。

再度テストスイートを実行すると、テストに通るようになっているはずです。次は 2010 のように 4 では割り切れない年度をテストしてみましょう。

```
, test "returns false if not divisible by 4" <|
        -- 「4で割り切れない場合はFalseを返す」
    \_ ->
        Date.isLeapYear 2010
            |> Expect.false "Did not expect leap year"
                            -- 「うるう年ではないはず」
```

　今回は isLeapYear が False を返すはずなので Expect.false を使っています。この関数も Expect.true と同じように失敗時に表示するテキストを引数として与えます。テストスイートを実行すると新しいテストも通過するはずです。

　では、isLeapYear の実装を完成させるために、今のままでは失敗するテストケースを追加しましょう。3000 年と 2000 年に対するテストを以下のように追加してください。

```
, test "returns false if divisible by 4 and 100 but not 400" <|
        -- 「4と100で割り切れるけど400で割り切れない場合はFalseを返す」
  \_ ->
        Date.isLeapYear 3000
            |> Expect.false "Did not expect leap year"
                        -- 「うるう年ではないはず」
, test "returns true if divisible by 4, 100, and 400" <|
        -- 「4と100で割り切れて400でも割り切れるならTrueを返す」
  \_ ->
        Date.isLeapYear 2000
            |> Expect.true "Expected leap year"
                        -- 「うるう年のはず」
```

　3000 年に対するテストケースは、4 と 100 で割り切れて 400 では割り切れないものがうるう年ではないことを確認します。2000 年に対するテストケースは、4 と 100 で割り切れて 400 でも割り切れるものはうるう年であることを確認します。このままテストスイートを実行すると 3000 年についてのテストは失敗するはずです。正しくテストが通るように isLeapYear の実装を修正しましょう。

```
isDivisibleBy 4 && not (isDivisibleBy 100)
```

　これによってその年が 100 では割り切れないことを確認できるようになりました。この状態でテストスイートを実行してみてください。3000 年に対するテストは通るはずですが、今度は 2000 年に対するテストに失敗してしまいます。これも正しくテストが通るように isLeapYear にもう 1 つチェック項目を追加しましょう。

```
isDivisibleBy 4 && not (isDivisibleBy 100) || isDivisibleBy 400
```

　テストスイートを実行すると、すべてのテストが通るはずです。isLeapYear を実装するために、いくつか想定ケースを追加していくことで TDD を実現しました。

▶オリジナルの検証用関数を書く

isLeapYear 関数ができたので、次は日付を編集する関数を追加します。addYears というシンプルな関数を書いて、与えられた年数ぶん日付を変更できるようにします。そのテストをするために testAddYears という定数を新設してください。

```
testAddYears : Test
testAddYears =
    describe "addYears"
```

年数部分を変更するテストを作成するために、以前作成した exampleDate 定数と、後で作成する Date.addYears 関数を使っています。

```
[ test "changes a date's year" <|
        -- 「日付の年部分を変更する」
    \_ ->
        Date.addYears 2 exampleDate
            |> Expect.equal (Date.create 2014 6 2)
]
```

ここでは exampleDate に 2 年ぶん足して、その結果が 2014 年の 6 月 2 日になることを検証しています。suite に testAddYears を追加してテストを実行してみてください。現状ではコンパイルエラーで失敗するはずです。

```
suite =
    describe "AwesomeDate"
        [ testDateParts
        , testIsLeapYear
        , testAddYears
        ]
```

エラーを解消するために addYears 関数を実装します。

```
addYears : Int -> Date -> Date
addYears years (Date date) =
    Date { date | year = date.year + years }
```

ここでは Date でラップしているレコードを取り出し、レコードの更新構文を使っています。それによって新しい year フィールドが date.year に years を足したものになります。その後、新しく作成されたレコードに Date コンストラクターを付け直しています。では、このテストを実行してみてください。テストがすべて通るはずです。

2016 年を返すことを想定するように変更して、テストが落ちるようにしてみましょ

う。テストを実行すると以下のようなエラーが表示されるはずです。

```
× changes a date's year
    Date { day = 2, month = 6, year = 2014 }
    |
    | Expect.equal
    |
    Date { day = 2, month = 6, year = 2016 }
```

　さて、この表示自体は全く問題ありません。日付がどのように一致していないかは分かります。でも、日付をいい感じに表示してくれるようなエラーメッセージにしたくないですか？ また、テストごとに毎度 Expect.equal (Date.create ...) と書き続けるのはだんだん疲れてきませんか？ 何と、これらを解決するために日付を検証するオリジナルの関数を作成することができます。実際に作成作業に入る前に、まずは日付をいい感じに表示する関数が必要です。以下の toDateString 関数を AwesomeDate 内に追加してエクスポートしましょう。

```
toDateString : Date -> String
toDateString (Date date) =
    [ date.month, date.day, date.year ]
        |> List.map String.fromInt
        |> String.join "/"
```

　toDateString 関数は日付を、アメリカ式の "month/day/year" という形式で整形してくれます。まず Date でラップされているレコードを取り出して、date.month、date.day、date.year の順番でリストの中に入れています。次に List.map と String.fromInt を使って各値を文字列に変換しています。最後に String.join 関数[3] を使って "/" で各値をくっつけています。たとえば、2012 年 6 月 2 日であれば "6/2/2012" になります[4]。

　これで日付をいい感じの文字列に変換することができるようになりました。テストファイルの方に戻って、expectDate というオリジナルの検証用関数を追加しましょう。

```
expectDate : Int -> Int -> Int -> Date -> Expect.Expectation
expectDate year month day actualDate =
    let
```

---

[3]　https://package.elm-lang.org/packages/elm/core/latest/String#join
[4]　[訳注] アメリカ式の日付表示って順番が分かりにくいですよね。

```
        expectedDate =
            Date.create year month day
    in
    if actualDate == expectedDate then
        Expect.pass
    else
        Expect.fail <|
            Date.toDateString actualDate

            ++ "\n│\n│ expectedDate\n│\n"
            ++ Date.toDateString expectedDate
```

この expectDate 関数は year、month、day を Int 型の引数として受け取ります。さらに Date 型の引数 actualDate も受け取ります。内部では Date.create を使って expectedDate を作成しています。actualDate がこの expectedDate と一致すれば Expect.pass を返しています。この Expect.pass は常にテストを成功させるものです。

一方で、一致しない場合は Expect.fail を返しています。Expect.fail は String 型のエラーメッセージを受け取り、テストを失敗させます。ここでは新しく作成した Date.toDateString 関数を使ってエラーメッセージを構築しています。エラーメッセージでは、想定した値の上に実際の値を表示するようにして、他の Expect 関数のエラーメッセージと同じようにしています。2 つの値の間には改行文字とユニコードの U+2577、U+2502、U+2575 を使って、両端矢印っぽく表示しています。これらのユニコード文字は Wikipedia からコピーすることができます[5]。もしも何かうまくいかないようであれば、ASCII 文字の | を使っても問題ありません。

先ほどのテストに戻って、Expect.equal を expectDate で置き換えます。オリジナルのエラーメッセージを確認したいので、期待する年数はわざと間違えたままにしておいてください。

```
Date.addYears 2 exampleDate
    |> expectDate 2016 6 2
```

テストスイートを再度実行すると、以下のようにエラー内容が表示されるようになっているはずです。

```
× changes a date's year
    6/2/2014
    │
```

---

[5] https://en.wikipedia.org/wiki/Box_Drawing

```
| expectDate
|
6/2/2016
```

いいですね。正しい年度 2014 に戻してテストを実行してください。テストが通るようになります。

では本節の締めくくりとして、addYears の実装を完全なものにしていきます。まずはサンプルのうるう日 leapDate を exampleDate 定数の下に追加してください。

```
leapDate : Date
leapDate =
    Date.create 2012 2 29
```

次に leapDate の年部分を変更するテストを追加します。

```
, test "prevents leap days on non-leap years" <|
        -- 「うるう年ではない場合、うるう日を避ける」
    \_ ->
        Date.addYears 1 leapDate
            |> expectDate 2013 2 28
```

この状態でテストを実行してください。このうるう日に関するテストは失敗するはずです。addYears 関数は日付を変更するときにうるう年かどうかを勘案していないのです。2 月 29 日の年部分をうるう年ではない年に変更する際には、2 月 28 日に巻き戻す必要があります。AwesomeDate.elm 内の addYears の下に preventInvalidLeapDates を追加してください。

```
preventInvalidLeapDates : Date -> Date
preventInvalidLeapDates (Date date) =
    if not (isLeapYear date.year) && date.month == 2 && date.day >= 29 then
        Date { date | day = 28 }

    else
        Date date
```

preventInvalidLeapDates は Date 型の値を受け取って、Date 型の値を返しています。年部分がうるう年ではなく、かつ日付が 2 月 29 日の場合、レコード更新構文によって日付を 2 月 28 日に変更しています。else の分岐では、date レコードを再利用して Date コンストラクターを付け直しています。その場合は特に変更する必要がないからです。

addYears の実装を変更して、変更後の日付を preventInvalidLeapDates にパイプ

ライン演算子でつなげましょう。

```
addYears : Int -> Date -> Date
addYears years (Date date) =
    Date { date | year = date.year + years }
        |> preventInvalidLeapDates
```

　この状態でテストスイートを実行すると addYears のテストがすべて通るはずです。これで、独自の検証用関数を作成・使用していい感じのテストを実現できました。次に進む前に、手元のライブラリーのソースコードとテストファイルが、本書サポートページのコード code/test-applications/AwesomeDate03.elm および code/test-applications/AwesomeDateTest03.elm と一致していることを確認してください。

9.3　ファズテストを行う

　テスト入力を選んだり、エッジケースまで考えたりすると、テストにかける時間は湯水のように使われていってしまいます。その解決方法を探るのが本節です。実は、テストにおいて多くの場合は特定の入力値に関係なく、関数がある性質を満たしているかだけを気にしています。たとえば、addYears を呼ぶ際には、元の日付と新しい日付の年数部分に、addYears 引数ぶんの差があるという性質を期待しています。

　本節では、ファズテストによって日付ライブラリーが満たすべき性質をテストします。ファザーによってランダムなテスト入力値を生成し、テストコード内でその入力を使います。ファズテストを実際にやってみると、そのメリットとデメリットが見え、どんなときに使うべきなのかが分かります。本節ではさらにオリジナルのファザーを作成して、日付をランダムに生成できるようにもします。

▶最初のファズテストを作成する

　歴史的には、C++ や Java などの開発者がファズテストを使ってきました。彼らはコードをクラッシュさせるために、ファズテストを使ってランダムな入力値やランダムな順番でのメソッド呼び出しを生成しました。これらのクラッシュによって、バグを引き起こすようなエッジケースを見つけることができるのです。しかし Elm ではそのような使い方をする必要がありません。賢い型システムがあったり、そもそもランタイムエラーが起きなかったりするからです。Elm におけるファズテストはむしろ**プロパティベーステスト**と呼ばれるものに似ています。先述したように、この手のファズテスト手法では、関数が満たすべき特定の性質をテストするのです。特定の入力値を 1 つ 1 つ丁寧な手作業で作らなくても関数をテストできるようになります。

　ファズというのがどんなものなのか知るために最初のファズテストを書いてみます。先述した addYears の例、つまり与えられた年数ぶん年部分が変更されていることを確認する例を題材にします。テストファイルを開いて、elm-test の Fuzz モジュールから Fuzzer、int、intRange をインポートしてください。

test-applications/AwesomeDateTest04.elm

```
import Fuzz exposing (Fuzzer, int, intRange)
```

　int ファザーはランダムな整数を生成するもので、intRange ファザーは 2 つの値ではさまれたランダムな整数を生成するものです。Fuzzer はファザーを表す型です。次に testAddYears に対して、以下のようにファズテストを追加します。

```
, fuzz int "changes the year by the amount given" <|
            --「年数部分を与えられた年数ぶん変更する」
   \years ->
       let
           newDate =
               Date.addYears years exampleDate
       in
        (Date.year newDate - Date.year exampleDate)
           |> Expect.equal years
```

　ここで使っている fuzz 関数は Test モジュールが提供しているものです。引数には、ファザー、テストについての説明、実際にテストを行う関数をとります。ここでは int ファザーを渡しています。テスト関数では、( ) の代わりに years という名前で、ランダムな整数を引数として受け取っています。それから Date.addYears にこのランダム生成された値 years と exampleDate を渡し、newDate を計算しています。最後に newDate と exampleDate が持つ年数部分の差を計算し、years 引数と一致するか確認しています。

　実行時には fuzz 関数がテストを複数回実行し、その都度 int ファザーを使ってランダムな整数値を生成します。初期設定では、elm-test はファズテストを 100 回走らせるようになっています。別の回数を指定するには、--fuzz フラグを使ってください。たとえば、elm-test --fuzz 200 にすれば、ファズテストが 200 回実行されます。複数回テストを実行することで、addYears がどんな入力値に対しても、正しい年数を持つ日付を作成していることが確認できます。テストを実行すると、新しいファズテストがうまく通るはずです。

　では、addYears 関数を壊してみて、ファズテストによってバグが見つかる様子を観察してみましょう。もともと increaseYears（年数部分を増やす）と呼んでいた関

数があり、それが正数のみを引数として受け取っていたと仮定します。その後、関数
名を addYears に変更したとします。addYears は特に**増やす**ことに限定した名前の
関数ではないため、引数は負の値も取りうるはずです。しかし、ここでは負数を受け
取れるようにするのを忘れてしまったと仮定しましょう。この状況を再現するために、
AwesomeDate.elm を開き、addYears の実装に以下のように一時的な変更を加えてく
ださい。

```
if years < 0 then
    Date date

else
    Date { date | year = date.year + years }
        |> preventInvalidLeapDates
```

テストスイートを再実行すると、次のようなエラーが表示されるはずです。

```
× changes the year by the amount given
Given -1
      0
      |
      | Expect.equal
      |
      -1
```

　テストに失敗した際、ファズテストはそのとき使われた入力値と、実際の出力およ
び本来想定していた出力値を表示します。上記の例では引数として -1 を使ったことを
示していますが、手元の実行結果では別の値が表示されているかもしれません。これ
がもし本当の実装ミスによるエラーだったら、実装を修正し忘れていたことがすぐに
分かるわけです。一時的に入れた「バグ」を修正してテストスイートを実行してくださ
い。またテストがすべて通るようになるはずです。

▶範囲を指定したファズを構築する

　int ファザーについてはある程度分かったので、次は intRange ファザーを試して
みましょう。これを使うと、ちまちま手作業で何個も書いていた isLeapYear のテス
トケースを 1 つに集約できます。ただ実際にテストを書く前に、まずうるう年とし
て正しい年度のリストが必要になります。本書サポートページのコード code/test-
applications/leap-years.txt の中身を手元のテストファイルにコピーしてくださ
い。コピーしたコードには validLeapYears という正しいうるう年を列挙したリスト

が含まれています。

次に、testIsLeapYear のテストをすべて削除して、以下のコードに置き換えてください。

```
describe "isLeapYear"
    [ fuzz (intRange -400 3000) "determines leap years correctly" <|
        \year ->
            if List.member year validLeapYears then
                Date.isLeapYear year
                    |> Expect.true "Expected leap year"

            else
                Date.isLeapYear year
                    |> Expect.false "Did not expect leap year"
    ]
```

intRange ファザーを呼ぶ際に最小値として -400、最大値として 3000 を引数に与え、fuzz に渡しています。テストコード内では、まず -400 から 3000 の間の年数のみがファザーによって生成されて渡されます。その渡された year は validLeapYears に含まれているか List.member でチェックされます。もし含まれているのであれば Date.isLeapYear が True を返すことを期待し、そうでなければ False を返すことを期待しています。

この状態でテストスイートを実行するとテストに通るはずです。次はコードを壊してみてエラーの例を見てみましょう。isLeapYear が 4 で割り切れることしか確認しないように一時的に変更します。

```
isDivisibleBy 4
```

テストを実行すると、今度は以下のようなエラーが表示されるはずです。

```
× determines leap years correctly
Given 1500
    Did not expect leap year
```

ここではテストに通らなかった年数が 1 つ表示されています。手元で試した際にはもっと表示されるかもしれないですし、年数も別のものが表示されるかもしれません。いずれにせよファザーによって、validLeapYears にハードコードされたリストを使って実装のバグを見つけることができました。もちろん、validLeapYears が 2996 年よりも後の年を含んでも構いませんが、今の範囲が標本としてちょうどいいサイズだと思います。この標本サイズであれば、isLeapYear がテストをすべて通過したことを

もって、実装に自信を持っても差し支えないでしょう。では isLeapYear を元に戻してテストがすべて通るようにしておいてください。

さて、isLeapYear に対するテストの本数を削減できたことを手放しで喜ぶのではなく、いくつかトレードオフがあることを知っておく必要があります。少しのコードで複数の入力値に対するテストが可能になりましたが、デバッグはしにくくなっています。テストが失敗したときに、**なぜ**失敗したのかがすぐには分からなくなってしまうのです。元々のテストでは少なくとも、うるう年が持つ性質のどれが満たされていないかエラーに書かれていました。たとえば、"returns false if divisible by 4 and 100 but not 400" つまり「4 と 100 では割り切れるが 400 では割り切れないなら false を返す」というメッセージはそのままズバリ、テストに通らなかった理由を示してくれていたのです。

開発者の中には「具体的なテストケースを記述するテストは、関数の実装に説明を与えるものである。一方でファズテストはより良い［ブラックボックス］のアプローチを提供するのである。」と表現する人もいると思います。私もその意見に賛成です。私は具体的なテストケースを書くことで、どんなときにテストが失敗するか分かりやすくなると確信しています。それに加えて具体的なテストケースは、特定の挙動を説明するドキュメントの役割を果たすことにもなり、新しく加わった開発者が今のコードベースをさくっと把握する助けになります[6]。

これらの両方をうまくいいとこ取りして使えば良いのです。自分でも気づいていないエッジケースを見つけるために、そういうものも見つけ出せるファズテストを使います。それに加えて、関数の挙動に対するドキュメントとしての役割や、気づいているエッジケースをカバーする役割で、具体的なテストケースを使うのです。もしも将来ファズテストによってバグが見つかったら、そのバグを修正するための具体的なテストケースを書くこともできます。このような試行を繰り返すことで、デバッグしやすさを維持しながらコードをテストしたりドキュメントを付けたりするいい具合の塩梅を見つけましょう。

▶ファザーを作成する

本節を終える前に、オリジナルのファザーを作成する高度なファズテスト手法を見てみましょう。さて、以前 toDateString という関数を追加した際にはテストを書かなかったので、これを題材にテストしてみます。そのためには、まず daysInMonth という別の関数が必要です。daysInMonth や関連した関数をここで作成したりテス

---

[6]　［訳注］後者のドキュメントとしての役割を果たすテストに興味がある方は、stoeffel/elm-verify-examples を調べてみると世界が広がるやぎぃ。

トしたりしだすと話が横道にずれてしまうので、今回はコピペで済ませましょう。本書サポートページのコード code/test-applications/extra-date-functions.txt の中身をコピーして AwesomeDate.elm の一番下にペーストしてください。その後、Weekday(..)、addDays、addMonths、daysInMonth、fromISO8601、toISO8601、weekday、weekdayToString を AwesomeDate.elm がエクスポートするようにします。

これらの関数や AwesomeDate ライブラリーは、かつて存在した elm-community/elm-time パッケージを参考にしています。いくつか関数をコピーして、他の関数はそれに合わせるようにしました。その際に変更部分について最低限のテストはしてありますので、ここでの内容や次節の内容には特に支障ないと思います。とはいえ、お勧めするのは自分で検証してテストすることです。テストを通して改善できることがあるかもしれません。

toDateString のファズテストをするためには、ランダムな日付を生成できなくてはなりません。そのためには、基本的にランダムな年、月、日を同時生成する必要があります。これは fuzz3 関数[7] を使えばほぼ解決できます。fuzz3 は 3 つのファザーを引数として受け取り、それぞれのファザーから生成されるランダムな値をテストに渡します。今回のケースでは、ランダムな年を生成するために int、月を生成するために 1 から 12 の間の intRange、日を生成するために intRange が使えます。しかし問題は、実際にありえる日付だけを作ろうと思うと、日部分のファザーに対して決まった範囲を与えられないことです。これは、年月に応じて日部分の範囲が変わるからです。

そこで、fuzz3 を使わずに日付用にオリジナルのファザーを作成してこの問題を解決します。そのためには elm/random パッケージを使います。elm-test init によってすでに elm/random が elm.json の indirect（間接的に依存している）な test-dependencies に追加されていますが、これを direct（直接依存している）な test-dependencies に移動する必要があります。awesome-date ディレクトリー内で以下のコマンドを実行してください。

```
elm-test install elm/random
```

テストファイルに戻り、Random モジュールと、elm-test が提供している Shrink モジュールをインポートしてください。Shrink についてはこの後説明します。

---

[7] https://package.elm-lang.org/packages/elm-explorations/test/latest/Test#fuzz3

```
import Random
import Shrink
```

leapDate 定数の後に dateFuzzer を追加してください。

```
dateFuzzer : Fuzzer ( Int, Int, Int )
dateFuzzer =
    let
        randomYear = Random.int Random.minInt Random.maxInt
        randomMonth = Random.int 1 12
        generator =
            Random.pair randomYear randomMonth
                |> Random.andThen
                    (\( year, month ) ->
                        Random.int 1 (Date.daysInMonth year month)
                            |> Random.map (\day -> ( year, month, day ))
                    )
        shrinker dateTuple =
            Shrink.tuple3 ( Shrink.int, Shrink.int, Shrink.int ) dateTuple
    in
    Fuzz.custom generator shrinker
```

　dateFuzzer の型は Fuzzer になっています。この Fuzzer 型は、型変数として Int 型 3 つのタプルを持っています。そして一番下の行で、Fuzz.custom を使ってオリジナルのファザーを作成しています。その際、引数として**生成器**と**収縮器**をとっています。

　生成器はファズテスト用にランダムな値を生成するものです。ここでは、生成器を作成するために Random モジュールを使っています。let 式の内部では、randomYear と randomMonth という 2 つのローカルな定数を Random.int を使って作成しています。Random.int は下限と上限の間でランダムな整数を生成するものです。

　randomYear の Random.int には、Random.minInt と Random.maxInt を渡しています。それぞれランダムな整数として生成されうる最小値と最大値であり、実質範囲を制限していないことになります。この Random.int も、Random が提供する他の関数と同じように Generator 型を返します。ところで、ランダムな値を生成するのは、REST API にアクセスするのと同じような副作用です。副作用はそのままでは Elm 内で使えませんから、実際にはテストスイートを実行する際に Elm があなたの代わりに Generator を使ってランダムな値を生成してくれます。

　randomMonth の Random.int には、ランダムな月を生成するために 1 から 12 の値を範囲として渡しています。その後、generator というローカルな定数を作成しています。generator 定数では、Random.pair に対して randomYear と randomMonth を渡しています。Random.pair はタプルのペアを生成するもので、今回の例では 1 つ目

がランダムに生成された年の値、2つ目がランダムに生成された月の値になります。

こうして作成されたペアを生成する生成器は、パイプライン演算子を通じて Random.andThen に渡されます。Random.andThen は 7 章「強力なツールを使って開発やデバッグ、デプロイをする」で扱った Json.Decode.andThen 関数に似ています。Random.andThen は別の Generator によってランダム生成された値を使って、新たな Generator を作成するのに使えます。ここでは andThen に渡している無名関数はランダム生成された年と月のタプルを受け取ります。

この無名関数では、与えられた年と月から、ありえる日をランダムに生成します。ここでも Random.int を使っています。その引数に与えているのは 1 と、無名関数の引数として渡されたランダム生成された年と月を Date.daysInMonth に渡した結果です。そして日の部分を作るこの生成器を Random.map に渡しています。Random.map は List.map や Maybe.map と似たもので、生成器によって生成される値自体を変換することができます。今回のケースでは、ランダム生成された日部分の値から、ランダム生成された年月日の 3 つの要素を持つタプルに変換しています。

お疲れ様でした。これで生成器についての説明が終わりました。次は収縮器の部分を解読していきましょう。収縮器としては shrinker というローカルな定数を作成しており、最終的にこれを Fuzz.custom に渡しています。収縮器に関連するモジュールである Shrink は elm-test が提供しています。テスト実行プログラムは収縮器を使うことで、ファズテストに失敗する入力をより「小さな」入力値に収縮させていきます。収縮器がないと、ファズテストを実行したときにたくさん冗長なテストケースが生成されてしまい、テスト結果を読むのが大変になってしまいます。

収縮器は実態は関数で、現在の入力を受け取って収縮された入力値（つまり、より「小さな」値）の LazyList を返します[8]（LazyList は elm-test 内部で使われている型です）。上記の例では Shrink.tuple3 と Shrink.int を使って収縮器を作成しています。Shrink.tuple3 は引数として収縮器 3 つのタプルをとり、もう 1 つの引数であるタプルの要素である 3 つの入力値にそれぞれ対応した収縮器を適用します。今回は入力がすべて Int 型なので、タプルの各要素にはすべて Shrink.int を配置しています。

これでランダムな日付を年月日のタプルとして生成してファズテストで使えるようになりました。dateFuzzer を使う testToDateString という定数を新規作成しましょう。

---

[8]　[訳注] 原著では詳しい説明を省いていますが、ここでいう「小さな」値というのは、テストの失敗原因を特定しやすい値のことを言っています。たとえば整数のリストを入力にとる関数をファズテストするとします。この関数に不具合があって、入力値のリストに 0 が含まれる場合にテストが失敗するとしましょう。この場合、収縮器なしでは 0 を含むリストが大量に失敗例として表示されてしまいます。0 以外に 1000 個の要素を持つリストをいくつも見せられたところで、関数のどこに不具合があるかはすぐに分かりません。ここでたとえば入力値のリストが [0, 1, 2, 3, ...] だったとして、これを [[0], [1], [2], [3], ...] に「収縮」して、その収縮した各リストに対してテストを実行し直すとどうなるでしょうか。失敗ケースとして [0] だけが得られ、不具合の原因を特定しやすくなるのです。このケースでは、[0] や [1] がより「小さな」値であると言えます。

```
testToDateString : Test
testToDateString =
    describe "toDateString"
        [ fuzz dateFuzzer "creates a valid date string" <|
                        -- 「日付としてありえる文字列を作成する」
            \( year, month, day ) ->
                Date.create year month day
                    |> Date.toDateString
                    |> Expect.equal
                        (String.fromInt month
                            ++ "/"
                            ++ String.fromInt day
                            ++ "/"
                            ++ String.fromInt year
                        )
        ]
```

　fuzz 関数に dateFuzzer を渡しています。テスト関数の内部では、まずタプルから year、month、day を分割代入して取り出しています。それから year、month、day を使って Date を作成しています。これを toDateString で文字列に変換して、最後に Expect.equal でその出力が想定したものになっているかどうか比較しています。

　suite に testToDateString を追加してください。

```
suite =
    describe "AwesomeDate"
        [ testDateParts
        , testIsLeapYear
        , testAddYears
        , testToDateString
        ]
```

　テストを実行すると通るようになっているはずです。実装を一度壊してみて、本当にテストがちゃんと動いているか確認します。toDateString 内の区切り記号を、一時的に "/" から "-" に変更してください。おそらく、年月日すべて0のテストケースでテストに失敗すると思います。

```
× creates a valid date string
Given (0,0,0)
    "0-0-0"
    |
    | Expect.equal
    |
    "0/0/0"
```

失敗例をもっと見たければ、dateFuzzer の収縮器を変更して、dateTuple に対して Shrink.noShrink を呼ぶようにします。Shrink.noShrink を使うとテスト入力は収縮されません。

```
shrinker dateTuple =
    Shrink.noShrink dateTuple
```

　toDateString で "/" に変更したのを "-" に戻し、テストがまた通るようになっていることを確認してください。

　dateFuzzer が完成したので、これを使って addYears 用のファズテストも改善できます。現状では足す年数はランダムに生成していますが、操作対象の Date の方は毎度同じ exampleDate を固定して使っています。練習として、これを書き換えて dateFuzzer と fuzz2 関数を使い、ランダムな日付に対してテストできるようにしましょう。fuzz2 についてはドキュメント[9]を参照してください。

　次に進む前に、本書サポートページのコード code/test-applications/AwesomeDate04.elm および code/test-applications/AwesomeDateTest04.elm と手元のライブラリーコードおよびテストファイルが一致していることを確認してください。

9.4　アプリケーションをテストする

　本章の始めに、ユニットテストと統合テストがどういうものなのか学びました。Elm のプロジェクト全体をテストするには、どちらのテストも必要です。ユニットテストによって個々に関数が正しく振る舞うことを確認し、統合テストで各関数を組み合わせても想定通りに動くことを確認します。

　ここまでは、AwesomeDate モジュールのユニットテストに焦点を当ててきました。本節では、このモジュールを使う Elm アプリケーションをテストします。update 関数や view 関数をテストするために、ユニットテストと統合テストを組み合わせて使います。では、さっそく始めましょう。

　まずはアプリケーションがなければ始まりません。awesome-date ディレクトリーの外に awesome-date-app というディレクトリーを新規作成してください。本書サポートページのコードから code/test-applications/awesome-date-app ディレクトリーの中身をコピーしてきて awesome-date-app ディレクトリーに入れてください。

　このアプリケーションは AwesomeDate ライブラリーを使うので、awesome-date/src

---

[9] https://package.elm-lang.org/packages/elm-explorations/test/latest/Test#fuzz2

ディレクトリーを `awesome-date-app/src` ディレクトリーとしてコピーします。それから `awesome-date-app` 内で npm を使って依存ライブラリーのインストールをします。

```
npm install
```

インストールが終わったらアプリケーションを起動してください。

```
npm start
```

アプリケーションが 3000 番ポートで起動するか、別のポートで起動してそのことが表示されます。起動に成功すると、ウェブブラウザーの新しいタブが開かれて、以下のスクリーンショットのようなページが表示されるはずです。

1. Pick a Date

02/01/2018

Weekday Thursday
Days in Month 28
Leap Year? No

2. Find a Future Date

Years: 0 Months: 0 Days: 0

Future Date: 2/1/2018

では、実際にアプリケーションを触ってみましょう。左側の日付入力欄をクリックして日付を選択してみます。このアプリケーションはブラウザーネイティブのデートピッカーを使っています。もしもデートピッカーが開かれない場合は、最新の Chrome か Firefox を使っているか確認してください。日付を選択すると、選択した日付についての情報が表示されます。曜日、その月に含まれる日数、うるう年かどうかの情報です。右側では、左側で選択した日付に好きな年数、月数、日数を足した未来の日付を表示してくれます。

▶アップデート関数をテストする

Elm アプリケーションにおけるインタラクションは update 関数に依存しています。もしも update 関数がなかったら、アプリケーションは状態を変更することができません。このようにアプリケーションの重要なロジックが update 関数にあるので、これをテストしない手はありません。update 関数は The Elm Architecture においてマジ

カルな力で動かしてくれている部分に思えるかもしれませんが、実際にはただの関数です。だから他の関数と同じようにテストできるのです。特定のメッセージとモデルを引数として渡せば、新しいモデルとしてその入力値に対応した結果が返ってきます。

まずは src/App.elm を開いてアプリケーションのソースコードを調べてみましょう。Model はフィールドとして、選択した日付、未来の日付を計算するための年数、月数、日数を持っています。

test-applications/awesome-date-app/src/App.elm

```
type alias Model =
    { selectedDate : Date
    , years : Maybe Int
    , months : Maybe Int
    , days : Maybe Int
    }
```

このアプリケーションには2つしか Msg 値がありません。SelectDate と ChangeDateOffset です。SelectDate は日付選択時に呼ばれるメッセージです。入力された文字列形式の日付をパースする際に失敗する可能性があるので、Maybe Date を引数として受け取ります。ChangeDateOffset は右側の画面で加える年月日の値いずれかを変更したときに呼ばれるメッセージです。DateOffsetField と Maybe Int を引数にとります。DateOffsetField はモデルの years、months、days フィールドのいずれかを表現するカスタム型です。これを ChangeDateOffset の引数に渡すことで、どの入力欄が変更されたかを表現します。

```
type DateOffsetField
    = Years
    | Months
    | Days

type Msg
    = SelectDate (Maybe Date)
    | ChangeDateOffset DateOffsetField (Maybe Int)
```

update 関数は実際には大したことをしていません。updateModel という関数に msg と model を引数として渡し、新しいモデルを計算しているだけです。

```
updateModel : Msg -> Model -> Model
updateModel msg model =
    case msg of
        SelectDate (Just date) ->
```

```
          { model | selectedDate = date }
      ChangeDateOffset Years years ->
          { model | years = years }
      ChangeDateOffset Months months ->
          { model | months = months }
      ChangeDateOffset Days days ->
          { model | days = days }
      _ ->
          model
```

　この updateModel 関数では、SelectDate メッセージに Just date を伴って渡されたら、モデルの selectedDate を変更しています。ChangeDateOffset メッセージの方は年数、月数、日数のいずれかの Maybe 値を持っています。このメッセージに内包されている DateOffsetField の値に応じて、updateModel がこれらの値を直接モデルの対応するフィールドにセットしています。それ以外のメッセージが来たときには updateModel はその Msg を無視して現在の model をそのまま返しています。

　実際の状態更新に関わる重要なロジックを持っているのは updateModel ですが、エクスポートしている update 関数の方をテストすることで、間接的に updateModel のテストをします。「プライベート」な関数をテストするのではなく、できる限り API として公開しているものを通してテストするべきです。プライベートなものをテストしようと思ったら、それもエクスポートしなくてはならなくなってしまうからです。

　では、初期状態のテストスイートを実行しましょう。まずテストスイートのコード全体を手に入れるために、awesome-date/tests ディレクトリーから AwesomeDateTest.elm をコピーして awesome-date-app/tests ディレクトリーに置いてください。その後、awesome-date-app 内で npm によるテストを実行します。

```
npm test
```

　テストスクリプトが elm-test を実行してくれます。その結果いくつか TODO 付きでテストが通るはずです。

```
TEST RUN INCOMPLETE because there are 3 TODOs remaining
Duration: 180 ms
Passed:   8
Failed:   0
Todo:     3
○ TODO: implement event tests
○ TODO: implement view tests
○ TODO: implement update tests
```

　これらの TODO は tests/AppTest.elm ファイルが出しているものです。このファイルをエディターで開いてください。すでに App、AwesomeDate、Expect、Test がインポートされています。さらに、テストで使うサンプルの日付、補助関数、テストのプレースホルダーが用意されています。たとえば、testUpdate プレースホルダーはTest 型の値で、Test モジュールが提供する todo 関数を使っています。todo 関数はテストを書かずにその内容だけ示すものです。テストスイートを実行するとそのことがよく分かります。

　では、testUpdate に実際のテストを追加しましょう。まずは選択されている日付を変更する部分をテストします。testUpdate の todo を、テストを 1 つ含む describeで置き換えます。

```
describe "update"
    [ test "selects a date" <|
            --「日付を選択する」
        \_ ->
            App.update (selectDate futureDate) initialModel
                    |> Tuple.first
                    |> Expect.equal { initialModel | selectedDate = futureDate }
    ]
```

　ここでは App.update に SelectDate メッセージと initialModel を渡しています。initialModel はこのファイル内で定義されているテスト用のモデルです。SelectDateメッセージを作成する際には、selectDate 補助関数を使って簡単に作成できるようにしています。そこに先ほどファイル内に定義したテスト用のデータ futureDate を使って選択された日付を表現しています。

```
selectDate : Date -> App.Msg
selectDate date =
    App.SelectDate (Just date)
```

　さて、App.update を呼ぶと、新しいモデルと Cmd が入ったタプルが返ってきます。ここで必要なのはモデルの方なので、パイプライン演算子で Tuple.first に渡しています。Tuple.first は要素が 2 つのタプルから最初の要素を取り出して返すものです。その後、パイプラインで渡されてきたモデルを、想定しているモデルと比較しています。この想定しているモデルはレコードの更新構文を使って initialModel のselectedDate を futureDate に変更することで構築しています。

　テストを実行してください。testUpdate のところに出ていた TODO が消え、代わりに新しくテストに通ったというメッセージが表示されるはずです。

　次は ChangeDateOffset メッセージをテストしましょう。years フィールドを変更するテストを次のように追加してください。

```
, test "changes years" <|
    --「年部分を変更する」
    \_ ->
        App.update (changeDateOffset App.Years 3) initialModel
            |> Tuple.first
            |> Expect.equal { initialModel | years = Just 3 }
```

　先ほどのテストとよく似ています。ここでは以下のような changeDateOffset 補助関数を作成し、それを使って ChangeDateOffset を簡単に作れるようにしています。

```
changeDateOffset : App.DateOffsetField -> Int -> App.Msg
changeDateOffset field amount =
    App.ChangeDateOffset field (Just amount)
```

　ここでは years フィールドを変更するテストを行っているので、DateOffsetField の Years 値を渡しています。もう 1 つの引数としては、変更する年数として 3 を渡しています。update 関数を適用した後は、Tuple.first を使って新しいモデルのみを取り出し、想定しているモデルと比較しています。想定しているモデルの方は、レコードの更新構文を使って years フィールドが Just 3 になるようにしています。

　テストを実行すると、先ほどに加えてもう 1 つテストが通過したことが表示されているはずです。練習として、months フィールドや days フィールドを変更する同様のテストも追加してみてください。それが終わったら、本書サポートページのコード code/test-applications/AppTest01.elm と AppTest.elm のファイルが一致していることを確認してください。

▶ビューをテストする

　update 関数の次は view 関数をテストしましょう。view 関数も Elm アプリケーションにとってかなり重要なのでテストが必要です。しかし、view 関数をどうやってテストするか決めるのは容易ではありません。実際に出力される内容自体をテストするのは避けたいです。そんなことをしてしまうと、実装とテストが密結合になってしまいます。たとえばスタイルを整えようと思って少しマークアップを変えただけで、途端にテストが壊れてしまいます。

　出力内容のテストをする代わりに、重要なロジックまわりのテストを書くべきです。たとえばある条件を満たすときだけ、view 関数がモデルのとあるフィールドを使ってのテキストを表示するのであれば、この部分をテストします。またその際、ちょっとしたマークアップの変更によってテストが壊れたりしないようにする必要があります。

　ありがたいことに、elm-test には view 関数をテストするためのモジュールが用意されています。そのモジュールを AppTest.elm にインポートしましょう。

test-applications/AppTest02.elm

```
import Test.Html.Query as Query
import Test.Html.Selector exposing (attribute, id, tag, text)
```

　Test.Html.Query に、as キーワードを使って Query という短い別名を付けてインポートしています。また、Test.Html.Selector をインポートする際には、関数 attribute、id、tag、text をモジュール名なしで使えるようにしています。Query と Selector が提供する関数は、view が返す仮想 DOM に対し、所望の部分を検索したり、期待した結果になっているか検証したりするために使用します。
　また、Html.Attributes モジュールも必要です。type_ と value をモジュール名なしで使えるようにインポートしましょう。

```
import Html.Attributes exposing (type_, value)
```

　お疲れ様です。まずは、日付の入力欄が選択された日付を持っているかどうかテストしましょう。testView の todo を describe に置き換えて以下のテストを追加します。

```
describe "view"
    [ test "displays the selected date" <|
            -- 「選択された日付を表示する」
        \_ ->
            App.view initialModel
                |> Query.fromHtml
                |> Query.find [ tag "input", attribute (type_ "date") ]
                |> Query.has [ attribute (value "2012-06-02") ]
    ]
```

　view 関数にテストデータ initialModel を渡しています。view 関数は仮想 DOM を生成しますが、Elm の仮想 DOM は簡単には検査できないので、Query.fromHtml 関数を通して検索可能なものに変換しています。
　その後、結果を Query.find 関数にパイプライン演算子で渡しています。Query.find は特定したい要素を指定するために、セレクターのリストを受け取ります。今回のケースでは Selector モジュールの tag 関数と attribute 関数を使っています。tag 関数はタグ名を文字列で受け取り、attribute 関数は Html.Attribute を受け取ります。ここでは日付用の input タグを要求しています。Query.find が要素を見つけられなかった場合はテストに失敗します。存在する場合はその要素を返します。

　最後に、パイプライン演算子で Query.has に要素を渡しています。Query.has はある要素がセレクターのリストをすべて満たしているかチェックします。今回のケースでは、日付入力欄が "2012-06-02" という value 属性を持っているか確認しています。この日付はテストデータ selectedDate の値を表現したものです。view に渡しているテスト用モデルデータ initialModel が選択されている日付の初期値として保持しているのが selectedDate だからです。"year-month-day" という日付の形式は HTML のネイティブな日付入力欄が採用しているものです。App.elm では、アプリケーション内で使っている日付データをこの形式に変換するために、前節でコピペした関数 Date.toISO8601 を使っています。

　テストを実行すると、新しいテスト testView が通るはずです。では、期待する日付を変更してテストを壊してみましょう。テストのエラーメッセージはレンダリングされた HTML と、どの Query が失敗したかを以下のように表示してくれます（紙幅削減のためにレンダリングされた HTML を省略しています）。

```
× displays the selected date
    ▼ Query.fromHtml
        <div class="content">
          ...
        </div>

    ▼ Query.find [ tag "input", attribute "type" "date" ]
        1) <input type="date" value="2012-06-02">

    ▼ Query.has [ attribute "value" "2013-06-02" ]
    × has attribute "value" "2013-06-02"
```

　変更を戻して、再度テストが通るようになっていることを確認してください。
　仮想 DOM 内の要素を検索する際には慎重になる必要があります。たとえば、表示されている曜日をテストするとしましょう。App.elm 内では、コピペしてきた Date.weekday 関数で曜日を算出しています。この曜日をテーブル内に表示する際には、viewDateInfo 関数と viewTableRow 関数を使っています。これをテストするには、テーブル内の特定の行を指定する必要があります。もしこの曜日表示を HTML の順序なしリストで表示するように変更すると、曜日が表示されているにもかかわらずテストに通らなくなってしまうのです。
　このような問題を防ぐために、ユニークな id を行に追加してその id で検索する方法があります。実はすでに App.elm 内でテーブルの行に ID を付与してあります。どうやって渡されているか見てみましょう。viewTableRow には "info-weekday" という文字列が渡されています。

```
viewTableRow
    "info-weekday" "Weekday" (Date.weekdayToString <| Date.weekday date)
```

viewTableRow の実装では、この第1引数は Html.Attributes の id 関数に渡す identifier として利用されています。

```
viewTableRow identifier label value =
    tr [ id identifier ]
        [ th [] [ text label ]
        , td [] [ text value ]
        ]
```

AppTest.elm に戻って、この id を手がかりにしてターゲットとなる要素を検索するテストを追加してみましょう。

```
, test "displays the weekday" <|
    \_ ->
        App.view initialModel
            |> Query.fromHtml
            |> Query.find [ id "info-weekday" ]
            |> Query.has [ text "Saturday" ]
```

view の結果を Query.fromHtml で検索できる形式に変換し、Query.find と Selector 関数である id を使って対象の要素を探しています。その後、対象となる要素が "Saturday" という文字列を持っているかどうか、Query.has と Selector 関数である text を使って確認しています。テストを実行するとこれで通るはずです。

ソースコードに ID を付与するのは少し裏ワザ的な方法に思えるかもしれませんが、これはメリットデメリットを勘案したうえでの正攻法です。ちょっとしたマークアップの変更で壊れてしまうような脆いテストになるのを防げています。

では、練習として view に関するテストをいくつか自分で追加してみてください。まず他のテーブルの行についてテストしてみましょう。その月の日数についての行と、その年がうるう年かどうかについての行です。それができたら未来の日付を表示する機能についてテストを書いてみましょう。最初に App.view に initialModel を渡して、入力欄が初期値 0 を表示していることをテストします。次にファイルの最初の方に定義されている modelWithDateOffsets を使って、入力欄が正しく year、month、day フィールドの値を表示できているかテストします。最後に、modelWithDateOffsets を使って view が入力フィールドの下に正しい未来の日付を表示できているかテストしましょう。

これが終わったら、本書サポートページのコード code/test-applications/

AppTest02.elm と手元の AppTest.elm が一致することを確認しておいてください。

▶イベントをテストする

　view についてテストできるのは、表示内容だけではありません。view で生じるイベント、つまり発行されるメッセージもテストできるのです。こういったテストをすることで入力イベントやクリックイベントのハンドラーが正しい Msg 値を発行しているかテストできます。テストファイルを開いて Test.Html.Event モジュールをインポートし、as キーワードによって Event という別名を与えましょう。

---

test-applications/AppTest03.elm

```
import Test.Html.Event as Event
```

---

　testEvents の todo を describe と以下のテストで置き換えてください。

```
describe "events"
    [ test "receives selected date changes" <|
          -- 「変更された日付を受け取る」
        \_ ->
            App.view initialModel
                |> Query.fromHtml
                |> Query.find [ tag "input", attribute (type_ "date") ]
                |> Event.simulate (Event.input "2015-09-21")
                |> Event.expect (selectDate futureDate)
    ]
```

　App.view に initialModel を渡して呼び出し、その結果を Query.fromHtml で変換しています。そしてそこから日付入力欄を検索しています。次に、その要素をパイプライン演算子で Event.simulate に渡しています。Event.simulate 関数はある要素におけるイベントをシミュレートするものです。今回のケースでは、Event.input 関数を使って input イベントを作成しています。その際、futureDate の値を String 型で表現したものを Event.input に渡すことで、日付の選択操作をシミュレートしています。文字列を受け取るのは、Elm における実際の onInput イベントハンドラーが String 型の値として文字列を受け取るのと一致しています。

　Event.simulate は Event 型の値を返し、Event.expect にパイプライン演算子で送られています。Event.expect 関数はメッセージを受け取って、Event 型の値に含まれるメッセージと比較するものです。今回のケースでは、selectDate 補助関数に futureDate を渡すことで、このイベントが futureDate を内包する Msg 型の

9 章

SelectDate 値を生成しているか確認しています。

　この状態でテストスイートを実行するとテストが通るはずです。また、これでテスト結果に TODO がなくなっているはずです。エラーメッセージを見るために一時的にテストを壊してみるのもいいでしょう。たとえば Event.input に対して日付を誤った方法でフォーマットした文字列を与えたりします。次に進む際には、ここで加えた意図的なテストエラーは元に戻しておいてください。

　さらなる実例として、入力欄の years フィールドを変更する部分をテストしてみましょう。testEvents に以下のテストを追加してください。

```
, test "receives years offset changes" <|
    \_ ->
        App.view initialModel
            |> Query.fromHtml
            |> Query.find [ id "offset-years" ]
            |> Event.simulate (Event.input "3")
            |> Event.expect (changeDateOffset App.Years 3)
```

　このテストは先ほどのものとかなり似ています。仮想 DOM を検索可能なものに変換し、id セレクターを使って年部分の入力欄を同定しています。それから String 型の "3" を値として持つ input イベントをシミュレートしています。最後に changeDateOffset 補助関数の力を借りて、その際のメッセージが ChangeDateOffset Years (Just 3) と一致することを期待するようにしています。

　テストを実行するとこれも通るはずです。演習として月や日の入力についても同じようなテストを追加しましょう。

　テストを追加したら、それもうまく通ることを確認し、本書サポートページのコード code/test-applications/AppTest03.elm と手元の AppTest.elm が一致することを確認しておいてください。

　これで包括的なテストスイートを構築できました。elm-test が提供している Test.Html.* モジュールを使ってユニットテストと統合テストを行い、update 関数と view 関数の重要な部分をテストしました。

9.5 **学んだことのまとめ**

お疲れ様でした。この章ではたくさんのことを成し遂げました。

- Elm におけるユニットテストと統合テストについて学びました。
- 日付ライブラリーを題材にして実際に TDD をやってみました。
- elm-test を使ってテスト内容や期待する結果を作成しました。
- ファズテストを使ってコードが満たすべき性質をランダムな入力値によってテストしました。
  - オリジナルの日付用ファザーも構築しました。
- Elm アプリケーションのテストを行いました。
  - update 関数をテストしてアプリケーションの状態が正しく変更されているか確認しました。
  - view 関数が想定した通りの情報を表示しているか確認しました。
  - マークアップに依存しすぎないテストの書き方を学びました。
  - view 関数が正しいイベントメッセージを発行していることを確認しました。

これで Elm コードやアプリケーションをテスト駆動で開発する準備ができました。もう Elm アプリケーションを構築することもテストすることもできます。次はもっと複雑な種類のアプリケーションに目を移していきましょう。次章では Elm におけるシングルページアプリケーションの構築方法を学びます。

9
章

シングルページ
アプリケーションを構築する

　前章では Elm ライブラリーのテストと、Elm アプリケーション全体のテストについて学びました。ここまで脱落することなく読み進めたあなたは、Elm アプリケーションを構築・拡張・テストできるような腕の立つ Elm 開発者になるスタートを切れました。しかし、まだ複数ページあるようなアプリケーションを扱っていません。

　さて、近年フロントエンドアプリケーションはどんどん複雑になってきています。かつては複雑な部分はバックエンド側のフレームワークに任せていました。こういったフレームワークがほぼすべての HTML を生成してクライアントに送り返していたのです。そこにシンプルな JavaScript ファイルでいくつか機能を追加するのがフロントエンドの役割でした。

　しかし、この仕組みでは近年の UX（ユーザー体験）やパフォーマンスに対する要求に応えられなくなってきました。たとえばこの仕組みでは、ブラウザーから新しいページのリクエストがあるたびにたくさんの重複した同じ内容を送り返していました。たとえばメニューバーなどのレイアウト要素です。この問題を解決するために、近年ではシングルページアプリケーション（SPA）を採用しているところが増えています。SPA では、サーバーは最小限の HTML ファイルと JavaScript ファイルを一度送り返すだけです。この JavaScript が画面描画を担当して、URL の変更をフロントエンド側で感知して新しい「ページ」を描画したり、バックエンドに API リクエストを送ったりします。

本章では Elm で SPA を構築する方法を学びます。Url モジュールと Browser. application 関数を使うことで、現在の URL を取得・パースしてルート情報として保持します。それから各ページを Elm コンポーネントによって表現します。最後に The Elm Architecture にしたがって、各コンポーネントの状態を保持したり、現在の URL に対応したコンポーネントを表示したりします。本章を通して、複数ページを扱うことができる Elm の SPA を作成できるようになり、ユーザーに対して豊かな体験を提供できるようになります。

10.1　SPA の骨格を構築する

本書の前半部分では、写真のフィードを表示する Picshare というしゃれた感じのアプリケーションを作成しました。卒業制作としてこの題材にまた登場してもらいます。Picshare を改造してシングルページアプリケーションにしてしまいましょう。本章を終える頃には、Picshare が全員の写真をフィード表示するページ、特定ユーザーの写真フィードを表示するページ、アカウント管理ページを提供するアプリケーションに生まれ変わります。

本章では困難を分割して、少しずつ最終形に向けて進めていきます。そのために、まず SPA における骨子となる部品をつなぎ合わせていく必要があります。本節ではそうやって SPA の骨格を作成します。そこでは、現在の URL をルート情報に変換するために elm/url パッケージを利用します。それから、現在の URL を取得するために Browser モジュールが提供する新しい関数を使い、また The Elm Architecture にしたがってページの状態を保持できるようにします。最後に、各ページの状態に基づいて、ページごとの表示を実現できるようにします。

▶ URL をルート情報に変換する

まずはアプリケーションのベースとなるコードのコピーを用意します。picshare-spa というディレクトリーを新規作成して、本書サポートページのコードから code/single-page-applications/picshare ディレクトリーの内容をコピペしてください。その picshare-spa ディレクトリー内に依存をインストールして開発サーバーを起動するために次のコマンドを実行します。

```
npm install
npm start
```

　最後のコマンドによって3000番ポートに開発サーバーが起動して、ウェブブラウザーの新しいタブが開かれるはずです。そこには「Single Page Applications」というテキストが表示されます。

　では、実際のコードを見ていきましょう。アプリケーションの骨格となる部分は src/Main.elm にあります。これをエディターで開いてください。すでに Model、initialModel、init、view、Msg、update、subscriptions が定義されています。詳しくは後で見ます。

　まずは picshare-spa ディレクトリー内に elm/url パッケージ[1]をインストールします。

```
elm install elm/url
```

　Picshare SPA にはルート情報を定義する必要がありますから、それを管理するために src 内に Routes.elm というファイルを新規作成します。その中に Route というカスタム型を定義して、Home と Account という 2 つの値を持たせましょう。

```
single-page-applications/samples/Routes01.elm
type Route
    = Home
    | Account
```

　このようにカスタム型を利用することで、型安全にルート情報を管理することができます。もし文字列でルート情報を管理していたら、本来許されない値もモデルに保持できてしまうのです。各値の説明をすると、Home ルートは最終的に全ユーザーのフィードを表示するページを担当し、Account ルートは最終的にアカウント管理ページを担当するようになります。

　次に、文字列として渡された URL を適切な Route コンストラクターに変換する必要があります。Route 型をいじる前に、まずは Url モジュールと Url.Parser モジュールを elm/url からインポートしましょう。

```
import Url exposing (Url)
import Url.Parser as Parser exposing (Parser)
```

---

[1]　https://package.elm-lang.org/packages/elm/url/latest

Url モジュールからは Url 型をインポートしています。Url.Parser モジュールか
らは Parser 型をインポートし、import..as 構文を用いて Parser という短縮名を与
えることで扱いやすくしています。この Url.Parser モジュールは、URL をパース
して Elm の型に変換するパーサーを作るのに使える関数をいくつか提供しています。次
のようにルート情報用のパーサーを作成してください。

```
routes : Parser (Route -> a) a
routes =
    Parser.oneOf
        [ Parser.map Home Parser.top
        , Parser.map Account (Parser.s "account")
        ]
```

　Parser 型のパーサー routes を作成していますが、Parser 型の型引数が何のこっ
ちゃ分からん感じです。Url.Parser の詳しい実装に踏み入ると沼が待っているので、
ここでは 1 つ目の型変数だけ説明します。1 つ目の型変数にはカスタム型 Route が使
われていることに着目してください。これは基本的に routes パーサーが Route 型の
ルートを生成してくれることを表現しています。
　routes の実装部分に入りましょう。実装部分では Parser.oneOf に別の URL パー
サーのリストを渡しています。Parser.oneOf はこのリストに含まれるパーサーを上
から順番に試してみて、成功したらその値を採用します。今回のケースでは、リスト
内に 2 つのパス用パーサーを作成しています。
　1 つ目のパーサー Parser.top はパス / を捕まえます。ここでは Parser.top を Home
コンストラクターとともに Parser.map に渡しています。これにより、現在のパスが
/ にマッチすると Parser.map が Home を返します。
　2 つ目のパーサー Parser.s はパスの特定のセグメントを捉えます。ここでは
"account" を引数に渡しているので、/account というパスにマッチしようとします。
こちらのパーサーも、Parser.map に渡すことで別の値を返すようにしています。具
体的には Account コンストラクターが返ります。
　この routes パーサーを使って実際に URL を変換できるように match 関数を作成し
ましょう。

```
match : Url -> Maybe Route
match url =
    Parser.parse routes url
```

　match 関数は Url モジュールが提供する Url 型を引数にとります。Url はレコード
型で、JavaScript の window.location オブジェクトと同じようなプロパティを持って
います。この Url 型で現在アクセスしている URL を match に渡す必要がありますが、

それは後ほど Browser モジュールが提供する専用の関数と The Elm Architecture を使って実現します。

match 関数の実装では、Parser.parse に routes パーサーと url を渡しています。Parser.parse は渡されたパーサーを使って、url の path フィールドをパースします。渡されたパーサーが現在の path にマッチしない可能性があるので、返り値は Maybe です。今回のケースでは、パーサーがマッチしたら Parser.parse は Route コンストラクターを Just に包んで返してくれます。もしもマッチしなかったら Nothing を返します。

最後に、まだモジュール宣言をしていなかったので、ここでファイルの最上部で、すべての Routes コンストラクターと match 関数をエクスポートするように宣言してください。

```
module Routes exposing (Route(..), match)
```

次はアプリケーション本体の方で Routes を試してみます。

▶ Browser.application を作成する

Main.elm に戻り、先ほど作成した Route モジュールをインポートしてください。Url モジュールもインポートして Url 型をモジュール名なしで使えるようにします。

```
single-page-applications/samples/Main01.elm
import Routes
import Url exposing (Url)
```

さらに、Browser のインポート文を変更して Document 型と UrlRequest 型を読み込むようにします。Browser.Navigation モジュールもインポートして、Navigation という別名を与えましょう。

```
import Browser exposing (Document, UrlRequest)
import Browser.Navigation as Navigation
```

ここでインポートした型や Browser.Navigation モジュールは少し後で使います。

さて、SPA では現在のルート情報に応じて専用の内容を表示する必要があります。そのためには、モデルに何らかの方法でルート情報を持たせなくてはなりません。Route

コンストラクターをそのままモデルに保持するのではなく、ここでは Page 型を新た
に作成して使いましょう。以下のように Model 型エイリアスの上に追加してください。

```
type Page
    = PublicFeed
    | Account
    | NotFound
```

Page 型は 3 つのコンストラクター PublicFeed、Account、NotFound を持っていま
す。最終的に、PublicFeed は Picshare の全フィードを表示するページを表示するのに
使い、Account はアカウント管理ページを表示するのに使い、NotFound は "not found"
ページを表示するのに使います。

さて、Route 型がすでにあるのに Page 型を用意するのは冗長だと思うかもしれませ
ん。でも Route と Page は別の役割を持っています。Page は現在のページに関する
状態の方にフォーカスしたものなのです。後ほど各ページ固有の状態を管理できるよ
うに、各ページのモデルを Page コンストラクターのパラメーターとして持たせる予
定です。

ではこの Page 型を使って、Model 型エイリアスと initialModel インスタンスに
page フィールドを追加しましょう。初期値としては NotFound ページを与えます。こ
こで、Navigation.Key 型の navigationKey フィールドも一緒に追加しておいてくだ
さい。この値は、ブラウザー側で URL の変更がなされた際に使うキーとして後ほど必
要になります。

```
type alias Model =
    { page : Page
    , navigationKey : Navigation.Key
    }

initialModel : Navigation.Key -> Model
initialModel navigationKey =
    { page = NotFound
    , navigationKey = navigationKey
    }
```

ここでは initialModel がただのモデルではなく、navigationKey を受け取る関数に
なっています。これは navigationKey が、実行時にプログラムから渡されるからです。

次は現在の URL を実際に受け取れるようにします。もちろん直接 URL を取得して
しまっては、DOM を直接操作するのと同じで純粋な処理ではなくなります。それを解
決する純粋な方法は、Browser が提供してくれています。URL が変更されるのはユー
ザーがページ操作したときなので、DOM イベントと同じように Browser が URL 変更

イベントを発行できるのです。update 関数でイベントをメッセージとして対処したのを思い出しておいてください。

　では、実際にメッセージで URL の変化を扱えるようにしましょう。Msg 型のところまで移動して NoOp を削除し、代わりに 2 つの新しいメッセージ NewRoute と Visit を追加します。

```
type Msg
    = NewRoute (Maybe Routes.Route)
    | Visit UrlRequest
```

　NewRoute メッセージは Maybe Routes.Route をラップしています。Maybe を使っているのはパスのパースが失敗するかもしれないからです。Visit メッセージの方はBrowser.Navigation が提供する UrlRequest をラップしています。さて、NewRouteと Visit を受け取るためには、今まで使っていたのとは別のプログラムが必要です。ファイルの一番下で main の定義を次のように変更してください。

```
main =
    Browser.application
        { init = init
        , view = view
        , update = update
        , subscriptions = subscriptions
        , onUrlRequest = Visit
        , onUrlChange = Routes.match >> NewRoute
        }
```

　今まで使っていたプログラム Browser.element から Browser.application に変更しています。Browser.application が受け取るレコードは、今までどおり init、view、update、subscriptions を持っています。それに加えて新しいフィールドonUrlRequest と onUrlChange が用意されています。

　Browser.application はアプリケーション内でリンクをクリックしたのを検知して、そのことを onUrlRequest に UrlRequest 型の値を使って知らせます。このUrlRequest はカスタム型で、2 つのコンストラクター Internal と External を持っています。

　Internal コンストラクターは /account など、アプリケーションが動いているドメイン内のリンクを表しています。このコンストラクターは Url 型をラップしています。

　External コンストラクターは https://elm-lang.org など、アプリケーションが動いているドメイン外のリンクを表しています。こちらは String 型をラップしています。

　onUrlRequest フィールドには、この UrlRequest をラップするメッセージコンス

トラクターを提供する必要があります。それで、先ほどのコードでは Visit を渡しているのです。この UrlRequest を update 関数でどう扱うかはもう少し後で決めます。先に onUrlChange の方がどう使われるか見てみましょう。

ブラウザーで URL が変更されると、Browser.application は onUrlChange に指定された値を使って現在の Url をラップします。そしてそのラップした値を update 関数に渡すのです。

先ほどのコードでは onUrlChange に (Routes.match >> NewRoute) を指定していました。>> 演算子は右合成演算子です。<< と同じように関数を合成しますが、左から右に合成するところが異なります。

この合成関数では、まず引数として渡される Url を Routes.match で Maybe Route に変換します。その後、この Maybe Route を NewRoute コンストラクターに渡します。これで、NewRoute メッセージが発行されて update 関数が呼び出されます。

では、update 関数が NewRoute に対処できるようにしましょう。実際に update を変更する前に、まず setNewPage という補助関数を作成します。

```
setNewPage : Maybe Routes.Route -> Model -> ( Model, Cmd Msg )
setNewPage maybeRoute model =
    case maybeRoute of
        Just Routes.Home ->
            ( { model | page = PublicFeed }, Cmd.none )

        Just Routes.Account ->
            ( { model | page = Account }, Cmd.none )

        Nothing ->
            ( { model | page = NotFound }, Cmd.none )
```

この setNewPage 関数はモデルの page フィールドを新しいルート情報に基づいて更新するものです。Maybe Route とモデルを受け取って、タプルでモデルとコマンドをまとめたものを返します。実装の方では、Just にくるまれたルート情報とマッチするように、パターンマッチを入れ子にしています。Just の場合の各分岐では、Routes.Home に対して PublicFeed ページを対応させ、Routes.Account に対して Account ページを対応させています。Nothing にマッチする分岐は、NotFound ページに対応させています。

では、setNewPage を使って update が NewRoute に対処できるようにしましょう。

```
update : Msg -> Model -> ( Model, Cmd Msg )
update msg model =
    case msg of
        NewRoute maybeRoute ->
            setNewPage maybeRoute model

        _ ->
            ( model, Cmd.none )
```

　NewRoute の中身を maybeRoute に分割代入して、setNewPage にこの maybeRoute と現在のモデルを渡しています。Visit の方の分岐はひとまず無視しておきたいので、ワイルドカードでマッチさせて現在のモデルと Cmd.none を返しています。なお、先に警告しておきますが、このような形ですべての場合をキャッチするような分岐にはトレードオフがあります。新しい Msg コンストラクターや Page コンストラクターを追加した際にも _ がそれらを飲み込んでしまうので、コンパイラーが「この新しいコンストラクターにも分岐を用意するのを忘れてるよ」と教えてくれなくなってしまうのです。

　さて、新しいプログラム Browser.application はもう1つ今までと違うところがあります。アプリケーションの起動時に最初の Url を渡してくるのです。そのため init は、フラグの後に Url と Browser.Navigation.Key を引数にとってモデルとコマンドのタプルを返す関数でなくてはなりません。これに対応するために init を以下のように書き換えてください。

```
init : () -> Url -> Navigation.Key -> ( Model, Cmd Msg )
init () url navigationKey =
    setNewPage (Routes.match url) (initialModel navigationKey)
```

　このコードでは url を引数として受け取り、Routes.match によってルート情報に変換しています。それから initialModel に navigationKey を渡すことで初期モデルを構築しています。最後にこれらルート情報と初期モデルを setNewPage に渡すことで初期ページをモデルにセットしています。

　これでほとんど終わりですが、まだ page フィールドに応じてコンテンツを表示し分ける部分が残っています。それを実現するために以下の viewContent 関数を追加してください。

```elm
viewContent : Page -> ( String, Html Msg )
viewContent page =
    case page of
        PublicFeed ->
            ( "Picshare"
            , h1 [] [ text "Public Feed" ]
            )

        Account ->
            ( "Account"
            , h1 [] [ text "Account" ]
            )

        NotFound ->
            ( "Not Found"
            , div [ class "not-found" ]
                [ h1 [] [ text "Page Not Found" ] ]
            )
```

　ここでは Page 型の引数をとって (String, Html Msg) 型の値を返しています。タプルのこの1つ目の値は何でしょうか？ 実は Browser.application は表示内容だけをコントロールするものではないのです。Document 型を使って、<body> タグの中身だけではなく <title> タグの中身をセットできるようになります。今回はタプルを返すことで、ページの内容だけでなくタイトルも指定することができるようにしているのです。少し後で view 関数においてこのタプルを Document 型に組み上げます。

　実装の方を見てみると、Page 型のそれぞれのコンストラクターに対して、別々の仮コンテンツを渡しています。PublicFeed ではタイトルとして "Picshare" を表示し、コンテンツとして "Public Feed" というテキストを持った h1 タグを表示します。Account ではタイトルとして "Account" を表示し、コンテンツとして "Account" というテキストを持った h1 タグを表示します。そして NotFound ではタイトルとして "Not Found" を表示し、コンテンツとして "Page Not Found" というテキストを持つ h1 タグを div タグで包んだものを表示します。なお、ここで使っている class 関数はすでに Main.elm 内で使えるようにインポートしてあります。

　この viewContent を使って、view 関数の実装を以下のような形に変更しましょう。

```elm
view : Model -> Document Msg
view model =
    let
        ( title, content ) =
            viewContent model.page
    in
    { title = title
    , body = [ content ]
    }
```

　まず、もともと Html Msg だった返り値の型が Document Msg 型に変更されています。実装の方では let 式内部で viewContent に model.page を渡して呼び出し、その結果返されるタプルの中身に title と content という名前を付けています。そして最後に title フィールドと body フィールドを持つ Document レコードを返しています。この Document レコードの title フィールドは String 型で、body フィールドは List (Html msg) である必要があります。

　では、npm start で開発サーバーを起動してブラウザー内に表示されているアプリケーションをチェックしてみます。まずはルートパス (/) にアクセスしてみましょう。"Public Feed" というテキストが表示されるはずです。仕組みとしては、まず URL のルートパスを受け取ったアプリケーションがそれを Home ルートに変換します。そのルート情報から Page 型の PublicFeed ページであると判断し、viewContent の記述にしたがって PublicFeed 用のテキストを表示しています。ではブラウザーのアドレスバーのところでパスを /account に変更するとどうなるでしょうか？ アプリケーションがリロードされて "Account" というテキストが表示されるはずです。同じように /yolo のような対応していないパスを入れてみると、今度は "Page Not Found" と表示されるはずです。

　お疲れ様でした。これで Elm を使って SPA の最初の骨格ができました。もちろんまだまだやることがあります。たとえば各ページにリンクするナビゲーションメニューを付けたり、今は仮実装にしているコンテンツを修正して実際の Picshare アプリケーションを表示するようにしたりする必要があります。とはいえ、SPA の第一歩としては大変重要な一歩です。自分へのご褒美としてスパ（SPA）にでも行ってのんびり過ごしてきてください。冗談はほどほどにして、手元の Main01.elm と Routes01.elm が本書サポートページからダウンロードした code/single-page-applications/samples ディレクトリーに含まれるものと一致していることを確認しておいてください。

10.2　各ページ用のコンポーネントにルーティングする

　今作っているシングルページアプリケーションは、まだ仮のコンテンツを表示している状態です。実際に写真フィードを表示したり、アカウントページを表示したりする必要があります。実は後者のコードは手元の picshare-spa/src ディレクトリーの中にすでに Account.elm という名前で存在しています。なので基本的にはこのコードと以前作った Picshare のコードを Main.elm に移植するだけです。そうは言っても、そのままやったらめちゃくちゃ規模が大きくて保守しにくいアプリケーションになってしまいます。

　そうならないように、ここでは**コンポーネント**というモジュールを組み合わせてア

プリケーションを構築するようにしてみます[2]。本節ではまずコンポーネントとは何なのかについて学び、Account コンポーネントを Main モジュール内で使う方法を学びます。具体的には Main のモデル内に Account のモデルを格納し、Account メッセージを受け取ったときに Main から Account にルーティングし、Account のコンテンツを Main の view 関数で表示します。

▶アカウントコンポーネントを構築する

実際にコンポーネントを使う前に、まず Account アプリケーションを知る必要があります。開発サーバーを起動し、src/index.js をエディターで開いてください。その中で Main.elm をインポートしている部分を一時的に書き換えて Account.elm をインポートするようにします。

```
import { Elm } from './Account.elm';
```

そのうえで、Elm.Main の init を呼んでいるところを一時的に書き換えて Elm.Account の init を呼ぶようにしてください。

```
Elm.Account.init({
  node: document.getElementById('root')
});
```

これで実質的に Main アプリケーションを Account アプリケーションと入れ替えることができます。この状態で変更を保存すると、アプリケーションがリロードされて次の図のような情報が表示されるはずです。

---

[2]　[訳注] Elm には頼れるコンパイラーが付いていてリファクタリングも怖くないですから、必ずしも最初からここで言う「コンポーネント」を導入する必要はありません。特に Elm 界隈ではかつて過剰なコンポーネント化が横行した結果、Elm 作者の Evan がコンポーネントに対して強く否定的な態度をとっています。たとえば Elm 公式ガイドである「An Introduction to Elm」(https://guide.elm-lang.org/) のウェブアプリケーションに関する構造化のページにおいて、"Culture Shock"の部分で**太字を使って**こう書いてあります。"Actively trying to make components is a recipe for disaster in Elm." 和訳すると「Elm において積極的にコンポーネントを作るような真似は災厄の種でしかない」。また同じく "Culture Shock" の部分には「ファイルを短くしようとするな。2,000 行のファイルが生まれたところで問題にはならない。」と述べています。呪われた「コンポーネント」という用語を使うのはできる限り避け、本書の内容はあくまでも「将来的にファイル分割が必要になった状況を想定した内容である」と見なして読むのが、Elm における最新の考え方に即したものであると言えます。なお「An Introduction to Elm」には、私が主催している和訳プロジェクト (https://guide.elm-lang.jp/) が存在します。ボランティアによる運営のため、一部詰めが甘い部分もありますが、全体として読みやすく仕上がっているので、よければあわせてご覧ください。

photosgalore

Name	Emmett Brown
Username	photosgalore
Bio	Love taking photos!

Save

　この Account アプリケーションは API からダミーのアカウント情報を読み込んでいます。またアカウント情報を変更することもできます。[Save]（保存）ボタンをクリックすることで変更内容がサーバーに送り返されるようになっています。とは言っても実際にはサーバー側は変更リクエストを反映しません。そのためリロードすると変更前の値に戻ってしまいます。なぜこのようなダミー実装にしているかというと、この API は本書の読者が共有しているものだからです。変更を反映できるようにしても、別の読者がすぐにあなたの変更内容を上書きしてしまいます。

> ローカルにサーバーを立てて API の /account エンドポイントからデータを読み込むようにすることも可能です。付録 B「ローカルサーバーを実行する」の指示にしたがったうえで、Account.elm 内の accountUrl を http://localhost:5000/account に変更してください。

　Account.elm のコードについて詳しくは触れませんが、エディターで開いて軽く目を通しておいてください。モデル、view 関数、update 関数がある典型的な Elm アプリケーションになっています。もし API にデータを送る方法を知りたかったら、そのまま saveAccount 関数を見てください。この関数では JSON デコーダーの逆のものである、JSON エンコーダーを構築しています。JSON エンコーダーは Elm 側の型で表現された値を JavaScript の値に変換するものです。これによって API の POST、PUT、PATCH などを呼ぶことができます。saveAccount 関数ではこれを使って、Account 型の値を API の PUT リクエストで使う JSON ボディにエンコードしています。

　では、いよいよ実際にコンポーネントを使っていきます。まず今回扱っている SPAでは、Account ルートにアクセスするたびに Account アプリケーションを起動する必

要があります。これを実現するためには Account を Elm コンポーネントに変換しなくてはなりません。Elm コンポーネントというのは基本的に実行プログラムをエクスポートしない Elm アプリケーションです。具体的には初期モデル（あるいは init タプル）、view 関数、update 関数をエクスポートして他のモジュールが使えるようにします。今回のケースでは Main が、Account.init を使って Account の状態を初期化して格納し、Account.update を使ってその状態を管理し、Account.view を使ってその状態をもとに Account のビューを表示します。

　Account.elm をエディターで開いて、コンポーネントに変更しましょう。まず最下部にある main 定数を削除してください。Account をアプリケーションとしてマウントすることはないので必要ないのです。Browser をインポートしている部分ももう使っていないので削除しておいてください。それができたら Model、Msg、init、update、view をエクスポートします。

single-page-applications/samples/Account01.elm

```
module Account exposing (Model, Msg, init, update, view)
```

　現状では init 関数がユニット型の引数をとるようにしていますが、これも実際には使われていないのでエクスポートする際には必要ありません。引数を削除して init をモデルとコマンドのタプルに変更してください。

```
init : ( Model, Cmd Msg )
init =
    ( initialModel, fetchAccount )
```

　以上です。これで Account を一丁前のコンポーネントに変換することができました。次は、これをいい感じに使っていきましょう。実際に進む前に index.js に加えた変更を元に戻すのを忘れないでください。

▶コンポーネントの状態を格納する

　Main.elm に戻って Account をインポートするようにしてください。

single-page-applications/samples/Main02.elm

```
import Account
```

さて、先ほど Main が Account の状態を管理するようにするとお伝えしました。それを実現するためには、Main モデルに account フィールドを追加し、そこに Account モデルの値を持たせることもできます。ただそうしてしまうと、新しいページに対応するごとにそのページコンポーネント用のフィールドが Model に加わってどんどん肥大化してしまいます。これを解決するために、Model の page フィールドを使います。現在のページに関する情報はすでに page フィールドに Page 型の値として格納されているからです。Page 型を変更して、アカウント管理ページの情報を保持している Account コンストラクター内に Account モデルを追加します。

```
type Page
    = PublicFeed
    | Account Account.Model
    | NotFound
```

上記のように Account コンストラクターで Account.Model をラップしてください。先ほどの setNewPage 関数もこの変更に合わせましょう。Just Routes.Account の分岐のところを変更して、Account モデルの値をラップするようにします。

```
Just Routes.Account ->
    let
        ( accountModel, accountCmd ) =
            Account.init
    in
    ( { model | page = Account accountModel }
    , Cmd.none
    )
```

ここでは let 式を使って Account.init タプルを分割代入し、Account モデルの初期値に accountModel という名前を割り当てています。それからこの accountModel を Page 型のコンストラクター Account に渡し、page フィールドの値としてセットしています。これで、Account のページを表示している間は、Main のモデルに Account モデルの値が含まれるようになりました。

コマンドの側はどうなっているでしょうか？ ここではまだ仮の実装にしています。Account の初期コマンドに accountCmd という名前を付けているのに実際には使っていないのです。現在の実装で返り値として返しているタプルには Cmd.none が一時的に使われています。Account の初期コマンドはアカウント情報をサーバーから取ってくるものですから、今のようにその初期コマンドを使わずに捨ててしまったら実際にはアカウント情報を取得できなくなってしまいます。そこで Cmd.none を accountCmd に置き換える必要があるのですが、単に accountCmd に置き換えてしまうと型が合わずにコンパイルエラーが起きてしまいます。setNewPage 関数は (Model, Cmd Msg) を返さな

10章

いといけないのに、ただ accountCmd に置き換えただけでは（ Model, Cmd Account.
Msg ）を返してしまうからです。

　これを解決するためには6章「さらに大きなアプリケーションを作る」で使ったワザ
が使えます。6章では別のメッセージをラップするメッセージを使うことで update 関数
を組み上げました。それと同じことをすれば良いのです。Main の Msg 型に AccountMsg
というラッパーを追加しましょう。

```
| AccountMsg Account.Msg
```

　この AccountMsg コンストラクターは Account.Msg 型の値をラップしています。こ
れを使って先ほどの setNewPage が使っていた Cmd.none を置き換えましょう。

```
Cmd.map AccountMsg accountCmd
```

　Cmd.map は Html.map と似ています。Html.map が DOM イベントによって生成され
るメッセージに関数を適用していたように、Cmd.map はコマンドによって生成される
メッセージに関数を適用します。今回の場合は AccountMsg コンストラクターを適用
することで、accountCmd が生成する Account.Msg 型の値をラップして Main の Msg
型に変換しています。

▶コンポーネントの状態を表示・更新する

　これで Account の状態を初期化・格納できるようになりました。次はこれを表示し
てみましょう。そのために viewContent の Account に関する分岐を次のように変更
します。

```
Account accountModel ->
    ( "Account"
    , Account.view accountModel
        |> Html.map AccountMsg
    )
```

　マッチ部分では Page 型の Account コンストラクターから accountModel を取り出し
ています。それから返り値のコンテンツを作るために Account.view に accountModel
を渡しています。ただ、これだけだとまた別の型エラーが起きてしまいます。それを
防ぐためにパイプライン演算子で処理を加えているのです。パイプライン演算子を通
して渡された Account.Msg 型の値を、Html.map を使って AccountMsg でラップして

います。

　ビュー部分が終わったので、次に Account 型のメッセージを使って状態を更新できるようにします。どうやって更新したら良いのでしょうか。先ほどのビューへの対処によって、Account がメッセージを生成すると Html.map が AccountMsg でラップしてくれるようになりました。AccountMsg は Main にとって普通の Msg 値なので、そのまま update 関数で扱う必要があります。update 関数を次のように変更してください。

```
update msg model =
    case ( msg, model.page ) of
        ( NewRoute maybeRoute, _ ) ->
            setNewPage maybeRoute model

        ( AccountMsg accountMsg, Account accountModel ) ->
            let
                ( updatedAccountModel, accountCmd ) =
                    Account.update accountMsg accountModel
            in
            ( { model | page = Account updatedAccountModel }
            , Cmd.map AccountMsg accountCmd
            )

        _ ->
            ( model, Cmd.none )
```

　1つずつ読み解いていきましょう。今までは msg だけに対してパターンマッチを行っていましたが、ここでは msg と model.page のタプルに対して行っています。さらにマッチ部分ではタプル内にマッチさせるだけでなく、その要素のカスタム型が内包する値にまでマッチさせています。

　最初の分岐では、タプルの1つ目の要素が NewRoute にマッチするようにしています。NewRoute から maybeRoute を取り出して setNewPage に渡しているのは今までと変わりありません。また、この分岐ではタプルの2つ目の要素である現在のページ情報を _ にマッチさせて無視しています。新しいページをセットする際には現在のページがどうなっているかは関係ないからです。

　次の分岐では、AccountMsg および Page 型の Account コンストラクターに対してマッチさせています。このような分岐では、タプルの両要素に対するパターンマッチが成功した場合にのみマッチしたと判断されます。ここではタプルに対するパターンマッチによって以下の2つのメリットが得られています。

1. 現在のページが Account であるときのみ、AccountMsg に対処するように限定できます。

2. パターンマッチがごちゃごちゃ入れ子になるのを防げます。もしも変更前の case
式をそのまま使うと、次のような入れ子になってしまいます。

```
AccountMsg accountMsg ->
    case model.page of
        Account accountModel ->
            ...
```

最後の分岐では、変更前と同じように残りのパターンを全部 _ で捕捉して、現在の
モデル model そのものと Cmd.none を返すことで無視しています。この分岐に引っか
かるのは、たとえば何らかの理由で Home のページを表示中に AccountMsg を受け取っ
た場合などです。

　では、AccountMsg と Account にマッチする分岐の話に戻ります。ここではそれぞ
れのコンストラクターに内包された accountMsg と accountModel を取り出していま
す。その後は setNewPage において Routes.Account の分岐でやったのとほとんど同
じです。let 式内で Account.update に accountMsg と accountModel を渡していま
す。Account.update が返すタプルに対して分割代入することで、更新後のモデルに
updatedAccountModel、コマンドに accountCmd という名前を付けています。

　さらにここで得られた updatedAccountModel を使って、Main のモデルに含
まれる page フィールドの値を上書きしています。この際にポイントとなるのが、
updatedAccountModel を Page 型の Account コンストラクターでラップしていること
です。コマンドの側も Cmd.map を使って、accountCmd を AccountMsg でラップしてい
ます。この処理によって、Account コンポーネントのコマンドを The Elm Architecture
にうまいこと渡しているのです。

　ではここまでの結果を試してみましょう。開発サーバーを起動して http://
localhost:3000/account にアクセスしてください。Account アプリケーションが起
動して、API からアカウント情報が読み込まれているはずです。この状態でフィールド
の値を変更してみてください。特に［Username］フィールドを変更するとおもしろいで
す。変更に伴って、アバター画像の右側のユーザー名も変更されるはずです。この状
態で［Save］（保存）ボタンをクリックすると、ブラウザーの開発ツール上でネットワー
クリクエストが飛んでいるのが分かるはずです。それから最終的に "Saved Successfully"
（正常に保存されました）とメッセージが表示されます。これがちゃんと動くというこ
とは、つまり Account 用のメッセージやコマンドがうまくルーティングされていると
いうことです。

　ここでの処理をまとめてみます。まずフィールドに何らかの文字が入力されると、
対応した Account メッセージが Elm によって AccountMsg にラップされた状態で発行
されます。Main の update 関数がそのメッセージを受け取り、パターンマッチによっ

て対応する分岐を見つけます。その分岐では Account の update 関数を呼ぶことで Account の状態を更新します。それから、The Elm Architecture によって Main の view 関数が呼ばれ、内部で Account の view 関数を呼んで変更内容を表示します。

お疲れ様でした。これでコンポーネントを使った実際の SPA を構築できました。手元の Main02.elm と Account01.elm が本書サポートページからダウンロードした code/single-page-applications/samples ディレクトリーに含まれるコードと一致することを確認しておいてください。

10.3 Picshare ふたたび

この SPA もだいぶ完成が近づいてきました。次はオリジナルの Picshare アプリケーションを、全写真フィードを表示するページに作り変える必要があります。本節では既存の Picshare アプリケーションをコンポーネントにして Main.elm 内で使います。また、アプリケーションにナビゲーションメニューも追加します。

実際に始めるにあたって、既存の Picshare アプリケーションが必要です。とは言っても実はもう本章の最初にコピーしたファイルの中に入っています。1 つは Feed.elm という名前のファイルで、コンポーネントとして使ううえで必要なものをすべてエクスポート済みです。もう 1 つは WebSocket.elm というポートモジュールです。

すでにお膳立ては済んでいますが、もしあなたが本書の 1 章から 5 章を修了しており少しチャレンジしたいと思っているのであれば自分で用意することも可能です。その場合はあなたの Picshare.elm と WebSocket.elm のファイルを picshare-spa/src ディレクトリーにコピーしてください。Picshare.elm の方は Feed.elm に名前を変更します。その際、念のため元からある Feed.elm と WebSocket.elm はバックアップしておいても良いでしょう。ちなみにもう一度確認ですが、これらの手順は 5 章までしっかりやり終えている方のためのものです。本章は Picshare が WebSocket を使うことを想定しているため、5 章まで終わっていないと後々うまくいきません。それを分かったうえで自分の Feed.elm を使う方のみエディターを開きましょう。それからモジュール名を Feed に変更し、Browser モジュールのインポートを取り除き、main 定数を削除し、最後に Model、Msg、init、subscriptions、update、view をエクスポートします。

ここからは全員共通です。Main.elm に戻り、Feed をインポートしてください。この際に PublicFeed という別名を付けます。この別名を付けておくと、後々嬉しいことがあります。

10
章

```
single-page-applications/samples/Main03.elm
import Feed as PublicFeed
```

では、Page 型の PublicFeed コンストラクターが PublicFeed.Model を引数として
受け付けるように変更しましょう。これで PublicFeed の状態を格納・更新できるよ
うになります。

```
= PublicFeed PublicFeed.Model
```

実を言うと、基本的には PublicFeed コンポーネントでやることは Account コン
ポーネントと大差ありません。Account コンポーネントのときと同じように Msg に
PublicFeedMsg ラッパーを追加します。

```
| PublicFeedMsg PublicFeed.Msg
```

次に viewContent の PublicFeed に関する分岐のところを変更します。PublicFeed
コンポーネントのモデルを取り出して、PublicFeed.view に渡すことで表示できるよ
うにしましょう。

```
PublicFeed publicFeedModel ->
    ( "Picshare"
    , PublicFeed.view publicFeedModel
        |> Html.map PublicFeedMsg
    )
```

setNewPage も同様です。Just Routes.Home ブランチを書き換えて、PublicFeed
コンポーネントのモデルを初期化したものに、Page 型の PublicFeed コンストラク
ターをくっつけて page フィールドにセットします。その際、PublicFeed の初期コマ
ンドも以下のように渡してください。

```
Just Routes.Home ->
    let
        ( publicFeedModel, publicFeedCmd ) =
            PublicFeed.init ()
    in
    ( { model | page = PublicFeed publicFeedModel }
    , Cmd.map PublicFeedMsg publicFeedCmd
    )
```

ここでは PublicFeed.init 関数にユニット型の値を渡して呼んでいます。Account の場合はコンポーネント化する際に引数を省いて init を定数にしていましたが、PublicFeed コンポーネントについては本章の後の方で引数を渡すようにする予定があるので関数のままにしています。

次に update 関数を変更します。Msg には PublicFeedMsg、Page 型の値には PublicFeed がマッチするようにタプルを指定します。これも Account の場合と変わりありません。

```
( PublicFeedMsg publicFeedMsg, PublicFeed publicFeedModel ) ->
    let
        ( updatedPublicFeedModel, publicFeedCmd ) =
            PublicFeed.update publicFeedMsg publicFeedModel
    in
    ( { model | page = PublicFeed updatedPublicFeedModel }
    , Cmd.map PublicFeedMsg publicFeedCmd
    )
```

ただし PublicFeed コンポーネントの場合はあとひと手間必要です。コマンドと同じようにサブスクリプションもコンポーネントから渡す必要があります。PublicFeed コンポーネントではフィードの更新をサブスクリプションで待ち受けているからです。では、Main の subscriptions 関数を以下のように変更してください。

```
subscriptions model =
    case model.page of
        PublicFeed publicFeedModel ->
            PublicFeed.subscriptions publicFeedModel
                |> Sub.map PublicFeedMsg

        _ ->
            Sub.none
```

ここでは現在のページに応じたパターンマッチをしています。もしその値が PublicFeed なら、内包されているモデルに publicFeedModel と名前を付けて PublicFeed.subscriptions に渡します。その際、Cmd.map や Html.map と同じように Sub.map を使って PublicFeed.Msg を PublicFeedMsg でラップします。現在のページがそれ以外の場合は _ で捕捉して Sub.none を返しておきます。

Elm ファイルの変更は以上ですが、JavaScript ファイルの方でポートを扱うコードを src/index.js に持ってくる必要があります。次のように書き換えてください。

10
章

```
single-page-applications/samples/index01.js
var app = Elm.Main.init({
  node: document.getElementById('root')
});

var socket = null;

app.ports.listen.subscribe(listen);

function listen(url) {
  if (!socket) {
    socket = new WebSocket(url);
    socket.onmessage = function(event) {
      app.ports.receive.send(event.data);
    };
  }
}
```

　このコードは5章「WebSocketでリアルタイム通信を行う」とかなり似ていますが、少しだけ変更が加わっています。socket変数をlisten関数の外で定義して初期値nullを与えているのです。listen内では、既存のsocketが存在しない場合に限って新しいWebSocketを開いています。これがどう嬉しいのかは本章の後の方で詳しく分かります。簡単に説明すると、ルートの変更に伴ってWebSocketを閉じたり開き直したりする際に役立ちます。

　では開発サーバーを起動してブラウザーでhttp://localhost:3000を開いてください。オリジナルのPicshareアプリケーションが起動し、写真が3つ読み込まれます。数秒待つとさらに別の新しい写真がWebSocket経由で受信されるはずです。

　いったんここまでの内容を整理します。これで実際に2つのコンポーネントを使って素晴らしいSPAを構築することができました。とはいっても今のところいくつか問題が残っています。たとえば複数のコンポーネントを使う際には、同じようなことを繰り返さないといけませんし、その結果として同じようなコードができてしまいます。これについては後の方で解決を試みます。他の問題として、2ページ間を行き来するナビゲーションメニューもまだ存在しません。次はこの問題に取り掛かりましょう。

▶ページ間を移動できるようにする

　いまめかしいSPAは普通、JavaScriptのhistoryオブジェクトが用意しているpushStateメソッドを使っています。このpushStateメソッドというのは、ブラウザーのアドレスバーに表示されている現在のURLのパスを変更するものです。しかも実際のページ移動を伴わずに変更できてしまいます。JavaScript製のSPA用フレー

ムワークやライブラリーはほとんどどれも、この pushState を使ってパス名を変更し、開発者が書くコードの側にこの新しいパスに応じたコンテンツを表示するように伝えるのです。

もちろん Elm も例外ではありません。Elm の Browser.Navigation モジュールが提供する pushUrl 関数は内部的に特別な方法で JavaScript を使っており、そのコードは history.pushState をラップしています。そうして、この pushUrl 関数は Browser.Navigation.Key と String 型のパスを受け取って Cmd を返すようにしています。返り値の Cmd が The Elm Architecture に対して、pushUrl の引数として渡されたパスを history.pushState に渡して呼び出すようにお願いするのです。では、この pushUrl を使って SPA にナビゲーションメニューを追加しましょう。

まずは Routes.elm を開いて routeToUrl という補助関数を追加してください。

single-page-applications/samples/Routes02.elm

```
routeToUrl : Route -> String
routeToUrl route =
    case route of
        Home ->
            "/"

        Account ->
            "/account"
```

この routeToUrl 関数は Route 型の値を引数として受け取り、パターンマッチによってそのルート情報を文字列のパスに変換しています。

次に、この後必要になるモジュール Html と Html.Attributes をインポートします。

```
import Html
import Html.Attributes
```

それからもう 1 つ href という関数も追加しておきましょう。

```
href : Route -> Html.Attribute msg
href route =
    Html.Attributes.href (routeToUrl route)
```

この href 関数は Route 型の値を受け取って Html.Attribute msg 型の値を返します。実装としては、まず補助関数 routeToUrl を使ってルート情報を文字列のパスに変換し、パイプライン演算子を通して Html.Attributes.href に渡しています。こ

れで Rotues モジュールからこの href をエクスポートすれば、Routes.href によって Route の値からそのページへのリンクを構築できるようになります。このおかげで、コードのあちこちで毎度同じ文字列をタイプしなくて済みます。

では次に移る前に Routes が href をエクスポートするようにしておきましょう。

```
module Routes exposing (Route(..), href, match)
```

ここから実際にナビゲーションメニューを追加していきますが、先に PublicFeed と Account でヘッダーを共有できるようにする必要があります。まず、Feed.elm の view 関数に用意されているヘッダーを取り除いてください。結果として view が以下のようになるはずです。

single-page-applications/samples/Feed01.elm

```
div []
    [ div [ class "content-flow" ]
        [ viewContent model ]
    ]
```

では Main.elm の方に戻って、共通のヘッダー要素である viewHeader 関数を作成しましょう。

single-page-applications/samples/Main03.elm

```
viewHeader : Html Msg
viewHeader =
    div [ class "header" ]
        [ div [ class "header-nav" ]
            [ a [ class "nav-brand", Routes.href Routes.Home ]
                [ text "Picshare" ]
            , a [ class "nav-account", Routes.href Routes.Account ]
                [ i [ class "fa fa-2x fa-gear" ] [] ]
            ]
        ]
```

内容としては、Feed.elm にあったヘッダーと同じように、header クラスを持つ div タグを作成しています。その div の中には header-nav クラスを持つ div タグが追加されています。さらにそのタグの中にはアンカータグを 2 つ作成しており、それぞれ Rotues.href によって Home と Account にリンクしています。Account へのリンクの方は i タグに Font Awesome 用のクラスを付けることで、歯車のマークを表示しています。

　では、この viewHeader を view 関数に反映させましょう。Document レコードの body フィールドに指定しているリスト内に追加してください。

```
, body = [ viewHeader, content ]
```

　この状態で保存して、ブラウザーでアプリケーションを確認してみましょう。画面の上の方に以下の要素が表示されるはずです。

📷 Picshare　　　　　　　　　　⚙

　ただし、今のままでは Picshare のリンクや歯車マークのリンクをクリックしても何も反応しません。なぜでしょうか？ リンクをクリックすると Browser.application の onUrlRequest フィールドに指定している Visit コンストラクターによってメッセージが生成されます。しかし、update 関数では Visit へのパターンマッチをワイルドカードで捕捉して無視していたのでした。以下のように Visit も対処するように修正しましょう。

```
( Visit (Browser.Internal url), _ ) ->
    ( model, Navigation.pushUrl model.navigationKey (Url.toString url) )
```

　ここではタプルの 1 つ目の要素を Visit メッセージでマッチさせ、2 つ目の要素を無視しています。Visit が内包している UrlRequest 型は Internal または External の値をとりましたが、ここでは Internal のみを捕捉してリクエストされた url を取り出しています。なお、External の方は update の一番下の分岐で、残りを全部補足するワイルドカードにマッチさせることで無視しています。こうしているのは、このアプリケーションでは外部リンクを一切使う予定がないからです。
　Internal を補足する分岐では、モデルは現在のものをそのまま返し、コマンドは Browser.Navigation.pushUrl で生成しています。そしてこの pushUrl の引数には、Url.toString で url を String 型に変換したものと、model.navigationKey を渡しています。こうすることで、The Elm Architecture がこの適切なパスを使って history.pushState を呼んでくれます。
　これでコードへの変更は終わったので、実際の処理の流れを追って整理してみましょう。まずユーザーが [Picshare] のリンクをクリックすると、Visit メッセージで / のパスを意味する UrlRequest 型の Internal を包んだメッセージが発火します。一方で歯車アイコンをクリックしたときには Visit メッセージで /account のパスを意味

する UrlRequest 型の Internal を包んだメッセージが発火します。

その後、Elm がそのパスに対して history.pushState を呼び、ブラウザーの URL が変更され、Elm が onUrlChange によって現在のルート情報を NewRoute で包んだメッセージを update 関数に渡します。

では、ファイルを保存してブラウザーでアプリケーションを開いてみましょう。リンクをクリックするとすぐに適切なページが読み込まれ、必要な場合はデータの読み込みもなされます。このページ遷移の際にサーバー側に新しいページのリクエストが送られていないことを、ブラウザーの開発者ツールでネットワークのタブを開いて確認することができます。

さて、すでに気づいたかもしれませんが、実はトップページから遷移してまた戻ってくると、WebSocket を使ったフィードが動かなくなっています。これは index.js で変更した部分に関係があります。ナビゲーションメニューの締めくくりとしてこの対処をしましょう。

▶ WebSocket まわりを整理する

本アプリケーションでは、WebSocket 接続はトップページでしか使われません。ということは、WebSocket ポートモジュールを改良してトップページから遷移する際に接続を終了する必要があります。そうしないとトップページに戻ったとき、モデルだけ初期化され、以前の接続を保ったままの WebSocket からはデータが送られず、今のようにフィードが動かなくなってしまうのです。ではさっそく WebSocket.elm に close ポートを追加してエクスポートしてください。

single-page-applications/samples/WebSocket01.elm

```
port close : () -> Cmd msg
```

close がユニット型の引数をとっているのは、外に向いたポートが常に何らかの引数を必要とする仕様だからです。これだけでは close ポートが使えないので、次は index.js を変更します。

single-page-applications/samples/index01.js

```
app.ports.close.subscribe(close);

function close() {
  if (socket) {
```

```
        socket.close();
        socket = null;
    }
}
```

ここではまず JavaScript の関数として close を追加し、それを close ポートの subscribe メソッドに渡しています。close 関数内部の処理としては、まず socket が null かどうかチェックし、null ではない場合 socket.close メソッドを呼んでいます。これによってサーバーとの接続が閉じられます。その後 socket に null を代入することで、ソケットが閉じられていることを明示しています。先ほど定義した listen 関数を次に呼んだとき、また新しく接続が開かれます。

ではこのポートを Main.elm で使っていきましょう。ページ遷移する際には無条件で、いったん WebSocket.close ポートによって WebSocket 接続を閉じるようにしたいです。これを行うには update 関数の NewRoute に関する分岐のところが良さそうです。

まずは WebSocket モジュールをインポートしてください。

single-page-applications/samples/Main03.elm

```
import WebSocket
```

それから update の NewRoute に関する分岐を次のように変更します。

```
( NewRoute maybeRoute, _ ) ->
    let
        ( updatedModel, cmd ) =
            setNewPage maybeRoute model
    in
    ( updatedModel
    , Cmd.batch [ cmd, WebSocket.close () ]
    )
```

以前は setNewPage を直接呼んでいましたが、ここではタプルから updatedModel と cmd という名前で結果を取り出しています。新たに返すタプルとしては、1つ目の要素として updatedModel をそのまま返し、2つ目の要素は Cmd.batch 関数を使っています。

この Cmd.batch について説明します。通常 The Elm Architecture には update 関数から一度に1つまでしか Cmd を返せません。しかし今回は setNewPage から得られた cmd と WebSocket.close コマンドをどちらも返す必要があります。そこで Cmd.batch の

出番なのです。Cmd.batch はコマンドのリストを受け取り、1 つのコマンドにまとめてくれます。このまとめられた結果のコマンドを呼ぶと、Cmd.batch の引数に渡したコマンドがすべて発行されます。今回のケースでは、リストには cmd と WebSocket.close が含まれます。ちなみに、WebSocket.close を呼ぶ際にはユニット型の値を渡す必要があったのでそうしています。こうして得られた新しいコマンドを使うことで、両方のコマンドを Elm が扱ってくれるようになります。

　ここまでの変更をすべて保存してブラウザーを開いてください。トップページを表示してから別のページに遷移してください。またトップページに戻ってくると、またうまく WebSocket のフィードが表示されるはずです。

　これで pushState とコンポーネントを使った正真正銘の Elm 製 SPA ができました。大変お疲れ様でした！ 手元の index01.js、WebSocket01.elm、Main03.elm、Routes02.elm、Feed01.elm が本書サポートページからダウンロードした code/single-page-applications/samples ディレクトリーに含まれるものと一致するのを確認してから、次に進んでください。

10.4　動的なルーティングを扱う

　ここまでは静的な URL パスを扱ってきました。静的な URL パスというのは、/ や /account などのように、常に同じリソースを返すもののことです。一方で多くの SPA ではパスにパラメーターを埋め込み、そのパラメーターに応じて動的にリソースにアクセスできるようにしています。たとえば、/photo/42 というパスを使って、このパスに埋め込まれた 42 というパラメーターから、ID が 42 の写真を読み込んで表示したりします。

　本節ではこのような動的なパスの使い方を学びます。その題材として、ユーザーごとの写真フィードを表示する機能を追加します。そのために、まずユーザーのフィード用にパラメーター付きのルートを作成します。それから、全体のフィードを表示するコンポーネントと、ユーザーごとのフィードを表示するコンポーネントを、どちらも Feed コンポーネントをラップする形で作成します。

　最終的にユーザーごとのフィードを読み込む際にはユーザー名を使おうと思います。そのために写真にユーザー名の情報を追加し、ついでに写真を表示するときにユーザー名を添えるようにしましょう。では、Feed.elm をエディターで開いてください。Photo 型エイリアスが持つ comments フィールドの下に username という String 型のフィールドを追加してください。

```
single-page-applications/samples/Feed02.elm
, comments : List String
, username : String
```

　また、photoDecoder も修正する必要があります。comments 用に required を使った行の下に新しくパイプライン演算子を追加し、こちらも required を使って以下のように必須項目としてください。

```
|> required "comments" (list string)
|> required "username" string
```

　最後に、viewDetailedPhoto 関数でユーザー名を表示するようにします。h2 タグと viewComments の行の間に h3 タグを追加し、アンカータグを持たせてください。

```
, h2 [ class "caption" ] [ text photo.caption ]
, h3 [ class "username" ]
    [ a [] [ text ("@" ++ photo.username) ] ]
, viewComments photo
```

　ここで photo.username フィールドの値の左側に @ を付けて表示しているのは、それがユーザー名を表していることをユーザーに伝えるためです。では、この状態でファイルを保存してサーバーを起動し、http://localhost:3000 をブラウザーで開いてください。フィードが読み込まれると、以下のスクリーンショットのようにそれぞれの写真にユーザー名が添えられているのが分かるはずです。

Surfing

@surfing_usa

Comment: Cowabunga, dude!

▶ラッパーコンポーネントを作成する

　現状では全体の写真フィードを表示するのに Feed.elm を使っています。理想を言えばユーザーごとのフィードにもこのコードを再利用したいのですが、Feed コンポーネントには全写真フィードを取得するときに使う URL がハードコーディングされて

しまっています。もちろんこれを解決するために、Feed コンポーネントをまるまるコ
ピーして UserFeed コンポーネントを作成し、URL 部分だけを別のものに変更するこ
ともできます。ただそれだとコードが大量に重複してしまって保守が難しくなってし
まいます。

そこで、Feed コンポーネントに設定を渡せるようにします。ここでは、フィードの
URL と WebSocket の URL を引数として持たせましょう。そのうえで、PublicFeed モ
ジュールと UserFeed モジュールがこの Feed コンポーネントを利用するようにします。
Feed の引数にそれぞれの URL を渡すことでうまく再利用できるようになるのです。

では Feed.elm を開いて、baseUrl 定数と wsUrl 定数を削除してください。それか
ら fetchFeed 関数を変更して URL を引数としてとるようにします。

```
fetchFeed : String -> Cmd Msg
fetchFeed url =
    Http.get
        { url = url
        , expect = Http.expectJson LoadFeed (list photoDecoder)
        }
```

このように url 引数を Http.get に渡すレコードの url フィールドに指定してくだ
さい。次に init 関数の引数も () から 2 つのフィールドを持ったレコードに変更しま
す。フィールドはそれぞれ feedUrl と wsUrl にして、以下のように使ってください。

```
init : { feedUrl : String, wsUrl : Maybe String } -> ( Model, Cmd Msg )
init { feedUrl, wsUrl } =
    ( initialModel wsUrl, fetchFeed feedUrl )
```

各フィールドの型は、feedUrl が String 型で、wsUrl フィールドが Maybe String
型になっています。wsUrl フィールドに Maybe を使っているのは、ユーザーフィード
ページの最終形では WebSocket フィードを使わないからです。しかし全フィードのペー
ジでは依然として WebSocket を使うため、Maybe によって接続すべきフィードがある
かどうかを表現しています。これについては実際に UserFeed モジュールを作成して
みると少し意味が分かるようになると思います。

実装部分に目を向けると、まず引数のフィールドをローカルな定数として分割代入し
ています。これによって、毎度フィールドの値にアクセスするたびにレコード名とドッ
トに続けて記述する必要がなくなります。返り値のところでは、feedUrl を fetchFeed
に渡し、wsUrl を initialModel に渡しています。現状では initialModel は引数を
とっていませんが、後ほどこのように引数をとる関数へと変更します。

さて、wsUrl は update 関数が WebSocket に接続する際に使うものですから、実際
に接続が必要になるまでいったんモデルに格納しておく必要があります。そのために

wsUrl フィールドとしてモデル型に追加しましょう。

```
, wsUrl : Maybe String
```

これに合わせて initialModel も変更し、引数として wsUrl を受け取ってモデルの
wsUrl フィールドにセットするようにします。

```
initialModel : Maybe String -> Model
initialModel wsUrl =
    { feed = Nothing
    , error = Nothing
    , streamQueue = []
    , wsUrl = wsUrl
    }
```

次に、update 関数の上に listenForNewPhotos という新しい関数を追加します。こ
れは wsUrl が利用可能な場合に WebSocket に接続するものです。

```
listenForNewPhotos : Maybe String -> Cmd Msg
listenForNewPhotos maybeWsUrl =
    case maybeWsUrl of
        Just wsUrl ->
            WebSocket.listen wsUrl

        Nothing ->
            Cmd.none
```

引数として maybeWsUrl を受け取り、パターンパッチを行っています。もしも値が
Just なら、内包された URL に wsUrl という名前を与えて WebSocket.listen に渡し
ます。Nothing なら、Cmd.none を返します。

最後に、この listenForNewPhotos に model.wsUrl を渡すように、update 関数の
LoadFeed (Ok feed) にマッチする分岐を書き換えます。

```
LoadFeed (Ok feed) ->
    ( { model | feed = Just feed }
    , listenForNewPhotos model.wsUrl
    )
```

これで Feed に設定を渡せるようになったので、実際にこれをラップするコンポー
ネントを作成しましょう。まず PublicFeed.elm というファイルを作成し、Feed モ
ジュールと Html モジュールをインポートします。Html モジュールからは Html 型を
インポートしておいてください。

```
single-page-applications/samples/PublicFeed01.elm
import Feed
import Html exposing (Html)
```

次にやるのは、基本的には Feed がエクスポートしているものすべての再エクスポートです。具体的には次のステップにしたがってください。

1. Feed の Model と Msg 型への型エイリアスを作成します。このように別の型エイリアスへの型エイリアスを作ることは可能です。実は Feed モジュールに定義されている型を PublicFeed からエクスポートしようとすると、このように型エイリアスを使う必要があるのです。これはモジュールがエクスポートできるのはそのモジュールで定義されているものだけだからです。

    ```
    type alias Model =
        Feed.Model

    type alias Msg =
        Feed.Msg
    ```

2. 全フィードを取得する URL の定数と WebSocket のストリームにつなぐ際に使う URL の定数を追加します。

    ```
    feedUrl : String
    feedUrl =
        "https://programming-elm.com/feed"

    wsUrl : String
    wsUrl =
        "wss://programming-elm.com/"
    ```

3. ステップ 2 で定義した feedUrl 定数と wsUrl 定数を持つレコードを、Feed.init の引数に渡すことで init タプルを作成します。

    ```
    init : ( Model, Cmd Msg )
    init =
        Feed.init
        { feedUrl = feedUrl
        , wsUrl = Just wsUrl
        }
    ```

4. Feed の view、update、subscriptions をそのまま返すだけの view、update、subscriptions 関数を作成します。

```
view : Model -> Html Msg
view =
    Feed.view

update : Msg -> Model -> ( Model, Cmd Msg )
update =
    Feed.update

subscriptions : Model -> Sub Msg
subscriptions =
    Feed.subscriptions
```

Elm は関数を値として扱うので、このように関数を値として持つ定数として view、update、subscriptions を定義できます。あえて関数として作成する必要はないのです。

5. 一番上で PublicFeed モジュールの宣言を加え、Model、Msg、init、subscriptions、update、view をエクスポートするようにしてください。

```
module PublicFeed exposing (Model, Msg, init, subscriptions, update,
view)
```

これで、Feed の関数を使って全写真フィードのデータ読み込み・表示・更新ができる PublicFeed コンポーネントが完成です。同じように UserFeed コンポーネントも作成しましょう。PublicFeed.elm をコピーして UserFeed.elm を作成してください。そのファイルに以下のような調整を加えます。

1. モジュール名を UserFeed に変更します。
2. UserFeed モジュールは WebSocket ストリームから写真を取得して表示したりしない予定なので、wsUrl と subscriptions を削除します。この際モジュール宣言部において、誤って存在しない subscriptions をエクスポートしたりしないようにしておいてください。
3. feedUrl を変更して、ユーザー名を引数にとって対応するユーザーフィードの完全な URL を返す関数にします。フォーマットは /user/<username>/feed にします[3]。

---

[3]　[訳注] このままだと万が一ユーザー名が / や ? を含む場合に意図しない URL が生成されてしまいます。それを防ぐために elm/url の Url.Builder モジュールを使うこともできるやぎぃ。

```
single-page-applications/samples/UserFeed01.elm
feedUrl : String -> String
feedUrl username =
    "https://programming-elm.com/user/" ++ username ++ "/feed"
```

4. init を変更してユーザー名を受け取るようにします。この引数を feedUrl に
   渡してから Feed.init を呼びます。この際、Feed.init に渡す wsUrl フィール
   ドは Nothing にしておいてください。

```
init : String -> ( Model, Cmd Msg )
init username =
    Feed.init
        { feedUrl = feedUrl username
        , wsUrl = Nothing
        }
```

　この状態で、手元の PublicFeed.elm と UserFeed.elm が本書サポートページから
ダウンロードした code/single-page-applications/samples ディレクトリーに含ま
れる PublicFeed01.elm および UserFeed01.elm と一致していることを確認してくだ
さい。この後はユーザーフィード用のルーティングを実装します[4]。

---

[4]　[訳注] ここでは全フィード表示用のモジュールと、特定ユーザーのフィード表示用モジュールが Feed モジュールを共有
するようにしました。しかし、さくらちゃんはこれをお勧めしません。さくらちゃんの本業である UX 設計の観点から言
えば、全フィードと特定ユーザーのフィードを同じ UI で表示するのが必ずしも適切とは限らないからです。全フィードに
関しては、ある程度頻繁に新しい写真が送られてくるため、Twitter のような UI は悪くありません。しかし特定ユーザー
写真を表示するページでは更新は頻繁ではないので必ずしもフィード形式がいいとは言えません。このサービスの狙いに
よっては、特定ユーザーの写真を表示するページのみ、Pinterest のようなタイルレイアウトが適している可能性がありま
す。仮に現状で同じ見た目にしたとしても、今後サービスを運用していく過程で全く別の見た目に変わることは十分にあり
えるのです。そのような可能性があるのにもかかわらず、パラメーターに Maybe を使って無理やり共通化するような本書
の手法は現実的には悪手であると言えます。結局後になってパラメーターがどんどん増えて意味が分からないことになる
か、せっかく共通化したものを剥がして別々の独立したモジュールに分けるはずです。あくまでも学習のための題材を用意
する目的で無理に採用したと理解した方が無難です。なお、これについても Elm 公式ガイドである「An Introduction to
Elm」(https://guide.elm-lang.org/) に似た内容が述べられています。ウェブアプリケーションのモジュール化につい
て言及したページ (https://guide.elm-lang.org/webapps/modules.html) において、"Growing Models" にて「コー
ドが偶然似ているだけであれば共通化するべきではない」と書いてあります。

再度のご案内ですが、ローカルにサーバーを立ち上げることで、ローカルな API エンドポイントからデータを取得したり、WebSocket イベントを受信できるようにしたりできます。そのためには付録 B「ローカルサーバーを実行する」の指示にしたがってサーバーを立ち上げ、`feedUrl` 定数が参照している `https://programming-elm.com` へのリクエストを `http://localhost:5000` に置き換え、`wsUrl` 定数が参照している `wss://programming-elm.com` へのリクエストを `ws://localhost:5000` に置き換えてください。

▶パラメーターを持つパスのルーティングを作成する

ユーザーフィード用のルーティングを実現するために、まずはどのユーザーフィードを取得するかをルート情報でうまく表現する必要があります。Routes.elm をエディターで開き、そのためのコンストラクター UserFeed を Route 型に追加します。

single-page-applications/samples/Routes03.elm

```
| UserFeed String
```

この UserFeed ルートはユーザー名を意味する String 型の引数を持っています。次は、この UserFeed 用の URL にアクセスできるように、routeToUrl に UserFeed 用の分岐を追加しましょう。

```
UserFeed username ->
    "/user/" ++ username ++ "/feed"
```

ここではユーザー名を取り出して /user/<username>/feed のパスを構築しています。この後は routes に UserFeed URL 用のパーサーを追加する必要がありますが、その前に Url.Parser モジュールからいくつか必要なものをインポートしておきます。Url.Parser をインポートするところを次のように変更してください。

```
import Url.Parser as Parser exposing ((</>), Parser)
```

</> 演算子をインポートしていますが、その際に括弧でくくる必要があることに気をつけてください。通常はこのような中置演算子を自分で定義することはできません

が、Elm のコアチームに特別に認められたパッケージの中には型、定数、関数の他に
このようなオリジナルの演算子を定義してエクスポートしているものがあります。こ
の特別な </> 演算子は、パスの複数のセグメントを結合するのに使えるものです。こ
れを使って routes に UserFeed パーサーを追加しましょう。

```
routes =
    Parser.oneOf
        [ Parser.map Home Parser.top
        , Parser.map Account (Parser.s "account")
        , Parser.map
            UserFeed
            (Parser.s "user" </> Parser.string </> Parser.s "feed")
        ]
```

　括弧で囲った部分に注目すると、Parser.s に "user" を渡したものが最初の /user
に対応したセグメントで使われています。それから </> 演算子を使って Parser.
string パーサーと結合しています。このように、</> 演算子を使うと URL パスの /
のような見た目を実現できるのです。

　さて、Parser.string は動的なパス用のパーサーを生成します。これを使うと今注
目している任意のパスセグメントを受け取り、それを Elm の String 型として扱えま
す。そして最後にこの Parser.string と、Parser.s に "feed" を渡したパーサーと
結合しています。

　この括弧でくくった URL パーサーは全体として、Parser.string で捕捉した動的
な String 型の値をパース結果として返すものになっています。そのため、Parser.
map が第 1 引数にとるのは、UserFeed コンストラクターのように String 型の引数を
1 つとるものでなければなりません。たとえば URL をルート情報に変換する match 関
数が /user/photosgalore/feed というパスを受け取ると、photosgalore が捕捉さ
れて UserFeed に渡されます。これによって、後ほど使うユーザー名が保存されます。

▶ラッパーコンポーネントを利用する

　これで UserFeed ルートがパラメーターを持てるようになりました。次は Main モ
ジュールにおいて、Feed コンポーネントをラップして作成した UserFeed コンポーネ
ントと一緒にこの UserFeed ルートを使いましょう。

　今までは暫定的に Feed as PublicFeed としてインポートしていましたが、今は
PublicFeed ラッパーモジュールが完成したのでそれをそのままインポートしましょ
う。UserFeed ラッパーコンポーネントも一緒にインポートしておきます。

```
single-page-applications/samples/Main04.elm
import PublicFeed
import UserFeed
```

　実は PublicFeed コンポーネントの側はほとんど何も対応する必要がありません。もともと Feed コンポーネントを直接使って構築したときに、Feed に PublicFeed という別名を付けて使っていたからです。コード中では PublicFeed を参照するようにしていたので、自動的に PublicFeed ラッパーコンポーネントを参照するように変わります。一方で UserFeed ラッパーコンポーネントの方にはいくつか対応が必要です。Page 型に UserFeed という名前のコンストラクターを追加して、String と UserFeed.Model をラップするようにしましょう。ここで String 型もラップしているのは、ここにユーザー名を保存しておいて後ほど Main.elm 内で使いたいからです。

```
| UserFeed String UserFeed.Model
```

　次に Msg 型に UserFeedMsg ラッパーを追加します。

```
| UserFeedMsg UserFeed.Msg
```

　それから viewContent に UserFeed の分岐を追加します。これは PublicFeed や Account の分岐とほとんど同じです。

```
UserFeed username userFeedModel ->
    ( "User Feed for @" ++ username
    , UserFeed.view userFeedModel
        |> Html.map UserFeedMsg
    )
```

　ここでは username をコンストラクターから取り出して動的にタイトルを構築することもしています。
　次は setNewPage を変更します。まず Just Route.Home の分岐において、PublicFeed.init に渡している引数 () を削除してください。

```
( publicFeedModel, publicFeedCmd ) =
    PublicFeed.init
```

　Route 型の値 UserFeed に対する分岐も追加します。

```
Just (Routes.UserFeed username) ->
    let
        ( userFeedModel, userFeedCmd ) =
            UserFeed.init username
    in
    ( { model | page = UserFeed username userFeedModel }
    , Cmd.map UserFeedMsg userFeedCmd
    )
```

　この分岐はほとんど他の分岐と同じですが、UserFeed コンストラクターから username を取り出しているところが少し異なります。この取り出したユーザー名を UserFeed.init に渡すことで初期モデル userFeedModel と初期コマンド userFeedCmd を取得しています。これによって、特定ユーザーのフィードを取得して表示できるようになるのです。このユーザー名は他にも、Page 型の UserFeed コンストラクターに対して userFeedModel と一緒に引数として使われています。

　最後に update 関数に分岐を追加します。UserFeedMsg と Page 型の UserFeed にマッチさせてください。これも他の分岐とほとんど同じです。ただ model の page フィールドを更新する際に、UserFeed を再構築するためにユーザー名を取り出して渡しています。

```
( UserFeedMsg userFeedMsg, UserFeed username userFeedModel ) ->
    let
        ( updatedUserFeedModel, userFeedCmd ) =
            UserFeed.update userFeedMsg userFeedModel
    in
    ( { model | page = UserFeed username updatedUserFeedModel }
    , Cmd.map UserFeedMsg userFeedCmd
    )
```

　subscriptions 関数はそのままにしておいてください。UserFeed では WebSocket のストリームを使わないため、今のように PublicFeed のサブスクリプションだけを subscriptions に渡せば良いのです。

　これで UserFeed ラッパーコンポーネントも使えるようになりました。後はユーザーフィードへのリンクを作成するだけです。Feed.elm をエディターで開いてください。

　まず Routes をインポートします。

```
import Routes
```

　それから viewDetailedPhoto に新設したユーザー名のアンカータグを変更して、Routes.href に Route 型の値 UserFeed を渡したものを追加します。

```
[ a [ Routes.href (Routes.UserFeed photo.username) ]
    [ text ("@" ++ photo.username) ]
]
```

　この際、現在の写真の username を Routes.UserFeed コンストラクターに渡すことで、そのユーザーのフィードに飛べるようにしています。

　では、現在開いているファイルを全部保存して開発サーバーを起動してください。それからブラウザーでアプリケーションを開き、elpapapollo などのユーザー名をクリックしましょう。すると elpapapollo の写真だけを読み込む新しいフィードが現れるはずです。ヘッダーの Picshare リンクをクリックすると全体のフィードページに移動し、再度すべての写真が読み込まれるはずです。

　大変お疲れ様でした。これで既存のコンポーネントを再利用して、静的なルートに対応したフィードと、動的なパラメーターを持つルートに対応したフィードをそれぞれ作成することができました。Elm の力を借り、その安全性の下に、かなり複雑な SPA を構築できたのです！

　もしかしてアプリケーションに何かうまく動かないところがありましたか？ もし URL を変更してもページ遷移しないのであれば、Routes.elm のファイルを確認して、正しく URL をパースできているかや、routes 定数内ですべての Route コンストラクターに対処できているかを確認してください。もしページ遷移はしてもデータを読み込んでいなかったり更新できていないようなら、Main.elm の update 関数がすべてのメッセージとページに対処できているか確認してください。そして最終的にはいつものように手元のファイルが本書サポートページからダウンロードした code/single-page-applications/samples ディレクトリーに含まれる Account01.elm、Feed02.elm、Main04.elm、PublicFeed01.elm、Routes03.elm、UserFeed01.elm、WebSocket01.elm、index01.js と一致していることを確認してください。

10.5　学んだことのまとめ

　これにて一件落着です。本章ではたくさんのことを成し遂げました。

- Url.Parser モジュールを使って静的な URL パスと動的な URL パスをパースしました。
- Browser.application 関数と The Elm Architecture を使って、ブラウザーの現在の URL をルート情報とページに変換しました。
- コンポーネントを構築し、The Elm Architecture によってその状態を更新しました。

- コンポーネントを使って、現在のページ状態に応じてそれぞれのページを表示
    しました。

さて、まだ setNewPage や update 関数にはいくらか重複したコードが残っている気
がします。各コンポーネントを使うところはかなり似通った感じになっています。こ
れを補助関数によって解決することを発展的な課題としてみましょう。この補助関数
によって、モデルの page フィールドに適切な Page コンストラクターとそのページ用
コンポーネントのモデルをセットしたり、適切なラッパーメッセージによってコマン
ドをラップしたりします[5]。

より具体的には、この補助関数は引数として Page コンストラクター、Msg ラッパー、
Main の Model、各コンポーネントの init 関数と update 関数によって生成されるモ
デルとコマンドのタプルをとることになります。これによって setNewPage と Main.
update で同じ補助関数が使えるようになります。その際、Page 型の UserFeed コン
ストラクターは String 型のユーザー名も引数としてとっていましたから、補助関数
を呼ぶときに部分適用が必要になるかもしれません。この課題を進めるうえで助けが
必要になったら、本書サポートページからダウンロードしたコードの code/single-
page-applications/samples ディレクトリーに含まれる MainRefactored.elm を
チェックしてみてください。このファイルから processPageUpdate 関数がどう定義
され、setNewPage や update でどう使われているかを探してください。

別の発展的な課題として、Feed コンポーネントにおいてフィードが存在しない場合
に別のメッセージを描画するようにしてみましょう。viewFeed は Maybe Feed を受け
取るので、Just [] のような入れ子のパターンマッチを使っても良いでしょう。

これで Elm をフル活用して、複数のモジュールを組み立てながら、ページがたくさ
んあるシングルページアプリケーションを構築できるようになりました。次の章では、
Elm アプリケーションにおけるパフォーマンスの計測や向上を通して、複雑なアプリ
ケーションを作り直していきましょう。

---

[5]　[訳注] やってもいいけど、「ほんとに必要？」って疑う心も大事やぎぃ …

アプリケーションを高速化する

　前章では Browser、Browser.Navigation、Url などのモジュールとコンポーネントを使ってシングルページアプリケーションを作成しました。これで様々な大きさ・様々な複雑度のアプリケーションを構築し、デプロイできるようになりました。続く本章ではパフォーマンスを扱います。Elm は高速なランタイムと仮想 DOM を謳ってはいますが、パフォーマンスの問題に直面することもあります。ただ勘違いしないでください。Elm は**間違いなく**高速です。パフォーマンスの問題が生じてしまうのは、必要以上に多くのことをするコードを書いた場合がほとんどです。

　本章では、実装方法によってパフォーマンスが歴然の差になるようなありがちな例をいくつか探っていきます。たとえば、リストの要素を何度も走査したり、実際には評価する必要がない式を先走って評価してしまったりすることで、コードが遅くなります。パフォーマンスの計測には elm-benchmark を使い、コードが遅くなっている原因を診断し、リストをより高速に操作するアルゴリズムや遅延デザインパターンによってパフォーマンスを改善します。アプリケーションのパフォーマンス評価には、ブラウザーのプロファイリングツールも使います。それからアプリケーションの一部を劇的に高速化できる Html.Lazy モジュールを使います。本章を読み終える頃には、自分でアプリケーションのパフォーマンス計測と高速化ができるようになります。

11.1　コードのベンチマークをとる

　まず最初に注意しておきます。パフォーマンスが実際に問題となるまではコードの最適化をしないでください。まずはコードが正しく動くことが重要です。アプリケーションが正しく機能する状態になり、パフォーマンスの問題が表出してきて初めて、パフォーマンスの診断と改善をするのです。最初から最適化をしようとするとコードは複雑になり、とても保守できるものではなくなってしまいます。加えて、高速に機能開発してアプリケーションをリリースすることもできなくなってしまいます。

　もちろんアプリケーション構築が終わった後で最適化しても、管理しにくい複雑なコードを招いてしまいがちです。ゆえに、これから紹介するベンチマークツールを用いて実際にパフォーマンスを計測して、コードを複雑にしてでもパフォーマンスを改善する必要があるのか決めるのです。

　では話をパフォーマンスの調査に戻します。本節ではまずリストの走査がパフォーマンスの問題を引き起こす事例を確認します。それから elm-benchmark パッケージを使って関数の処理時間を計測し、別の実装を与えることでパフォーマンスを改善します。

▶ Rescue Me を手伝う

　6 章「さらに大きなアプリケーションを作る」でのあなたの助けに対し、サラダイス社が大変あなたを高く評価しており、このたび Rescue Me というペットの保護活動を行っている NPO 法人に紹介してくれました。Rescue Me は彼らが使っているコードのパフォーマンスを改善したいそうです。何か隠れたパフォーマンス上の問題がないかモジュールを調査し始めたところ、dogNames という関数にぶち当たりました。

```
fast/fast-code/DogNames01.elm
dogNames : List Animal -> List String
dogNames animals =
    animals
        |> List.filter (\{ kind } -> kind == Dog)
        |> List.map .name
```

　この関数は Animal（動物）のリストを受け取り、そこから Dog（ワンちゃん）のみを抽出し、ワンちゃんの名前を返します。Animal 型は以下のように実装されています。

```
type Kind
    = Dog
    | Cat

type alias Animal =
    { name : String
    , kind : Kind
    }
```

　Animal 型は String 型の name（名前）と Kind 型の kind（種類）を持つレコードです。Kind 型は 2 つの値を持っており、Dog（ワンちゃん）と Cat（猫ちゃん）です[1]。

　dogNames の話に戻りましょう。この関数では、無名関数を指定した List.filter に animals リストを渡しています。この無名関数は kind フィールドを分割代入して取り出し、その値が Dog と等しいかどうか確認しています。それから、そのフィルター済みのリストを .name とともに List.map へと渡しています。

　ここで .name を List.map に渡していますが、これは構文として正しいものです。レコードを頭に付けずにいきなりドットとフィールド名を記述すると、それは**レコードアクセス関数**を作成したことになります。レコードアクセス関数というのは、与えられたフィールドを持つ任意のレコードを受け取って、そのフィールドの値を返すものです。今回の .name では、レコードから name フィールドの値を返します。

```
.name { name = "Tucker" }
-- returns "Tucker"
```

　List.map と組み合わせて使うと、.name などのレコードアクセス関数によって複数のレコードからそのフィールドの値を取り出すことができるのです。

　さて、あなたはパフォーマンスを向上するにあたってこの dogNames に目をつけました。関数というのは、リストを何度も走査するとそのぶん遅くなるものです。今回のケースでも dogNames がリストを 2 回走査しています。1 回目は List.filter で 2 回目は List.map です。もちろん、List.map はフィルタリングされて小さくなった後のリストを走査してはいます。でも走査回数を減らすことでさらなるパフォーマンス向上が望めることに変わりありません。

　ラッキーなことに、今回の用途にぴったりな関数がもともと List.filterMap[2] として用意されています。これはリストをフィルターした後マップするような処理を 1 回の走査で済ましてくれます。型注釈は以下の通りです。

```
(a -> Maybe b) -> List a -> List b
```

---

[1]　［訳注］ヤギさんも仲間に入れてほしいやぎぃ …
[2]　https://package.elm-lang.org/packages/elm/core/latest/List#filterMap

　まず Maybe 型を返す関数をリストの各要素に適用します。この関数で要素への処理を行い、残したいときだけ結果を Just で包むのです。逆に値を残さない場合はNothing を返してください。では、この filterMap を使って新しい dogNames を実装していきましょう。

　まずはプロジェクトを作成します。fast-code ディレクトリーを新規作成して、その中で Elm プロジェクトを初期化してください。

```
elm init
```

　src ディレクトリーに DogNames.elm というファイルを作成し、本書サポートページのコード code/fast/fast-code/DogNames.elm の中身をコピーしてください。その後 dogNames の下に dogNamesFilterMap 関数を新しく追加します。

fast/fast-code/DogNames02.elm

```
dogNamesFilterMap : List Animal -> List String
dogNamesFilterMap animals =
    animals
        |> List.filterMap
            (\{ name, kind } ->
                if kind == Dog then
                    Just name

                else
                    Nothing
            )
```

　ここでは animals をパイプライン演算子を使って、List.filterMap に無名関数とともに渡しています。この無名関数では、animals の各要素に対して name フィールドと kind フィールドを分割代入しています。さらに if-else 式で kind をチェックしています。もし値が Dog であれば name フィールドの値を Just で包んで返します。そうでなければ Nothing を返します。その結果、List.filterMap によって Just の場合は包まれた値が取り出され、Nothing の場合は除去され、最終的に犬の名前だけが入ったリストが生成されます。

▶ベンチマークを実行する

　新しい実装を書いても、それが本当に速くなっているか確認しなくては意味があり

ません。elm-benchmark [3] パッケージを使って両実装のベンチマークを計測してみましょう。まずは fast-code ディレクトリ内で elm-benchmark をインストールします。

```
elm install elm-explorations/benchmark
```

パッケージのインストールが完了したら、次のようにインポートしてください。

```
import Benchmark exposing (..)
import Benchmark.Runner exposing (BenchmarkProgram, program)
```

Benchmark モジュールからはすべてをインポートし、Benchmark.Runner モジュールからは BenchmarkProgram 型と program 関数をインポートしています。次は最初のベンチマークスイートを作成しましょう。dogNamesFilterMap の下に次のように追加してください。

```
suite : Benchmark
suite =
    describe "dog names" []
```

suite という定数を作成しています。型は Benchmark モジュールが提供している Benchmark 型になっています。実装としては、Benchmark モジュールが提供する describe 関数を使って Benchmark 型の値を作成しています。この describe 関数の引数には、文字列型の説明と、別の Benchmark 型の値をリストに包んでまとめたものが渡されます。この書き方は 9 章「Elm アプリケーションをテストする」で扱ったテストスイートによく似ています。

実際に describe 型の引数にベンチマークのリストを渡す前に、まずはサンプルの動物リストが必要です。suite 定数の上に追加してください。

```
benchmarkAnimals : List Animal
benchmarkAnimals =
    [ Animal "Tucker" Dog
    , Animal "Sally" Dog
    , Animal "Sassy" Cat
    , Animal "Turbo" Dog
    , Animal "Chloe" Cat
    ]
```

11
章

[3] https://package.elm-lang.org/packages/elm-explorations/benchmark/latest/

リストには 5 つの動物が含まれています。3 つはワンちゃんで、2 つは猫ちゃんです。これでサンプルリストができたので、実際に suite のリストにいくつかベンチマークを追加しましょう。

```
describe "dog names"
    [ benchmark "filter and map" <|
        \_ -> dogNames benchmarkAnimals
    , benchmark "filterMap" <|
        \_ -> dogNamesFilterMap benchmarkAnimals
    ]
```

ここで使っている benchmark 関数はテストスイートの test 関数によく似ています。ベンチマークに関して説明する文字列型の引数と、無名関数を引数にとっています。無名関数の内部では、実際に計測するコードを実行します。elm-benchmark パッケージはこの無名関数を使って、一定期間内に複数回コードを実行してそのコードのパフォーマンスを計測します。実際に何回実行するかはこの後説明する計算によって決まります。今回のケースでは 2 つのベンチマークを作成しており、1 つが dogNames、もう 1 つが dogNamesFilterMap です。

さて、ベンチマークはブラウザー上で実行されるため、Elm のプログラムが必要です。そしてありがたいことに Benchmark.Runner モジュールが program という関数を提供しており、これを使うことで The Elm Architecture にベンチマークを渡すことができます。

```
main : BenchmarkProgram
main =
    program suite
```

main には program を通して suite を渡しています。program が返す BenchmarkProgram 型は、Elm の Program 型への型エイリアスとなっており、内部で使われている初期 Model や Msg 型を隠蔽しています。

ここでは手動で DogNames.elm をコンパイルするのではなく、便利な elm-live[4] パッケージを使いましょう。elm-live パッケージは開発サーバーを起動し、Elm ファイルに変更があるたびに自動で再コンパイルしてブラウザーをリロードしてくれます。ちょうど create-elm-app からアプリケーションの生成機能を抜いたようなものです。では、npm を使って elm-live をインストールしてください。

---

[4] https://github.com/wking-io/elm-live

```
npm install -g elm-live
```

次に開発サーバーを起動します。

```
elm-live src/DogNames.elm --open
```

このコマンドによって、ファイルがコンパイルされてブラウザーに新しいタブが開かれます。ブラウザー上では以下のスクリーンショットのような画面が表示されているはずです。

このプログラムは各ベンチマークについてその状況を伝えるメッセージを表示してくれています。1つ目のメッセージは "Warming JIT"（「JIT の暖機運転中」）と言っています。この JIT とは何でしょうか。最近のブラウザーに搭載された JavaScript エンジンには JIT（just-in-time：ジャストインタイム）コンパイラーが使われています。一般的には、JavaScript エンジンは JavaScript のコードをインタープリターで評価していくのですが、コード中の特定部位が何度も実行されていることが検知された場合には、そのコードを機械語にコンパイルしてパフォーマンスの向上を図るのです。コンパイルにはもちろん時間を使いますから、JavaScript エンジンはコンパイルするメリットがそのコストに見合うことを確認するまではコンパイルしません。これが「ジャストインタイム」の意味なのです。

さて、elm-benchmark は指定されたコードを複数回実行しますから、JIT によるコンパイルが発生して計測結果が歪む可能性があります。JavaScript エンジンによって、一部の実行がインタープリターによってなされ、残りの実行ではコンパイルされたコードを走らす可能性があるのです。普通はコンパイルされたコードの実行の方が速くなります。それで、elm-benchmark は実際の計測の前に何度か計測コードを実行し、JIT コンパイルがなされるように強制するのです。

さらに実際の計測を始める前に、elm-benchmark は短めの時間コードを繰り返し実

行し、その時間内に何度実行できるかを計測します。このステップに入ると各ベンチマークのところに "Finding sample size"（「サンプルサイズを見つけています」）と表示されるようになります。

　これが終わると、最後に elm-benchmark は実際の計測を開始します。先ほど短い時間内に行った計測回数を何セットか行い、その結果から秒間に実行できる回数の概算値を出します。この間、青色のバーによってベンチマークの進捗が示されます。

　elm-benchmark の計測が終了すると、各ベンチマークの結果が以下のように表示されます。

　それぞれのベンチマーク結果のカードには、"runs / second"（秒間実行数）の予測値と、"goodness of fit"（適合度）の計測値が表示されています。秒間実行数は多ければ多いほど良いと言えます。適合度の方は elm-benchmark がその秒間実行数にどの程度の自信を持っているかを示します。この数字はできる限り 100% に近づいたほうが良く、少なくとも 95% を超えるべきです。もしも 95% 未満になってしまったら、計測に影響を与えそうなプログラムを終了してから再度計測してください。

　私の計測結果によれば、dogNamesFilterMap のパフォーマンス（2,376,242 回 / 秒）は dogNames のパフォーマンス（2,088,998 回 / 秒）を上回っています。この結果は特に使っているブラウザーやコンピューターによって大きく異なります。私の場合は MacBook Pro 上で Chrome 70.0.3538.102 を使ってこの結果を得ました。もしも私の結果と近いものを得たければ、Chrome を使って計測してください。たとえば、Firefox の JavaScript

エンジンを使ったらもっと異なる結果が得られるはずです。

　これらの計測結果から分かるのは、dogNamesFilterMap の方が速そうだということです。でも**実際にどれくらい速いのか**をはっきり知りたいものです。それには Benchmark.compare 関数を使うことで計測できます。今回実施した 2 つのベンチマークを以下のように変更してください。

fast/fast-code/DogNames03.elm

```
describe "dog names"
    [ Benchmark.compare "implementations"
        "filter and map"
        (\_ -> dogNames benchmarkAnimals)
        "filterMap"
        (\_ -> dogNamesFilterMap benchmarkAnimals)
    ]
```

　Benchmark.compare は 5 つの引数をとります。まずベンチマーク全体に関する説明、次にそれぞれの実装に関する説明と無名関数を 1 つずつ渡します。ここで Benchmark が提供している compare にモジュール名を付けて Benchmark.compare としていることが気になったかもしれません。Benchmark からはすべてをインポートしているはずなので、本来は compare だけでいいはずです。これは、ビルトインの Basics.compare 関数を Elm が自動でインポートしているためです。モジュール名を頭に付けないと、コンパイラーにはどちらの関数なのか判断がつかないのです。

　ではファイルを保存してください。アプリケーションがリロードされて性能比較のベンチマークが走ります。その後、以下のような結果が表示されるはずです。

dog names			
implementations			
name	runs / second	% change	goodness of fit
filter and map	2,165,977	-	99.81%
filterMap	2,495,280	+15.2%	99.78%

　結果が 1 つのカードにまとめて表示され、パフォーマンスの差がパーセント表示で示されます。私の結果では dogNamesFilterMap は 15.2% 高速化されていると言っています。再度の確認ですが、この結果は環境によって異なります。

　お疲れ様でした。この結果から、新しい実装の方が優れた性能を発揮することが分かりました。ただ、実際に実装を新しいものに変更する前に、リストのサイズがこの

性能にどう影響を与えるか考慮する必要があります。その話に進む前に、まず手元の
コードが本書サポートページの code/fast/fast-code/DogNames03.elm と一致して
いることを確認してください。

11.2 サイズが大きいリストを走査する

関数の性能を微調整する際に必ず気をつけないといけないのが、複数の入力でテス
トすることです。特に実際の運用時にありえそうな入力を使う必要があります。たっ
た1つの入力を試したからと言って、それで「この実装がいい」と決定してしまうと、
実際の入力ではパフォーマンスが悪化する可能性もあるのです。今回のワンちゃんの
名前を使った例でも、動物リストのサイズが大きいときにも dogNamesFilterMap が
うまく性能を発揮できることを確認する必要があります。

本節では、"dog names" のコードにいろんなサイズのリストを渡してベンチマークを
とります。また、リストのデータ構造について学び、アルゴリズムの実行時間を **Big-O
記法**を用いて記述します。さらに再帰について知り、リストの畳み込み演算を使って
より速い dogNames を実装します。

▶リストのデータ構造を知る

1章「Elmをはじめよう」ではリストを鎖にたとえて説明しました。リストの各要素
は次の要素に「リンク」されています。リストというのは実際には2種類のノード **cons
セル**と **nil** からなる木構造です（"elm" という単語はニレの木のことですが、このニレ
の木とは関係ありませんよ！）。cons セルも nil も何のこっちゃわからないので、詳し
く説明していきます。

歴史的には、"cons" というのは "construct"（構築する）を略したものです。"cons" は
2つの値を持つノードを構築します。リストにおいては、cons セルはそのリストの要
素1つおよび、次の cons セルへの参照か nil を持っています。nil というのは空のノー
ドです。nil は値を持たず、リストの終端であることを示しています。たとえば [1,
2] というリストは下図のように表現できます。

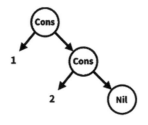

　List.map や List.filter などの関数は各 cons セルの子ノードへの参照を追いかけ
ていき、それによってリスト全体を走査します。そして最終的に nil に到達したところ
で走査を終了します。さて、これらの List 用関数はリスト全体を走査するので、処
理速度はリストのサイズに依存します。リストが長ければ長いほど走査に時間がかか
るわけです。ゆえに、関数の処理速度は入力サイズを用いて表現することができます。
そのためによくプログラマーが使うのが、Big-O 記法による表現です。

　Big-O 記法は、ある関数の最悪の場合の実行時間が入力サイズの増加とともにどの
ように増加するかを示すものです。たとえば多くの List 関数は O(n) です。この n は
入力サイズに比例して実行時間が伸びることを意味しています。1 つのノードを参照
するのに 1 マイクロ秒かかるとしたら、n 個のノードを参照するのに n マイクロ秒か
かるということです。

　dogNames 関数と dogNamesFilterMap 関数の場合はどちらも O(n) です。でも、
dogNames の方はリストを 2 回走査しているのだから O(2n) になるはずだと思いませ
んか？　実は Big-O 記法では入力サイズに依存しない定数は除去するのです。そのため、
2 がなくなっています。Big-O 記法は本来、関数の実行時間が入力サイズに応じて関数
実行時間がどう伸びるかを近似するために使われます。とはいえ、2 つの関数の性能
差を考察するのに便利なので、ここではそういった用途で少し使っていきます。

▶ リストのサイズを大きくする

　では、より大きなサイズのリストを用いて、dogNamesFilterMap の性能の方が優れ
ていることを検証しましょう。benchmarkAnimals リストを以下のように書き換えて
ください。

```
fast/fast-code/DogNames04.elm
```
```
[ Animal "Tucker" Dog
, Animal "Sally" Dog
, Animal "Sassy" Cat
, Animal "Turbo" Dog
, Animal "Chloe" Cat
]
    |> List.repeat 2
    |> List.concat
```

　ここではリストを List.repeat にパイプライン演算子で渡しています。この List.
repeat は受け取った要素を特定の回数繰り返す新しいリストを作成するものです。例
として、REPL で "Hello" を 3 回繰り返してみましょう。

```
> List.repeat 3 "Hello"
["Hello","Hello","Hello"] : List String
```

　benchmarkAnimals リストでは全体のリストを 2 回繰り返すことで 2 つのリストを持つリストを作成しています。これをもう少しシンプルにした以下の例を REPL で実行してみると理解しやすいでしょう。

```
> List.repeat 2 ["Hi", "Hello"]
[["Hi","Hello"],["Hi","Hello"]] : List (List String)
```

　この例ではリスト ["Hi", "Hello"] を新しいリスト内で 2 回繰り返しています。ただ今回ほしいのは動物のリストです。動物のリストを要素に持つリストではありません。これをうまくやるために、benchmarkAnimals では結果を List.concat にパイプライン演算子で渡しています。List.concat はリストのリストを平滑化して、内部のリストから取り出した要素を持つリストを作成するものです。挙動を理解するために、先ほど REPL で試した例に List.concat を適用してみましょう。

```
> List.repeat 2 ["Hi", "Hello"] |> List.concat
["Hi","Hello","Hi","Hello"] : List String
```

　この例では文字列型の要素を 4 つ持つリストを生成しています。benchmarkAnimals リストも同じ手法で 10 個の動物を含むリストを作成しています。

　では、elm-live が起動したままの状態で変更を保存して、ブラウザー上で新しいベンチマーク結果を確認してみましょう。前回の結果と変わっているはずです。dogNamesFilterMap に変更することで得られる性能向上率が落ちているのではないでしょうか。私が測定した結果では、もともと 15.2% 向上していた性能が、たった 8% に落ちてしまっています。

　この結果を信じると、新実装による性能向上の効果が怪しくなってきました。試しにリストのサイズをさらに大きくしてみましょう。リストを 3 回繰り返して 15 個の動物を含むリストにしてみます。その状態で保存して結果を見てみてください。すると dogNamesFilterMap の性能向上率はかなり小さくなります。私の結果では 2〜4% 程度しか性能が向上しませんでした。手元の結果はもっと悪化しているかもしれません。

　今度は 5 回繰り返すようにして保存してみます。ブラウザーをリロードして何度か

ベンチマークを計測し直してみてください。結果としては、ほとんど有意な性能向上は得られないはずです。私の環境では新実装に変えても性能が1%向上するかむしろ悪化するかでした。さらにリストサイズを大きくしてみましょう。ほとんどの場合、新実装の方が少し性能が劣っているはずです。最高でも、せいぜい旧実装に匹敵するくらいの性能しか出ません。

　おそらく、これは Just を作成したり剥がしたりするオーバーヘッドが、大きなリストにおいて無視できない影響を与えているからだと思います。Elm がコンパイルした JavaScript では、値が Just であることを JavaScript のオブジェクトで表現しています。そのため、Just が出てくるごとに JavaScript エンジンは新しいオブジェクトを構築する必要があるのです。対して旧実装ではこういった過渡的なオブジェクトは必要ありません。また、JavaScript のガベージコレクターがもしかしたら、新実装でリストを走査している最中に古い Just オブジェクトを削除してしまっているかもしれません。これもパフォーマンス悪化を引き起こす可能性があります[5]。

　Rescue Me はアメリカ全土の保護動物を管理していますから、動物のリストは大きくなることを覚悟しなくてはなりません。そのため、大きなリストを一度だけ走査しながらも、オブジェクトを作成するようなオーバーヘッドを避けられる実装が必要です。次はその方法を探っていきましょう。次に進む前に、手元のコードが本書サポートページのコード code/fast/fast-code/DogName05.elm と一致することを確認しておいてください。

▶リストをパタパタ畳み込む

　List モジュールには、リストを別の値に変換するために使える List.foldl という便利な関数があります。foldl という名前は "fold left"、つまり左側から畳んでいくという意味です。開発者の間では、"fold" の代わりに "reduce" という英語を使うこともあります。基本的にはこの foldl を使うと、リストをパタパタと畳み込んでいって別の型の値に変換できます。たとえば、foldl を使うことで sum 関数を自分で実装することができます。

---

[5]　[訳注] 訳者は JavaScript のガベージコレクションについて詳しくないですが、ここで述べられているのはガベージコレクターの挙動ではなく、キャッシュリプレースメントの話と理解する方がしっくりきます。一般的にガベージコレクターはそのオブジェクトが参照されていない場合などに「使われていない」としてメモリ上から解放する機能です。リストからその要素への参照があるのにもかかわらず、ガベージコレクターによってそのデータが解放されることは考えにくいです。一方でプロセッサーにはメインメモリよりもずっと小規模な記憶領域であるキャッシュが複数種類積まれています。メインメモリに都度アクセスする代わりに、データのコピーを保持して高速なアクセスを可能にするものです。このキャッシュは容量が小さいため、どのデータがまた近いうちに使われるかを予測して選別する必要があります。この処理をキャッシュリプレースメントと呼びます。今回のケースでは、リスト走査中に Just オブジェクトがキャッシュから追放されてしまい、再度参照される際にメインメモリまでデータを取得する必要が生じて性能が劣化していると考える方が自然に思えます。

```
> sum list = List.foldl (\item accum -> accum + item) 0 list
<function> : List number -> number
> sum [1, 2, 3]
6 : number
```

　List.foldl は引数に**畳み込み**用の関数、初期値、リストをとります。そしてこの畳み込み用関数は、リスト中で現在注目している要素と、現状の畳み込み結果を引数として受け取ります。関数型プログラミングの文脈では、このような畳み込み結果の値のことを**累積値**（accumulated value）と呼ぶことが多いです。上記の例では引数が累積値であることを示すために、accum と省略した名前を引数名にしています。

　では実際に上記の例を詳しく見てみましょう。この例ではリスト内で現在注目している要素を累積値に加え、それを繰り返すことでリスト内のすべての数字を足しています。List.foldl はこの累積値の最初の値として、引数に与えられた初期値を使います。今回のケースでは累積値を 0 から始めています。畳み込み用関数が値を返すごとに、その結果が新しい累積値として採用されます。これを繰り返してリストの終端にたどり着いたところで、最終的な累積値を List.foldl の結果として返します。

　この List.foldl を使うことで、リストを一度だけ走査して filterMap のようなことをする関数を自分で実装できます。dogNamesFilterMap の下に新しく dogNamesFoldl を追加してみましょう。

fast/fast-code/DogNames06.elm

```
dogNamesFoldl : List Animal -> List String
dogNamesFoldl animals =
    animals
        |> List.foldl
            (\{ name, kind } accum ->
                if kind == Dog then
                    accum ++ [ name ]

                else
                    accum
            )
            []
```

　ここではまず animals を List.foldl に渡しています。List.foldl には畳み込み用関数と空のリストがあらかじめ渡されています。この空リストはスタート時の累積値として使われます。畳み込み用関数の内部では、動物の kind（種別）を確認しています。もしも種別が Dog（ワンちゃん）なら、累積値として渡されたリストの最後に ++ 演算子でその名前を追加します。それ以外の種類であれば、現在の累積値であるリス

トをそのまま返すことでその動物が結果に含まれないようにします。こうして List.foldl の処理を続けると、結果としてワンちゃんの名前だけが含まれるリストが返り値として得られます。

では、この畳み込みを使った新しい実装と最初の実装を比較するベンチマークをとってみましょう。ベンチマークスイートを書き換えて、filterMap 用の説明と無名関数を以下の内容に置き換えてください。

```
"foldl"
(\_ -> dogNamesFoldl benchmarkAnimals)
```

またこの際、benchmarkAnimals リストを 5 回繰り返すようにしてください。つまり合計で 20 個の動物が含まれるリストになります。この状態でファイルを保存して結果を見てみましょう。すると少し性能が向上していることが分かるはずです。私の環境では 11% の性能向上が得られました。これは一見良さそうですが、念のためもう少し確認してみます。リストを 6 回繰り返して 30 個の動物を含むリストを渡してみましょう。結果は性能向上率が落ちるか、むしろ foldl を使った実装の方が性能が悪化するはずです……

何ということをしてくれたのでしょう。ではリストの繰り返しを一気に 10 回に引き上げてみましょう。これでリストに含まれる動物は 50 個です。この状態でベンチマークをとると、畳み込みを使った実装の性能は確実に悪くなるはずです。私の場合は 20% 性能が落ちました。この原因は何でしょうか？ それを探る前に、手元のコードが本書サポートページのコード code/fast/fast-code/DogNames06.elm と一致することを確認しておいてください。

▶先頭に追加してひっくり返す

さっきの結果にはがっかりだよ。リストの走査も 1 回のはずだし、Just オブジェクトのオーバーヘッドもないはずなのにどうしてなんだよぉおお。ここには、なかなか捉えがたい問題が潜んでいます。何と、この実装では実際にはリストを何度も走査しているのです。それを知るために畳み込み用関数で使っていたリストの結合方法に注目してください。

```
accum ++ [ name ]
```

リストを結合するには、左側のリストを走査して最後の nil を見つけ、その nil を右側のリストへの参照に置き換える必要があるのです。ここの結合処理のせいで、もともと

とのリストの要素を 1 つずつたどる際に、累積値として与えられたリストをその都度
走査することになってしまいます。累積値のリストは簡単に肥大化しますから、走査
時間もそれにつれてどんどん長くなるのです。結果としてこの実装はだいたい O(n^2)
になります。実行時間が入力値に対して **2 次関数的に**ぐいぐい増加するのです。既存
の O(n) の実装なら入力値に対して線形にしか増えないので、入力値のサイズが大きく
なると今回の実装の方が処理に時間がかかってしまいます。

　この問題を解決するには cons 演算子 :: が使えます。以前もリストの頭に要素を追加
するために使いました。実は :: 演算子はリストの cons セルを新しく作成します。左
オペランドに指定した値を内部の値として保持し、右オペランドのリストへの参照を
子ノードとして持つ cons セルは、結果として結合後の新しいリストになっているの
です。さて、cons セルを作成するのはリストサイズに依存せず一定の時間で可能です。
これは Big-O 記法では O(1) と表記します。ゆえに、畳み込み用関数内でこれを使うと
都度の余分な走査をせずに入力値のリスト全体を走査することができます。その結果、
全体の計算時間が O(n) になります。

　しかし困ったことに、:: はリストの**前に**要素を追加するものです。その結果でき
あがるリストは逆向きに要素を持ってしまいます。これを元に戻すためには List.
reverse が使えます。これは名前の通りリストを reverse、つまり反転させるものです。
dogNamesFoldl をコピーして dogNamesFoldlReverse 関数を作成し、:: と List.
reverse を使うようにしてください。

---

fast/fast-code/DogNames07.elm

```elm
dogNamesFoldlReverse : List Animal -> List String
dogNamesFoldlReverse animals =
    animals
        |> List.foldl
            (\{ name, kind } accum ->
                if kind == Dog then
                    name :: accum

                else
                    accum
            )
            []
        |> List.reverse
```

　ベンチマークスイートを変更し、dogNamesFoldl 用の説明と無名関数を次のものに
置き換えてください。

```
"foldl with :: and reverse"
(\_ -> dogNamesFoldlReverse benchmarkAnimals)
```

　この状態でファイルを保存して結果を見てみましょう。結果はかなり改善されているはずです。私の環境では40%の性能改善が示されました。でもちょっと待ってください。List.reverse を使ったことでリストをもう一度走査していることになりますよね？ もともと使っていた dogNames の実装だって2回走査しています。そこから考えたらこの2つの実装はどちらも同じような性能になるはずです。

　実は、この2つの実装に差が出たのは、Elm による List.map と List.filter の実装方法に起因します。Elm ではこれらの実装に List.foldr という関数を使っています。これは List.foldl のように動くのですが、リストを逆向き（右から左）に走査します。

　Elm は List.foldl と List.foldr を**再帰**関数として実装しています。再帰関数というのは結果を計算する過程で自分自身を内部で呼び出す関数のことです。たとえば、リストの総和を求める sum 関数を次のように再帰関数として定義することができます。

```
sum : List number -> number
sum numbers =
    case numbers of
        [] ->
            0

        x :: xs ->
            x + sum xs
```

　ここではリストに対してパターンマッチをして処理を分けています。1つ目の分岐については後で説明します。case 式の2つ目の分岐では :: を使っています。:: 演算子によってリストの先頭に要素を追加できるように、逆に :: を使って分割代入で先頭の要素と残りのリストを取り出すことができるのです。今回のケースでは、リストの最初の要素に x という名前を付け、残りのリストに xs という名前を付けています。

　この分岐では、sum に残りのリストを渡して再帰的に呼び出しています。そしてその結果に対して x を足しています。この再帰的に呼び出された sum の内部でもさらに sum が呼ばれ、最終的に sum には空リストが渡されます。このときに使われるのが、case 式の1つ目の分岐です。いかなる再帰関数も、このような**終了条件**と呼ばれる終着地点がなくてはなりません。sum 関数の終了条件は空リストで、0を返しています。この終了条件に到達して初めて、sum は実際に数字を足し始めることができるのです。たとえば、sum に [1, 2, 3] を渡した際には、再帰呼び出しが以下のように実行されます。

11章

```
sum [1, 2, 3]
1 + sum [2, 3]
1 + 2 + sum [3]
1 + 2 + 3 + sum []
1 + 2 + 3 + 0
1 + 2 + 3
1 + 5
6
```

　これはよくできたエレガントな実装なのですが、1つ問題があります。再帰呼び出し1回ごとに新しい**スタックフレーム**が**コールスタック**に追加されるのです。JavaScriptはスタックフレームを使って関数の呼び出しを記録していきます。これは JavaScript に変換される Elm でも同じことです。スタックフレームは呼び出された関数の記録をその引数と一緒に保存します。コールスタックにはこのスタックフレームが関数呼び出しの順番に格納されていきます。そして、各スタックフレームはいくらかメモリ消費をするため少しのオーバーヘッドを伴います。入力リストが大きくなるにつれて、コールスタックに格納されるスタックフレームも増え、結果としてオーバーヘッドが大きくなっていくのです。

　List.foldr は再帰関数なので、同じようにリストの要素ごとにスタックフレームがコーススタックに追加されていきます。しかし List.foldl 関数の方は何と、各再帰に際してスタックフレームを追加**しない**のです。これが dogNamesFoldlReverse 関数の性能がいい理由です。

　List.foldl がスタックフレームを追加していかないのは、この関数が**末尾再帰**関数だからです。末尾再帰関数かどうかは、その関数における最後の式で決まります。最後の式が再帰呼び出しだけになっているか、または 0 や "hello world" のような値になっている場合に末尾再帰関数であると言えます。

　一方で先ほどの sum 関数は末尾再帰ではありません。これは case 式の 2 番目の分岐における最後の式が足し算になっているからです。

```
x + sum xs
```

　この足し算は再帰呼び出しが実際に値を返すまで実行することができません。それゆえに、スタックフレームを追加しなくてはならないのです。これと以下の sum 実装を対比してみましょう。

```
sum numbers =
    let
        sumHelp numbers_ accum =
            case numbers_ of
```

```
            [] ->
                accum

            x :: xs ->
                sumHelp xs (accum + x)
    in
    sumHelp numbers 0
```

　ここでは sumHelp というローカルな補助関数を作成しています。これは数字のリストと、もう 1 つ accum という引数をとります。これは accumulated（累積値）を省略した命名です。この accum という引数は、これまでの足し算の結果を保持しておくためのものです。sumHelp の実装でも、まず数字のリストに対するパターンマッチをしています。1 つ目の分岐は置いておいて 2 つ目の分岐を見てみましょう。リストの最初の要素を :: を使ったパターンマッチで取り出しています。それからそのまま sumHelp を再帰呼び出ししています。その際に、第 1 引数には残りの数字のリスト xs を渡し、第 2 引数には accum と x を足したものを渡しています。

　このようにして、累積値への足し算を引数に持ってくることで、この分岐における最後の式を足し算ではなく、再帰呼び出しそのものに変更することができました。最後の式が再帰呼び出しそのものである場合、Elm はこれを検知して**末尾再帰最適化**（**TCO**）を行います。これが行われると新しいスタックフレームが追加されなくなります。sumHelp の結果が再帰呼び出しの結果と同じであることを Elm が理解し、現在のスタックフレームを再帰呼び出し用の新しいスタックフレームで置き換えるようになるからです。実際には Elm のコンパイラーが末尾再帰関数の実装をいい感じに JavaScript の while ループで置き換え、その結果としてスタックフレームが追加されなくなります。このような処理を行い、最終的に終了条件に到達したところで最終的な累積値を結果として返します。

　こうしたスタックフレーム追加に伴うオーバーヘッドの除去により、List.foldl を使った dogNames の実装は、List.foldr に依存した map と filter を使った実装と比べて性能が向上しているのです。

　では、この新しい実装がより大きなリストに対しても性能的に有利であることを確認しましょう。リストを 50 回繰り返して 250 個の動物を含むリストを作成してください。この状態でベンチマークをとっても、パフォーマンス向上率は依然高いままになっているはずです。もっと大きなリストでも試してみてください。

　さらにこの実装が小さなリストにも有用であることを確認してみましょう。List.repeat を 1 にしてリストが 5 個だけ動物を含むように変更します。この状態でも新しい実装は最初の実装よりも良い性能を示すはずです。

　お疲れ様でした。これで飛躍的に性能を向上させつつも、保守性を維持した新しい実装を書くことができました。そしてさらに重要なこととして、リストのデータ構造を

理解し、性能向上のためにより効率的なリストの走査ができるようになりました。ただし、時期尚早な最適化はせず、まずは正しく機能するコードを書くことに集中してください。そのうえで必要になったときに初めて、性能の向上を図るのです。

11.3　遅延評価を活用する

もしもあなたが「仕事を先延ばしにしても評価されたらいいのになぁ」と思ったことがあるなら、本節はぴったりです。ここでは、仕事（計算）をすぐにこなす先行評価と後回しにする遅延評価という概念を知り、それぞれが性能にどのように影響するか学びます。それから elm-benchmark と遅延デザインパターンを使うことで、ある関数の性能を飛躍的に向上させます。その過程でサンクと Dict 型についても学びます。

さて、引き続き Rescue Me のコードを調べていると、芸ができるワンちゃんについて管理する新しい機能に当たりました。Rescue Me ではワンちゃんをレコード型で表現し、芸の種類をカスタム型で表現しています。

fast/fast-code/GetDog01.elm

```elm
type Trick -- 芸
    = Sit -- おすわり
    | RollOver -- ゴロン
    | Speak -- ほえろ
    | Fetch -- とってこい
    | Spin -- おまわり

type alias Dog =
    { name : String
    , tricks : List Trick
    }
```

この機能を調べていると、改善の余地がありそうな getDog という関数を見つけました。

```elm
getDog : Dict String Dog -> String -> List Trick -> ( Dog, Dict String Dog )
getDog dogs name tricks =
    let
        dog =
            Dict.get name dogs
                |> Maybe.withDefault (createDog name tricks)

        newDogs =
            Dict.insert name dog dogs
```

```
    in
    ( dog, newDogs )
```

　getDog 関数はワンちゃんの Dict（辞書）とワンちゃんの name（名前）を引数にとります。実装としては、まずこの名前から Dict 内に存在するワンちゃんを検索します。ワンちゃんを見つけられないときには、引数として受け取った tricks（芸）のリストを使って新しいワンちゃんデータを作成します。ここで使っている Dict[6] というのは Elm にもともと用意されている型で、Python における辞書、Ruby におけるハッシュ、ES2015（JavaScript）における Map によく似たものだと言えばイメージできると思います。つまり、キーと値の紐付けをするものです。今回のケースでは dogs という Dict が String 型の名前をキーにして、Dog 型の値に紐付けしています。

　getDog 関数の実装をもう少し詳しく見ていきましょう。まず Dict.get に name と dogs を渡すことで該当するワンちゃんデータを探しています。該当するワンちゃんデータは必ずしも存在するとは限らないので、その返り値は Maybe Dog になります。それからこの getDog の結果である Maybe な値をパイプライン演算子で Maybe.withDefault に渡しています。この Maybe.withDefault は引数にデフォルト値と Maybe な値をとります。Maybe な値が Just であればその中身を取り出して返し、そうでなければ引数に与えられたデフォルト値を返します。今回のケースにおけるデフォルト値は、createDog 補助関数を使って作成した新しいワンちゃんデータです。

　getDog ではその後、先ほどワンちゃんが見つかったらそのワンちゃん、見つかっていないなら新しく作ったワンちゃんを、Dict 型の dogs に対して Dict.insert を使って挿入しています。この新しい Dict には newDogs という名前を付けています。最後に、こうして見つけたか作成したかした dog と newDogs をタプルで包んで返します。更新した Dict を返すことで、次に同じワンちゃんを検索したときにはヒットするようになります。

　では次に createDog 補助関数を見てみます。

```
createDog : String -> List Trick -> Dog
createDog name tricks =
    Dog name (uniqueBy trickToString tricks)
```

　createDog 関数はワンちゃんの名前とできる芸のリストを受け取ります。実装では Dog コンストラクターを使って新しい Dog 型の値を作成しています。ただし、このコンストラクターに芸の一覧を渡す際には事前に uniqueBy 補助関数を呼んでいます。createDog の上にあるこの uniqueBy 関数をちょっと覗いてみましょう。

11
章

---

[6]　https://package.elm-lang.org/packages/elm/core/latest/Dict

```
uniqueBy : (a -> comparable) -> List a -> List a
uniqueBy toComparable list =
    List.foldr
        (\item ( existing, accum ) ->
            let
                comparableItem =
                    toComparable item
            in
            if Set.member comparableItem existing then
                ( existing, accum )

            else
                ( Set.insert comparableItem existing, item :: accum )
        )
        ( Set.empty, [] )
        list
        |> Tuple.second
```

　uniqueBy 関数は Set 型を一度経ることでリストに含まれる重複した要素を取り除いています。ここでやっている Set 型の操作はどちらも O(log(n)) で、uniqueBy は List.foldr を使ってリストの各要素に対して毎度この Set 型の操作を行っています。その結果、uniqueBy は O(nlog(n)) になります。

　getDog 関数は、該当するワンちゃんデータがあるかどうか確認する前に先行して必ずワンちゃんデータを新規作成しています。ゆえに、すでにワンちゃんデータが存在しているときも含めて毎度 uniqueBy が呼ばれてしまいます。このような無駄な処理がたくさんなされることで、性能が悪化しているのです。実際にはワンちゃんデータが存在しないときにだけ新規作成するコストを払うべきですから、そうなるように修正していきましょう。

▶遅延サンクを書く

　本書サポートページのコードから code/fast/fast-code/GetDog.elm を fast-code ディレクトリーにコピーして開いてください。このコードにはここまで見てきた getDog などの関数や型に加え、最初のベンチマークスイートも含まれます。では、新しい getDog 関数を実装して旧実装と比較するベンチマークをとってみましょう。

　新実装では、ワンちゃんデータの作成は必要になって初めてなされるようにしたいです。Elm の世界ではこういう処理を**遅延評価**と呼びます。英語ではこういった処理を "Lazy evaluation"（怠け者の処理）と呼びますが、これは何か仕事を後回しにするのは怠け者だと言われるからです。それと同じことをコードでやるのです。後で処理できるものは今処理させなくてもいいじゃないですか。では、デフォルト値を遅延評価するバージョンの withDefault を作成しましょう。getDog の下に次の関数を追加してください。

```
withDefaultLazy : (() -> a) -> Maybe a -> a
withDefaultLazy thunk maybe =
    case maybe of
        Just value ->
            value

        Nothing ->
            thunk ()
```

　2番目の引数はwithDefaultと同じくMaybeです。一方で1番目の引数は少し異なります。()を引数として受け取ってデフォルト値を返す関数になっています。関数プログラミングの文脈ではこういうものを**サンク**と呼びます。本来サンクというのは引数をとらずに値を返す関数のことです。これを使うことで処理を後回しにできます。Elmの関数は引数を必ずとる必要があるため、()を引数にとることでサンクの機能を実現しているのです。

　さてwithDefaultLazyの実装では、maybe引数にパターンマッチを使っています。この値がJustの場合は内部の値を取り出して返します。一方Nothingの場合はサンクに()を渡して呼び出すことで、デフォルト値を返します。

　では、このwithDefaultLazyを使ってgetDogを改良してみましょう。getDogをコピーしてwithDefaultLazyの下に貼り付けてください。そのコピーしてきた関数の名前をgetDogLazyに変えたうえで、Maybe.withDefaultをwithDefaultLazyで置き換えます。

```
|> withDefaultLazy (\() -> createDog name tricks)
```

　ここではcreateDogを呼び出すサンクを渡しています。このwithDefaultLazyによって、ワンちゃんデータが存在するときにはJustから取り出してそのデータを返し、存在しないときにはサンクを処理して新しいワンちゃんデータを作成するコストを払います。

　では、ファイルの下の方にあるdogExistsベンチマークでgetDogの実装による性能比較をしましょう。サンプルの芸リストとワンちゃんDictはそれぞれbenchmarkTricksとbenchmarkDogsという名前ですでに用意してあります。サンプルのワンちゃんDictにはすでに検索用のワンちゃんデータがぎっしり詰まっています。

```
dogExists : Benchmark
dogExists =
    describe "dog exists"
        [ Benchmark.compare "implementations"
```

```
            "eager creation"
            (\_ -> getDog benchmarkDogs "Tucker" benchmarkTricks)
            "lazy creation"
            (\_ -> getDogLazy benchmarkDogs "Tucker" benchmarkTricks)
        ]
```

この状態で elm-live を使ってベンチマークを走らせます。

```
elm-live src/GetDog.elm --open
```

すると以下のような結果が得られるはずです。

getDog / dog exists

implementations

name	runs / second	% change	goodness of fit
eager creation	699,960	-	99.56%
lazy creation	10,981,472	+1468.87%	99.77%

　この数字には思わず笑っちゃいました。新実装のほうが 1400% 以上も改善されているというのです。遅延させることの良さが出ましたね！ uniqueBy のような重い処理の関数は走らせないに越したことはないのです。もちろん、このように性能が良くなるのはワンちゃんデータがすでに存在しているときだけです。存在しない場合はワンちゃんデータ作成のコストがかかるため、旧実装と似たような性能になります。

▶ もっといろいろ遅延させたりシンプルにしたり

　今回の新実装はこれだけでも驚くほど性能が向上しましたが、まだ改善の余地はあります。今はワンちゃんデータを見つけたときでも作成したときでも、常に Dict にそのデータを挿入しています。でも実際には作成したときだけワンちゃんデータを追加すれば良いはずです。Dict への挿入は $O(\log(n))$ なので実際にはそんなに重くないですが、いずれにせよワンちゃんデータが存在している場合には必要のない処理です。
　では新しい実装として、Dict.insert を withDefaultLazy の呼び出し部に移動しましょう。getDogLazy の下に新しい関数 getDogLazyInsertion を追加してください。

```
fast/fast-code/GetDog02.elm
```

```
getDogLazyInsertion :
    Dict String Dog
    -> String
    -> List Trick
    -> ( Dog, Dict String Dog )
getDogLazyInsertion dogs name tricks =
    Dict.get name dogs
        |> Maybe.map (\dog -> ( dog, dogs ))
        |> withDefaultLazy
            (\() ->
                let
                    dog =
                        createDog name tricks
                in
                ( dog, Dict.insert name dog dogs )
            )
```

　ここでは、Dict.get を使ってすでにワンちゃんデータが存在するか確認した結果を、パイプライン演算子で Maybe.map に渡しています。この Maybe.map というのは Maybe 内部の値を変換するのに使うものでした。今回のケースではワンちゃんデータが見つかった場合に、タプルで包んで現在のワンちゃん Dict と一緒にして返しています。さらにその結果を withDefaultLazy にパイプライン演算子で渡しています。この withDefaultLazy に渡しているサンクでは、ワンちゃんデータを作成し、それを Dict に挿入し、最後にそのワンちゃんデータと新しい Dict をタプルで包んで返しています。こうすることで、ワンちゃんが存在するときには余計な処理が減ります。その場合には withDefaultLazy が、パイプライン演算子で Maybe.map から渡されてきた dog と元々の Dict のタプルを Just から取り出すだけだからです。

　では、ベンチマークを変更して先ほどの withDefaultLazy 実装と今回の新実装を比較してみましょう。

```
"lazy creation"
(\_ -> getDogLazy benchmarkDogs "Tucker" benchmarkTricks)
"lazy creation and insertion"
(\_ -> getDogLazyInsertion benchmarkDogs "Tucker" benchmarkTricks)
```

　結果を見ると少し性能が向上しているはずです。私の環境では 25% 程度の性能向上が得られました。必要になるまで Dict の更新を遅延させることで利益が得られたのです。もちろんこれで「めでたしめでたし」としても良いのですが、コードの複雑性の観点からもこの新実装を評価してみましょう。新実装ではオリジナルの withDefaultLazy 関数を使い、見つかったワンちゃんをタプルに変換しています。このようなコードは

Rescue Me の開発チームが初めて見たときに混乱を生むかもしれません。この最適化による性能向上が、コードを複雑化することを受け入れるに値するか決める必要があります。

　さて、理想的にはコードを複雑化させないで性能向上させたいものです。そして、何とここではそれが可能です。オリジナルの補助関数を作ってサンクを引き回す代わりに、case 式を使ってシンプルに書けるのです。getDogLazyInsertion の下に getDogCaseExpression 関数を追加してください。

```
getDogCaseExpression :
    Dict String Dog
    -> String
    -> List Trick
    -> ( Dog, Dict String Dog )
getDogCaseExpression dogs name tricks =
    case Dict.get name dogs of
        Just dog ->
            ( dog, dogs )

        Nothing ->
            let
                dog =
                    createDog name tricks

                newDogs =
                    Dict.insert name dog dogs
            in
            ( dog, newDogs )
```

　ここではパターンマッチを使ってワンちゃんデータが存在するかどうか確認しています。Just の場合には見つかったワンちゃんデータを取り出して現在の Dict と一緒にタプルで返します。見つからない場合はワンちゃんデータを作成し、Dict に挿入した後、その作成したワンちゃんと新しい Dict をタプルに包んで返します。ありがたいことに case 式はパターンがマッチした分岐のみ評価されますから、分岐は遅延評価されるのです。では、先ほどの最終的な実装である getDogLazyInsertion と、case 式を使ったこの実装を比較してみましょう。

```
"lazy creation and insertion"
(\_ -> getDogLazyInsertion benchmarkDogs "Tucker" benchmarkTricks)
"case expression"
(\_ -> getDogCaseExpression benchmarkDogs "Tucker" benchmarkTricks)
```

　驚くべきことに、case 式による実装は、withDefaultLazy を使った実装の改良版よりもさらに性能が向上しています。私の環境では 104% の性能向上が得られました。この理由の1つは、Elm が JavaScript にコンパイルする際に、パターンマッチ

を if と switch 文を使った高速な実装に変換しているからです。もう 1 つの理由は、
withDefaultLazy を使った実装では無名関数を作成したり呼び出したりするオーバー
ヘッドが無視できないからです。ということで、高速**かつ**可読性が高いコードを作成
することができました。Rescue Me もあなたの仕事ぶりを大変高く評価してくれてい
ます。今度は彼らのメインのアプリケーションにおける性能の問題を調査してほしい
と頼まれました。

11.4 アプリケーションに遅延デザインパターンを取り入れる

ここまで見てきたように、関数の実装をうまく調整することでアプリケーションの
性能を大きく向上させることができます。たとえばアプリケーションが大きなリスト
を扱っているのであれば、できる限りリストを効率的に走査したり重い計算を避けた
りした方が賢明です。しかし、実装を調整するだけでは限界があります。それ以外に
もビュー層にパフォーマンス改善の余地があるのです。

本節では、Rescue Me のアプリケーションにおけるビュー層の性能問題を扱います。
このアプリケーションでは一度に数千もの保護動物を表示する必要があり、いくつか
の範囲で表示が遅くなってしまっています。もちろん、抜本的な改善方法として UI 自
体を考え直すことを Rescue Me も承知してはいます。ただ、今は来週に控えた初期リ
リースに何とか間に合わせるため、すぐにできる対処が必要なのです。そこで、まず
はブラウザーのプロファイリングツールを使ってアプリケーションのパフォーマンス
を計測します。それから Html.Lazy モジュールを使って、遅延デザインパターンによ
るアプリケーションの高速化を行います。

▶アプリケーションを手に入れる

実際に Rescue Me の現状のアプリケーションを直接触ってパフォーマンスの問
題を確認してみます。今まで使っていた fast-code ディレクトリーの外に fast-
application ディレクトリーを新規作成してください。本書サポートページのコード
から code/fast/fast-application ディレクトリーの中身をこの fast-application
ディレクトリーにコピーします。その後 fast-application ディレクトリー内で npm
install を実行して依存のインストールを済ませてください。

ここでは開発サーバーを立ち上げるのではなく、実際の本番環境で動かすアプリ
ケーションを走らせます。本番版ではコンパイル後のコードをミニファイして最適化
しています。このように本番版と開発版はブラウザーで実行されるコードが異なるた
め、本番版を使うことで本番環境を想定したパフォーマンス計測が可能になるのです。
では、実際に本番版のアプリケーションをビルドしてローカルにサーバーを立ち上げ

ましょう[7]。

```
npm run build
npm run build:serve
```

このコマンドの結果、ブラウザーに新しいタブが開かれます。そこには以下のスクリーンショットのような画面が表示されるはずです。

Rescue Me

Search Names: [_____]
Filter By Type: [All ▼]
Filter By Breed: [All ▼]
Filter By Sex: [All ▼]

Type	Name ▲	Breed	Sex	
Dog	Abby	Seppala Siberian Sleddog	Female	Edit
Cat	Abby	Japanese Bobtail	Female	Edit
Dog	Ace	Harrier	Male	Edit
Dog	Allie	Fila Brasileiro	Female	Edit

このアプリケーションではアメリカ全土に渡って保護動物データの管理を行います。具体的には、検索、フィルタリング、ソート、編集が可能です。現状ではダミーとして300程度の動物リストを読み込んでいますが、Rescue Me によると動物リストが4,000要素を持つようになるとアプリケーションの挙動が遅くなるそうです。

ではそれを実際に確かめてみましょう。src ディレクトリーの Main.elm を開いてください。ファイルの上部にある url 定数に /large というパスを追加します。

---

[7]　［訳注］訳者が試したところ、npm run build:serve を実行しようとしたところで ERROR: Unknown or unexpected option: -o と表示されてしまい、アプリケーションを立ち上げることができませんでした。npm run build:serve の実態は package.json で定義している serve -o build です。そして、ここで使われている serve (https://github.com/vercel/serve#readme) コマンドは7章「強力なツールを使って開発やデバッグ、デプロイをする」の「Picshare をデプロイする」のところで npm install -g serve によってインストールされたものです。そもそも7章でこれを実行していない方は serve が存在しないため別のエラーで起動に失敗するはずです。訳者の場合はここでインストールした serve のバージョンが、-o オプションの廃止された 11.3.2 だったため前述のエラーに遭遇しました。いくつか試した結果、バージョン6系列であれば -o オプションが存在するようでした。簡単な解決策としては、npm install serve@6 のようにバージョンを指定してローカルインストールすることです。これなら npm run build:serve で無事にサーバーが起動するようになります。付録A「Elm をインストールする」の訳注などでも書いていますが、npm でグローバルインストールするとこのようなバージョン違いの不要なトラブルを生みます。ローカルインストールなら package.json にバージョンが記録されて開発者間の環境を統一することができます。訳者としてはこの方針を**強く**お勧めします。

```
fast/fast-application/src/Main01.elm
```

```elm
url : String
url =
    "http://programming-elm.com/animals/large"
```

　この状態で再度 `npm run build` を実行してブラウザーをリロードしてみてください。4,000 件のリストを読み込むようになるはずです。さて、処理の重さが際立つのが動物データを編集したときです。実際に動物データの編集ボタンを押してみてください。下図のように画面の右上にその動物の情報が表示されます。

Selected Dog

Name:

| Abby |

Breed:

| Cierny Sery ▼ |

Sex:

| Female ▾ |

[Save] [Cancel]

　この状態で動物の名前を変更してみましょう。高速に文字を打ち込むと、かなり反映にラグがあるのを感じると思います。これは、あらゆる状態変更のたびに Elm が view 関数を再実行するためです。ビュー層において動物リストのフィルタリングやソートを行っているため、Elm が view 関数を呼ぶたびに、フィルタリング、ソート、全動物データの仮想 DOM 再生成が行われてしまいます。

　これを解決するために着目すべきポイントは、リストに変更がない限り、このアプリケーションは何もする必要がないということです。このアプリケーションでは、選択された動物を動物リストとは別のデータとして格納しています。選択した動物を保存した後初めて、リスト中のその動物データを更新するのです。ということは、リストのソートやフィルタリングはこの段階になってから行えば良いのです。この方針で解決してみましょう。

/animals や /animals/large API エンドポイントからデータを読み込ませるために、ローカルにサーバーを立てることも可能です。付録 B「ローカルサーバーを実行する」の指示にしたがってサーバーを立ち上げ、url 定数の https://programming-elm.com を http://localhost:5000 に置き換えてください。

▶ Html.Lazy モジュールを使う

今回も余分な処理を省くために遅延処理を利用する必要があります。そして嬉しいことに Html.Lazy モジュールを使えばこのような問題を簡単に解決できます。では、実際にこのモジュールから lazy と lazy2 関数をインポートしましょう。

```
import Html.Lazy exposing (lazy, lazy2)
```

まず、ファイル下部に定義されている viewState 関数を見ていきます。

```
viewState : State -> Html StateMsg
viewState state =
    div [ class "main" ]
        [ viewAnimals state
        , viewSelectedAnimal state
        ]
```

この viewState 関数は State 型の値をとって Html StateMsg 型の値を返しています。実装としては、まず viewAnimals を呼んで動物リストを表示しています。それから viewSelectedAnimal で選択された動物を表示しています。さて、State 型エイリアスはアプリケーションの状態を含んでいるもので、このアプリケーションの Model は Maybe State への型エイリアスになっています。

```
type alias State =
    { animals : List Animal
    , selectedAnimal : Maybe Animal
    , sortFilter : SortFilter
    , dimensions : Dimensions
    }

type alias Model =
    Maybe State
```

モデルの初期値は Nothing になっています。そのため、アプリケーションが最初に

リストを読み込んでいる間、メインの view 関数が Nothing に応じた表示 "Loading…" を見せています。その後リストが読み込まれると update 関数が初期状態を構築して Just で包みます。update 関数では、その他に StateMsg を受け取ったときの対応も しています。StateMsg に内包された値を独立した updateState 関数に渡すことで、コードをモジュール化しているのです。

```
update : Msg -> Model -> ( Model, Cmd Msg )
update msg model =
    case msg of
        ReceiveAnimals (Ok animals) ->
            ( Just (initialState animals), Cmd.none )

        StateMsg stateMsg ->
            ( Maybe.map (updateState stateMsg) model, Cmd.none )

        ReceiveAnimals (Err _) ->
            ( model, Cmd.none )
```

　では、ビュー層に戻ります。viewAnimals 関数では viewAnimalList を使って動物 リストを描画しています。

```
viewAnimals : State -> Html StateMsg
viewAnimals state =
    div [ class "animals" ]
        [ h2 [] [ text "Rescue Me" ]
        , viewAnimalFilters state
        , viewAnimalList state
        ]
```

　そしてこの viewAnimalList 関数は sortAndFilterAnimals 補助関数を使ってリス トをソート・フィルタリングしています。

```
viewAnimalList : State -> Html StateMsg
viewAnimalList { sortFilter, animals } =
    let
        sortedAndFilteredAnimals =
            sortAndFilterAnimals sortFilter animals
    in
        table [ class "animals" ]
            [ ... ]
```

　入力時のラグの原因はこの関数です。選択された動物の名前を更新するたび に、viewAnimals が常にこの viewAnimalList 関数を呼ぶからです。これから viewAnimalList が不必要に呼ばれないようにしていきます。でもその前にまず基準 となるパフォーマンスの計測をしましょう。その後で実際の改善を行い、再度計測し、

それぞれのパフォーマンスを比較して性能が向上したことを確認します。嬉しいことに、こういった計測に便利なプロファイリングツールが最近のブラウザーにはもともと用意されています。

　私は Chrome のプロファイリングツールを使って計測を行っています。そのため、本書の記述を理解しやすいように読者の皆さんも Chrome で試してみることをお勧めします。もちろん別のブラウザーを使っても構わないのですが、計測結果が全く異なる可能性もあります。では、アプリケーションをリロードし、動物データを1つクリックして編集できるようにしてください。でも実際に変更するのはもう少し待ってください。この状態で "Allie" など別の動物の名前をクリップボードにコピーしておきます。

　次に、Chrome の開発者ツールで［Performance］のタブを開いてください。いろんなボタンの中に、［Record］（記録開始）ボタンがあります。

　この［Record］ボタンを押してください。その状態で別の動物の名前を名前入力欄に貼り付けます。その後［Performance］タブの［Stop］（記録終了）ボタンをクリックします。

　その結果、次ページのスクリーンショットのような結果が得られるはずです。

　一番上のタイムラインでは、プロファイル中の FPS（記録中の秒間フレーム数）、CPU使用率、ネットワークトラフィックが表示されています。この中の CPU 使用率に注目してください。動物の名前を変更した際に、ハイライトされているピーク部分が検出されています。注意：通常は Chrome が自動的にピークをハイライト表示してくれますが、ときどき失敗することがあります。このまま計測すると分析結果がずれてしまうので手動でハイライト表示しましょう。まず、具体的に分析したいピークの部分をクリックしてドラッグすることで選択します。ピークの選択時には、マウスカーソル

を載せた場所に小さなプレビューウィンドウが表示されてその時刻の画面表示が分かります。これを目印にどのピークをハイライト表示するか決めてください。

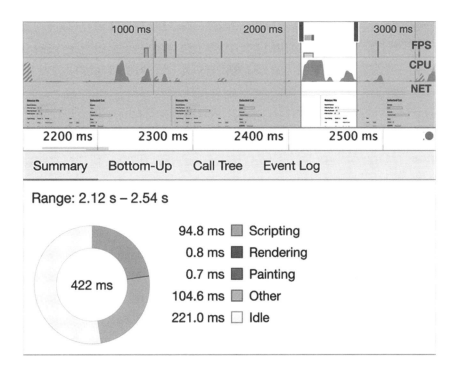

　タイムラインの下の円グラフには、ハイライトされたピークの部分でブラウザーが何に時間を使ったかが表示されています。私の例では、94.8 ミリ秒が Scripting、つまり実際にコードを実行するのに費やされていることが分かります。これはアプリケーションの性能が良くないことを示しています。理想的には、そのアプリケーションにおいて Scripting に費やされる時間が 16.67 ミリ秒未満であると高速だと言えます。この数値は 60FPS における 1 フレームぶんの時間です。実際の実行時間はもう少し長くても許容範囲内ですが、さすがに 94.8 ミリ秒ともなると 10.5FPS なので許容できません。不必要なソートとフィルタリングがこの実行時間の長さをもたらしていることは明らかです。

　では、実際にパフォーマンスを改善していきます。viewAnimalList を本当に必要なときまで遅延させて呼ぶには、Html.Lazy モジュールの関数が使えます。Html. Lazy の関数は 2 種類の引数をとります。1 つ目は Html を返す関数です。そして本来その関数が受け取る引数を Html.Lazy の関数に引数として渡します。これによって特別な Html ノードを作成されます。この Html ノードを使うと、引数に渡した遅延呼び出しされる関数やその引数を内部的に Elm が監視してくれます。もし再描画の際にこれらの引数が変更されていなければ、Elm はこの関数を呼ぶのをやめてくれま

11
章

す。なお、この引数が変更されているかどうかを Elm が判断する際には、参照が等しいかどうかを見ます。逆に引数が変更されているなら Elm はこの関数を呼び出して新しい仮想 DOM を作成します。React に詳しい方であれば、クラスコンポーネントの shouldComponentUpdate メソッドに似たものだと言えば分かるでしょう。

　では実際に viewAnimals 内で viewAnimalList に対して Html.Lazy の lazy を使ってみましょう。でも次のように書いたら思い通りには動きません。

```
lazy viewAnimalList state
```

　これは、state 引数がすべての状態を含んでいるからです。選択した動物データの編集中にも常に state の値が変化してしまいます。引数の値が変化しているということは、lazy を使っても依然として毎回 viewAnimalList が呼ばれてしまうのです。ということで viewAnimalList の引数を変更して、選択した動物データの編集に関わる状態を切り離してしまいましょう。

　それを実現するためには、lazy2 の方を使って state.sortFilter フィールドと state.animals フィールドを引数に与える必要があります。ちなみに lazy2 という名前に含まれる 2 というのは、この関数が 2 つの引数を受け取ることを意味しています。ここで引数として渡している sortFilter フィールドはリストをどういう風にソート・フィルタリングするかについての情報を含んでおり、animals フィールドの方は動物リストになっています。

```
lazy2 viewAnimalList state.sortFilter state.animals
```

　では、viewAnimalList の側もこれらの引数をとるように修正しましょう。

```
viewAnimalList : SortFilter -> List Animal -> Html StateMsg
viewAnimalList sortFilter animals =
```

　アプリケーションを再ビルドして Chrome をリロードしてください。この状態で計測してみましょう。事前にクリップボードに以前のように動物の名前をどれかコピーしておきます。この際、公平な計測ができるように前回と同じ名前を選んでおいてください。さらに事前に前回編集したのと同じ動物データの編集ボタンをクリックしておきます。また、実際に性能を記録する前に、前回の結果をこのボタンでリセットしましょう。

　これで準備は整いました。記録を開始し、新しい名前を貼り付け、記録を終了してください。驚くほど改善されているはずです。私の環境では、実際のコード実行時間である Scrpting が 20 ミリ秒程度にまで減少していました。この性能向上を実際に体験してみましょう。名前入力欄にすばやく打ち込んでみると、もうラグはほとんど気づかないくらいになっているはずです。実行時間をさらに改善することもできますが、それは後で演習として取り上げます。

▶動物データをそれぞれ遅延描画させる

　さて、ソートやフィルタリング処理の重さの他にも、必要ないときに各動物データの仮想 DOM を生成することでも性能が劣化します。viewAnimalList の最後の部分を見てください。ここでは sortedAndFilteredAnimals の各要素に対して List.map で viewAnimal 関数を適用しています。

```
tbody [] (List.map viewAnimal sortedAndFilteredAnimals)
```

　この部分では viewAnimal が現在のリストに対して 4,000 回も先行評価されます。ゆえに、Elm は 4,000 個もの仮想 DOM ノードに対して前回の値と比較する必要があります。viewAnimal 関数の内部には 12 ノードありますから、実際には 48,000 ノードをも比較する必要があるのです。この比較がどれくらい性能に影響するか計測してみましょう。

　前回のプロファイル結果をリセットしてブラウザーをリロードしてください。それから動物を 1 つ選んでその品種を変更します。この状態でパフォーマンスの記録を開始して選択した動物の［Save］（保存）ボタンを押してください。その後記録を停止します。その結果、私の環境では Scripting に 82 ミリ秒かかることが分かりました。この計測を行う際には、タイムライン上でピーク部分が正しくハイライトされていることを確認してください。

11
章

Html.Lazy を使えば、これは苦もなく簡単に修正できます。List.map を呼んでいるところで lazy 関数を使うように変更しましょう。

```
tbody [] (List.map (lazy viewAnimal) sortedAndFilteredAnimals)
```

lazy2 と同じように、lazy もビュー関数とその引数をとります。lazy はビュー関数に渡す引数を 1 つだけ、自分の引数として受け取ります。今回の例では viewAnimal 関数に対して lazy を部分適用しています。List.map がリストの各動物データをこの部分適用された関数に渡してくれるのです。

では、アプリケーションを再ビルドし、古い結果をクリアしたら、ブラウザーをリロードしてください。前回と同じ動物を選択して前回と同じ品種に変更しましょう。最後に、記録を開始してから［Save（保存）］ボタンをクリックし、記録を停止します。私の環境では Scripting に 27 ミリ秒程度かかりました。これは大いなる改善です。16.67 ミリ秒に抑えることはできませんでしたが、リストのソートやフィルタリングにかかるコストは避けられないので仕方ありません。

お疲れ様でした。比較的小さな変更で顕著な改善が見られました。Html.Lazy を使うことで、アプリケーションを手軽に高速化できます。ただし、前節でお伝えしたように、すぐに手を出すのは我慢して実際にパフォーマンスが問題になるまで待ちましょう。また、常にプロファイリングツールで計測して、実際に性能が向上したことを確認するようにしてください。

▶最後の演習

本章の締めくくりとして、Rescue Me のアプリケーションをさらに改善します。検索フィルターでは、アプリケーションの状態が変化するたびに、その都度ありえる品種のリストを計算し直しています。具体的には、viewAnimals 関数が viewAnimalFilters を呼び、さらにその中で breedsForSelectedKind 補助関数を呼んでいます。

breedsForSelectedKind 内で呼ばれている別の補助関数 breedsForKind は、Animals モジュールの 3 つの関数を呼んでいます。dogBreeds、catBreeds、breeds です。これらの中身を覗いてみると、それぞれ動物リストを走査することで、その動物における品種をすべて取り出しています。この部分は以下のステップによって性能向上が可能です。

1. `viewAnimals` 内で `viewAnimalFilters` を遅延呼び出しします。現状ではすべての状態を受け取っているため、必要な引数だけをとるように調整しましょう（ヒント：引数は 3 つ必要になるので、`lazy3` 関数を使いましょう）。

2. フィルタリングの設定値を変更したり名前で絞り込みをしたりすると、それに伴って動物のフィルターも再描画されます。しかし、実際には品種の再計算は不要なのです。そこでアプリケーションをリファクタリングして、犬種一覧、猫種一覧、また他のすべての動物の品種一覧をキャッシュするようにしましょう。その際、ファイルの上部にある `Dimensions` 型エイリアスを使います。これらの値は `initialState` 関数内で作成・格納する必要があります。この品種一覧リストを作成する際には `Animals` モジュールを使いましょう。

   この変更が終わったら、`breedsForSelectedKind` と `breedsForKind` を変更してキャッシュした値を使うようにします。そうすると `viewAnimalFilters` の引数を 2 つに減らせるようになります。それに合わせて、`viewAnimals` で `viewAnimalFilters` を呼ぶ際に使うのを `lazy2` に変更しましょう。

3. 実はこのアプリケーションの動物フィルタリング機能にはバグがあります。ワンちゃんの品種を選択した後、動物の種類を選択するドロップダウンで猫ちゃんを選択してください。そうすると品種のドロップダウンで［All（すべて）］が選択され、他の選択肢が猫種のみになります。本来はここで下のリストに猫ちゃんが表示されるはずです。品種のドロップダウンは期待通りに動いてくれていますが、実際には下のリストに何も表示されないのです。これはアプリケーションが品種を表示上［All］にしているだけで、実際には値を変更していないからです。

   これらのドロップダウンは `Select` モジュールで定義しています。`Select` モジュールには `Selection` という型があり、これは `All` と `One` の 2 つの値をとります。`Select` モジュールはフィルタリング時に、`All` によってありえる値をすべて許可することを示し、`One` によって 1 つだけ特定の値を許可することを表しています。

   今回のバグを修正するには、動物の種類を変更した際に、選択されている品種も `updateState` 内で更新する必要があります（余談ですが、動物の種類を `type` にすると型定義の `type` キーワードと衝突してしまうため、コード内部では `kind` という名前にしています）。補助関数を作成して選択されている動物の種類と品種を同時に更新するようにすると良いでしょう。

この補助関数の内部では、現在選択されている品種が All ならそのままにします。一方で One とともに特定の品種が指定されている場合は、選択された動物がその品種を持っているか確認する必要があります。これには breedsForSelectedKind と List.member 関数を使いましょう。もしもその品種が選択された動物のものであるなら、One に内包されたままにしておきます。そうではない場合は All にしましょう。また、Dimensions に保存する品種一覧を、動物の種類ごとに保持するようにしても良いでしょう。そうすることで動物の種類が変更されるごとに、すぐにその動物の品種一覧を表示することができます。

　もしヒントが必要なら、code/fast/fast-application/src/MainFast.elm を見て参考にしてください。これら調整を行えば、以前と同じ計測をしても 16.67 ミリ秒に収まるはずです。

　さらに性能を向上させる方法はないか考えてみてください。Html.Lazy を使う機会が他にないか探してみましょう。他にもリスト表示をページ分けして一部だけ表示することでも性能を向上させることができます。その場合は、もしかしたらフィルタリングをリアルタイムに適用するのをやめて、ボタンをクリックしたら初めてフィルタリングを実行するようにしたほうが良いかもしれません。またソート・フィルタリング後のリストを状態として保存しておく必要があるかもしれません。動物リストをページ分けのために区切るには、Elm の Array[8] を使うと簡単にできるので検討してみてください。

---

[8] https://package.elm-lang.org/packages/elm/core/latest/Array

11.5 学んだことのまとめ

お疲れ様でした！ 性能向上のために難しい仕事をやり遂げてくれたことを Rescue Me が感謝しています。これで、何千もの保護動物のデータを簡単に管理できるようになりました。

この章では本当にたくさんのことを成し遂げました。

- パフォーマンスの重要性と、いつ調査するべきなのかについて学びました。
- elm-benchmark を使って関数の性能を計測し、改善しました。
- リストについてより詳しく学び、効率的な走査の仕方や再帰について学びました。
- 重い計算を遅延させて性能向上させる技術を手に入れました。
- ブラウザーが用意しているプロファイリングツールで性能の変化を計測できるようになりました。

これでいろんな技術を駆使しながら、自分のアプリケーションのパフォーマンスを計測し、向上させることができるようになりました。

そして…… おめでとうございます！ これで本書はおしまいです。Elm について何も知らない状態から、Elm アプリケーションを構築・デプロイ・テスト・調整できるようになりました。でも Elm の旅は始まったばかりです。実際にここで学んだことを生かして、素晴らしいアプリケーションを作成してください。良い旅になることを祈っています。その旅の中で作ったものをぜひ私にも教えてください。

11
章

付録

付録 A　Elm をインストールする

　本書を読み進めるにあたって、いくつか依存しているものを手元の環境にインストールしておく必要があります。本付録では、自分で Elm アプリケーションを構築したり、Elm 用の完璧な開発環境をセットアップしたりするのに必要なものをすべてインストールするサポートをします。

A.1　すべての道は Node に通ず

　まずは最新の Node と npm が必要になります。これらを使うことで、ローカル環境で開発したり、アプリケーションをデプロイしたり、Elm コードをテストしたりするのに使える便利なツールやパッケージをインストールできます。

　詳しくない方のために説明すると、Node というのは JavaScript の実行環境で、ブラウザー上ではなく直接コンピューター上で JavaScript を動かせます。npm というのは Node が使っている、依存をインストールするための公式パッケージマネージャーです。npm を使うことでフロントエンドアプリケーション用の依存をインストールすることもできます。

　本書が使っている JavaScript コードの中には、Node のバージョンが 6 以上であることを要求しているものがあります。お勧めは、Node の最新 LTS（ロングタームサポート）をインストールすることです。その際 npm も一緒にインストールされます。ちな

みに本書執筆時点では 10.15.3 が最新の LTS バージョンです。Node をインストールするには公式ウェブサイト[1]または nvm[2]や nodenv[3]のような Node のバージョンマネージャーを使ってください。

A.2　Elm コンパイラーをインストールする

Elm コンパイラーは Haskell[4] で書かれています。macOS 版や Windows 版のインストール用パッケージは Elm の公式ドキュメント[5]からダウンロードできます。Linux ディストリビューションを使っている方や、パッケージマネージャー経由でインストールしたい方は以下のコマンドで npm を使ってグローバルに Elm をインストールできます。

```
npm install -g elm
```

この npm パッケージは使っている OS に合わせて、ビルド済みのバイナリファイルを適切に提供してくれます。

Elm をインストールすると、以下のコマンドラインツールが使えるようになるはずです。

- `elm repl` - Elm を対話環境で使えるようになります。
- `elm init` - elm.json と src ディレクトリーを作って、Elm プロジェクトの雛形を作成します。
- `elm reactor` - Elm アプリケーションを構築するための開発サーバーを立ち上げます。
- `elm make` - Elm ファイルをコンパイルします。
- `elm install` - Elm パッケージをインストールします。
- `elm publish` - 自分で作った Elm パッケージを公開します。
- `elm bump` - ローカル環境での変更に基づいて、パッケージバージョンを自動で変更します。
- `elm diff` - 公開したパッケージの 2 つのバージョンの差異を表示します。

[1]　https://nodejs.org/en/
[2]　https://github.com/nvm-sh/nvm
[3]　https://github.com/nodenv/nodenv
[4]　https://www.haskell.org/
[5]　https://guide.elm-lang.org/install/

これらのツールのより詳細な使い方は、本書を読み進めるにしたがって少しずつ分かるようになります[6]。

A.3 開発ツールをインストールする

Elm のコミュニティでは、Elm コードを整形する際に公式のスタイルガイド[7]を採用しています。本書のサンプルコードも、ページが長くなりすぎたり紙幅を超えたりする場合を除いてこのスタイルガイドにしたがっています。コード整形は手作業で行わなくても、elm-format パッケージを使うことで自動的にコミュニティ規約に合わせて整形できます。これは以下の npm コマンドでインストールしてください[8]。

```
npm install -g elm-format
```

本書執筆時点では、elm-format のバージョン 0.8.1 を使って本書サンプルコードを整形しています。

elm-format のリポジトリー[9]を見ると、elm-format を様々なエディターで使う方法を示したリンクがあります。コマンドラインで手作業で実行する必要はないのです。

エディターに Elm を統合させる方法については、awesome-elm リポジトリー[10]を参照してください。コードの強調表示やその他の便利なツールやリソースについて知ることができます。

以上です。Elm を楽しんでください！

---

[6] ［訳注］特に公式に推奨されている手法ではありませんが、あえてプロジェクトごとにローカルに Elm をインストールする方法をさくらちゃんは採用しています。これによってプロジェクトごとに別のバージョンの Elm を採用できたり、git でプロジェクトを共有したときに別の開発者と Elm のバージョンを完全に一致させることができます。この方式を採用する場合は、-g オプションを付けずに npm install elm を実行します。ローカルな elm コマンドを実行する際には npx を頭に付けて、たとえば npx elm repl と実行します。

[7] https://elm-lang.org/docs/style-guide

[8] ［訳注］elm-format はより一層、別の開発者とバージョンを合わせることが重要ですから、さくらちゃんはこれもあえてローカルインストールしています。npm install elm-format でインストールして、成形時に npx elm-format src/Foo.elm とするだけです。

[9] https://github.com/avh4/elm-format

[10] https://github.com/sporto/awesome-elm

付録 B　ローカルサーバーを実行する

　本書では、`programming-elm.com` の API エンドポイントを利用してアプリケーションを構築します。この本の内容に取り組む際にインターネットへのアクセスができなかったり、オフラインで作業しなければならない事情がある場合は、ローカル環境で同じ API エンドポイントを実行することができます。以下の簡単な手順にしたがって、サーバーをインストールして実行してください。

B.1　サーバーをインストールして起動する

　このサーバーのコードは GitHub[11] というコード用のバージョン管理システム上に置いてあります。コードにアクセスするには、GitHub アカウントと Git というコマンドラインツールがマシンにインストールされている必要があります。Git のウェブサイト[12] のダウンロードリンクをたどって、Git をインストールすることができます。

　GitHub アカウントを作って Git をインストールしたら、以下のコマンドを実行してください。

```
git clone https://github.com/jfairbank/programming-elm.com.git
```

　このコマンドを実行すると新しい `programming-elm.com` というディレクトリーにコードがダウンロードされます。このサーバーは最新の Node で動作するので、Node が必要な場合は付録 A「Elm をインストールする」の指示にしたがってインストールしてください。

　`programming-elm.com` ディレクトリーの中で npm を使って依存ライブラリーをインストールします。

```
npm install
```

　サーバーの依存ライブラリーをインストールし終わったら、次のコマンドでサーバーを立ち上げてください。

付録

---

[11]　https://github.com/
[12]　https://git-scm.com/

```
npm start
```

　これでサーバーが localhost:5000 上に起動します。以下のようなメッセージが表示されているはずです。

```
Server listening at http://localhost:5000
```

　ウェブブラウザーで http://localhost:5000/feed を開いてサーバーがちゃんと動いていることを確認してください。次のような JSON レスポンスが表示されるはずです（以下の例は私が整形したり省略したりしています）。

```
[
  {
    "id": 1,
    "url": "https://programming-elm.surge.sh/1.jpg",
    "caption": "Surfing",
    "liked": false,
    "comments": [
      "Cowabunga, dude!"
    ],
    "username": "surfing_usa"
  },
  ......
]
```

　これで準備は完了です。この本を読み進めていく際に、コードサンプルが https://programming-elm.com を参照しているときは、ローカルサーバーが動作している限り自由に http://localhost:5000 への置き換えが可能です。

付録 C　Elm パッケージのバージョンについて

　技術書はその特性上どうしても古い依存パッケージを参照することになります。本書のサンプルコードが古いバージョンの Elm パッケージを使用していることに気づいた場合には、この付録を参照して正しい古いバージョンをインストールしてください。

C.1　古いバージョンのパッケージをインストールする

　elm install コマンドはパッケージの最新版のみをインストールします。古いバージョンのパッケージをインストールするには、elm.json の中で目的のバージョンを変更する必要があります。

　たとえば elm install で elm/http をインストールしたとします。バージョン 1.0.0 がほしかったのに 2.0.0 がインストールされてしまったとします。エディターで elm.json を開き、dependencies.direct フィールドにある elm/http のバージョンを 1.0.0 に変更します。

```
{
    "type": "application",
    "source-directories": [
        "src"
    ],
    "elm-version": "0.19.0",
    "dependencies": {
        "direct": {
            "elm/browser": "1.0.1",
            "elm/core": "1.0.2",
            "elm/html": "1.0.0",
            "elm/http": "1.0.0",
            "elm/json": "1.1.3"
        },
        "indirect": {
            "elm/time": "1.0.0",
            "elm/url": "1.0.0",
            "elm/virtual-dom": "1.0.2"
        }
    },
    "test-dependencies": {
        "direct": {},
        "indirect": {
            "elm/bytes": "1.0.8",
            "elm/file": "1.0.5"
        }
    }
}
```

付録

　これで、次回のコンパイル時に Elm がバージョン 1.0.0 の elm/http をダウンロードして代わりに採用してくれます。

　インストールしたパッケージに関する本書のサンプルコードが、そのパッケージの最新版に即していないことに気づいた場合には、`elm.json` を修正して以下のバージョンを使用するようにしてください（もちろんサンプルコードの方を最新バージョンの API に合わせて書き直すことにチャレンジしていただいても構いません）。

パッケージ	バージョン
elm/http	2.0.0
elm/json	1.1.2
elm/url	1.0.0
elm-explorations/benchmark	1.0.0
NoRedInk/elm-json-decode-pipeline	1.0.0

索引

●著者プロフィール

Jeremy Fairbank（ジェレミー・フェアバンク）

ハワイ在住、Test Doubleのソフトウェアエンジニアおよびコンサルタントで、Elmのエキスパート。ジョージア工科大学（Georgia Institute of Technology）でコンピューターサイエンスの修士号（Master of Science in Computer Science）を取得。長年のウェブ開発の経験を活かし、数多くのカンファレンスなどに登壇し、フロントエンド開発のためのElmの使い方を伝授している。

https://github.com/jfairbank

●訳者プロフィール

ヤギのさくらちゃん

ぶめぇ。さくらちゃんはさくらちゃんやぎぃ。東京大学大学院情報理工学系研究科修士修了。前期博士課程って書けば博士号取得者と勘違いしてもらえるけど誠実に「修士」って書くやぎぃ。フリーランスUXハッカー。さくらちゃんは己の生き様を作品とするアーティストやぎぃ。Elm guide日本語翻訳プロジェクト主催者。プログラマーとしてはElmとHaskellを主に使ってお金もらってるやぎぃ。代表的なElmライブラリーにelm-form-decoderなどがある。ヤギ語翻訳者。ヤギさんにゲップさせるのが得意。ぶめぇ。

https://twitter.com/arowM_

カバーデザイン：海江田 暁（Dada House）
制作：株式会社クイープ
編集担当：山口正樹

プログラミング Elm
エルム

安全でメンテナンスしやすい
アンゼン

フロントエンドアプリケーション開発入門
カイハツニュウモン

2021年2月25日　初版第1刷発行

著者 ············· Jeremy Fairbank
訳者 ············· ヤギのさくらちゃん
発行者 ········· 滝口直樹
発行所 ········· 株式会社 マイナビ出版
　　　　　　　〒101-0003 東京都千代田区一ツ橋2-6-3 一ツ橋ビル2F
　　　　　　　TEL：0480-38-6872（注文専用ダイヤル）
　　　　　　　　　　03-3556-2731（販売部）
　　　　　　　　　　03-3556-2736（編集部）
　　　　　　　E-mail：pc-books@mynavi.jp
　　　　　　　URL：https://book.mynavi.jp
印刷・製本 ····· シナノ印刷株式会社

ISBN 978-4-8399-7004-8
Printed in Japan.